智能系统与技术丛书

Large Scale Machine Learning with Python

Python大规模机器学习

［荷］巴斯蒂安·贾丁（Bastiaan Sjardin）

［意］卢卡·马萨罗（Luca Massaron） 著

阿尔贝托·博斯凯蒂（Alberto Boschetti）

王贵财 刘春明 译

机械工业出版社
China Machine Press

图书在版编目（CIP）数据

Python 大规模机器学习 /（荷）巴斯蒂安·贾丁（Bastiaan Sjardin）等著；王贵财，刘春明译 . —北京：机械工业出版社，2019.2

（智能系统与技术丛书）

书名原文：Large Scale Machine Learning with Python

ISBN 978-7-111-62314-4

I. P…　II. ①巴… ②王… ③刘…　III. 软件工具 – 程序设计　IV. TP311.561

中国版本图书馆 CIP 数据核字（2019）第 053576 号

本书版权登记号：图字　01-2016-8642

Python 大规模机器学习

出版发行：机械工业出版社（北京市西城区百万庄大街 22 号　邮政编码：100037）

责任编辑：杨宴蕾　　　　　　　　　　　责任校对：殷　虹

印　　刷：北京市荣盛彩色印刷有限公司　　版　　次：2019 年 5 月第 1 版第 1 次印刷

开　　本：186mm×240mm　1/16　　　　印　　张：19.75

书　　号：ISBN 978-7-111-62314-4　　　定　　价：89.00 元

凡购本书，如有缺页、倒页、脱页，由本社发行部调换

客服热线：（010）88379426　88361066　　投稿热线：（010）88379604

购书热线：（010）68326294　　　　　　　读者信箱：hzit@hzbook.com

版权所有·侵权必究

封底无防伪标均为盗版

本书法律顾问：北京大成律师事务所　韩光 / 邹晓东

机器学习属于人工智能范畴。随着大数据的出现和适用性提高，尽管计算机硬件条件发生改善，但对机器学习算法效率的要求并未降低，对可扩展机器学习解决方案的需求呈指数增长，这使得人们仍然需要解决大多数学习算法扩展性较差、CPU 和内存过载等问题。然而扩展机器学习解决方案并不多，因此大数据既给大规模机器学习带来机遇，也带来挑战。

Python 是一种通用的编程语言，广泛用于科学计算、数据分析与人工智能领域。Python 具有高效、灵活、开源、功能丰富、可扩展性强、表达力强和较高的可移植性等特点，利用 Python 进行大规模机器学习不失为明智之举。

为此，本书不仅介绍大规模机器学习的基本概念，还包含丰富的案例研究。书中所选皆为最实用的技术和工具，而对理论细节未进行深入讨论，以便提供大规模机器学习方法（甚至非常规方法）。不管是初学者、普通用户还是专家级用户，通过本书都能理解并掌握如何利用 Python 进行大规模机器学习。为了让读者快速掌握核心技术，本书由浅入深讲解大量实例，图文并茂呈现每一步的操作结果，帮助读者更好地掌握大规模机器学习的 Python 工具。例如，基于 Scikit-learn 可扩展学习、Liblinear 和 Vowpal Wabbit 快速支持向量机、基于 Theano 与 H2O 的大规模深度学习方法、TensorFlow 深度学习技术与在线神经网络方法、大规模分类和回归树的可扩展解决方案、大规模无监督学习（PCA、聚类分析和主题建模等）扩展方法、Hadoop 和 Spark 分布式环境、Spark 机器学习实践以及 Theano 和 GPU 计算的基础知识。

本书作者致力于人工智能和数据分析领域的研究，为世界各地的公司和政府机构构建过数据科学和人工智能项目，积累了十多年的实践经验。在翻译过程中，我为作者对利用 Python 进行大规模机器学习的深入掌握和独到见解而深感惊讶，并由衷赞叹。同时，对我而言这也是一个学习与提高的过程。为做到专业词汇权威准确，内容忠实原书，译者查阅了大量资料，但因水平有限，加上时间仓促，错误和疏漏在所难免，恳请读者及时指出，以便再版时予以更正。翻译分工如下：中南大学地球科学与信息物理学院刘春明负责第 1 章以及附录，河南工业大学信息科学与工程学院王贵财负责其余章节。

本书的翻译工作得到湖南省自然科学基金资助项目（2015JJ2151）、河南省高校科技创新团队支持计划"面向领域大数据的分布式计算技术"（17IRTSTHN011）、河南省高等学校重点科研项目资助计划（18A4300111）和河南工业大学校科研基金"青年支持计划"（2016QNH29）的资助。感谢参与本书资料整理的河南工业大学信息科学与工程学院郭浩、李欣欣、胡志明与李美玲等同学。特别感谢机械工业出版社编辑老师的帮助，他们的辛勤工作提高了本译著的质量。感谢家人对我的支持与鼓励，感谢儿子禾禾给予我的精神支持，让我对从事科技工作更加坚定和执着。

王贵财

2019 年 1 月

Preface 前　言

"拥有大脑的好处在于：一个人可以学习，无知可以变成有知，点滴知识可以逐渐汇聚成江海"

——Douglas Hofstadter

机器学习属于人工智能范畴，其目的是基于现有数据集（训练集）来寻找函数，以便以尽可能高的正确性预测先前未见过的数据集（测试集）的结果，这通常以标签和类别的形式（分类问题）或以连续值的形式（回归问题）出现。在实际应用中，机器学习的具体实例包括预测未来股票价格，或从一组文件中对作者性别进行分类，等等。本书介绍最重要的机器学习概念和适合更大数据集的方法，并通过 Python 的实际示例向读者进行讲解。主要讨论监督学习（分类和回归），以及适用于更大数据集的无监督学习，比如主成分分析（PCA）、聚类和主题建模。

谷歌、Facebook 和优步等大型 IT 公司都声称它们成功地大规模应用了这样的机器学习方法，从而引起世界轰动。随着大数据的出现和适用性提高，对可扩展机器学习解决方案的需求呈指数增长，导致许多其他公司甚至个人也已经开始渴望在大数据集中挖掘隐藏的相关性成果。不幸的是，大多数学习算法都不能很好扩展，会在台式计算机或较大的计算集群上导致 CPU 和内存过载。因此，即使大数据的炒作高峰已经过去，但可扩展机器学习解决方案并不充裕。

坦率地说，仍然需要解决许多瓶颈问题，即便是很难归类为大数据的数据集也如此（有的数据集高达 2GB 甚至更大）。本书的任务是提供合适的方法（有时甚至是非常规方法），以便大规模应用最强大的开源机器学习方法，而无须昂贵的企业解决方案或大型计算集群。通过本书，读者可以学习使用 Python 和其他一些可用的解决方案（这些方案与可扩展的机器学习流水线能很好地集成）。阅读这本书是一次旅程，它将让你对机器学习有一个全新的了解，从而为你开始真正的大数据分析奠定基础。

本书涵盖的内容

第 1 章以正确视角提出可扩展机器学习的问题，以便你熟悉本书中将要使用的工具。

第 2 章讨论采用随机梯度下降（SGD）策略减少内存消耗，它基于非核心学习的主题。另外演示各种数据的不同处理技术，例如散列技巧。

第 3 章介绍流算法，它能够以支持向量机的形式发现非线性。我们将介绍目前 Scikit-learn 的替代方法，如 LIBLINEAR 和 Vowpal Wabbit，虽然它们以外部 shell 命令运行，但很容易用 Python 脚本封装和定向。

第 4 章为在 Theano 框架中应用深度神经网络以及使用 H2O 进行大规模处理提供有用策略。尽管这是个热门话题，但成功应用它会相当困难，更别说提供可扩展的解决方案。另外，还将学习使用 theanets 包中的自动编码器实现无监督的预训练。

第 5 章介绍有趣的深度学习技术与在线神经网络方法。虽然 TensorFlow 还处于起步阶段，但该框架提供了非常不错的机器学习解决方案。此外，还将详解如何在 TensorFlow 环境中使用 Keras 卷积神经网络功能。

第 6 章详解随机森林、梯度增强和 XGboost 的可扩展解决方案。CART 是分类和回归树的缩写，它是一种通常应用于集成方法框架的机器学习方法。我们还将演示使用 H2O 的大规模应用实例。

第 7 章深入介绍无监督学习、PCA、聚类分析和主题建模方法，并使用正确方法对它们进行扩展。

第 8 章学习如何在虚拟机环境中设置 Spark，以便从单台机器转移到网络计算范例。Python 很容易在机器集群上集成并能增强我们的工作效率，因此很容易利用 Hadoop 集群的能力。

第 9 章演示使用 Spark 处理数据和在大数据集上构建预测模型的所有重要环节。

附录介绍 GPU 和 Theano，包括 Theano 和 GPU 计算的基础知识。如果你的系统允许，还将帮助读者学习相关安装和环境配置，以便在 GPU 上使用 Theano。

本书要求

运行书中代码示例需要在 macOS、Linux 或 Microsoft Windows 上安装 Python 2.7 或更高版本。

书中示例经常使用 Python 的基本功能库，例如 SciPy、NumPy、Scikit-learn 和 StatsModels，并且在某种程度上使用 matplotlib 和 pandas 进行科学和统计计算。也会使用称为 H2O 的非核心云计算应用程序。

本书需要 Jupyter 及其 Python 内核驱动的 Notebooks，本书使用最新版本 4.1。

第 1 章将为设置 Python 环境、核心库以及全部必需工具提供所有分步说明和某些技巧。

本书读者

本书适合数据科学从业者、开发人员以及计划使用大型复杂数据集的读者。我们努力让本书拥有尽可能好的可读性，以便适合更多读者。考虑到本书主题非常先进，我们建议读者先熟悉基本的机器学习概念，如分类和回归、误差最小化函数和交叉验证等，但不严格要求读者必须这样做。本书假设读者了解 Python、Jupyter Notebooks 和命令行运行，并有一定的数学基础，能够掌握书中的各种大型解决方案背后的概念。本书写作风格也适合使用其他语言（R、Java 和 MATLAB）的程序员。理想情况下，非常适合（但不限于）熟悉机器学习并有兴趣使用 Python 的数据科学家，因为相比于 R 或 MATLAB 而言，Python 在计算、内存和 I/O 方面有优势。

排版约定

书中代码块设置如下：

```
from sklearn import datasets
iris = datasets.load_iris()
```

大多数示例中使用 Jupyter Notebooks，所以希望在包含代码块的单元中始终带有输入（标记为 In:），并通常带有输出（标记为 Out:）。在你的计算机上，只需输入 In: 后面的代码，并检查结果是否与 Out: 后面的内容相对应：

```
In: clf.fit(X, y)
Out: SVC(C=1.0, cache_size=200, class_weight=None, coef0=0.0,
degree=3, gamma=0.0, kernel='rbf', max_iter=-1, probability=False,
random_state=None, shrinking=True, tol=0.001, verbose=False)
```

在终端命令行中给出命令时，会带有前缀 $>，否则，如果是 Python REPL，则以 >>> 开头：

```
$>python
>>> import sys
>>> print sys.version_info
```

 表示警告或重要说明。

 表示提示和技巧。

下载示例代码及彩色图像

本书的示例代码及所有截图和样图，可以从 http://www.packtpub.com 通过个人账号下载，也可以访问华章图书官网 http://www.hzbook.com，通过注册并登录个人账号下载。

还可以从 GitHub 获取本书代码：

https://github.com/PacktPublishing/Large-Scale-Machine-Learning-With-Python。

About the Authors 作者简介

Bastiaan Sjardin 是一位具有人工智能和数学背景的数据科学家和公司创始人。他获得莱顿大学和麻省理工学院（MIT）校园课程联合培养的认知科学硕士学位。在过去五年中，他从事过广泛的数据科学和人工智能项目。他是密歇根大学社会网络分析课程Coursera 和约翰斯·霍普金斯大学机器学习实践课程的常客。他擅长 Python 和 R 编程语言。目前，他是 Quandbee（http://www.quandbee.com）的联合创始人，该公司主要提供大规模机器学习和人工智能应用。

Luca Massaron 是一位数据科学家和市场研究总监，擅长多元统计分析、机器学习和客户洞察力研究，在解决实际问题和应用推理、统计、数据挖掘和算法来为用户创造价值方面有十多年经验。从成为意大利网络观众分析的先驱，到跻身前十名的 Kaggler，他一直对数据分析充满热情，还向专业人士和普通大众展示数据驱动知识发现的潜力，相比不必要的复杂性，他更喜欢简洁。他相信仅仅通过基本操作就可以在数据科学中收获很多东西。

Alberto Boschetti 是一位具有信号处理和统计专业知识的数据科学家。他获得电信工程博士学位，目前在伦敦生活和工作。在其工作项目中，他面临过从自然语言处理（NLP）和机器学习到分布式处理的挑战。他在工作中充满热情，始终努力了解数据科学的最新发展，他喜欢参加聚会、会议和其他活动。

审校者简介 *About the Reviewers*

    Oleg Okun 是一位机器学习专家，曾编辑出版四部著作、多篇期刊论文和会议论文。Oleg 有 25 年工作经历，其间，他曾在其祖国白俄罗斯和国外（芬兰、瑞典和德国）的学术界和工业界工作过。其工作经验包括文档图像分析、指纹生物识别、生物信息学、在线/离线营销分析和信用评分分析。他对分布式机器学习和物联网的各个方面都感兴趣。目前 Oleg 在德国汉堡生活和工作，即将担任智能系统的首席架构师。他擅长的编程语言是 Python、R 和 Scala。

    Kai Londenberg 是一位拥有多年专业经验的数据科学家和大数据专家。目前在大众汽车实验室担任数据科学家。在此之前，他有幸成为 Searchmetrics 公司的首席数据科学家，Luca Massaron 曾是他的团队成员。Kai 喜欢使用尖端技术，虽然他是一名务实的机器学习从业者和软件开发人员，但他总是乐于学习机器学习、人工智能和相关领域的最新技术和研究成果。https://www.linkedin.com/in/kailondenberg 是其 LinkedIn 个人网址。

Contents 目　　录

第 1 章 *Chapter 1*

迈向可扩展性的第一步

欢迎阅读本书！你将学习关于使用 Python 实现机器学习可扩展性的知识。

本章将讨论如何用 Python 从大数据中进行有效学习，以及如何使用单机或其他机器集群进行这样的学习，比如可从 Amazon Web（AWS）或 Goolge 云平台访问这样的集群。

在本书中，我们将使用由 Python 实现的可扩展的机器学习算法。这意味着它们能处理大量数据并且不会因为内存限制而崩溃。当然，运行它们也需要一段合理的时间，这对于数据科学原理来说是可管理的，并且也可在生产中部署。本章围绕解决方案（如流数据）、算法（如神经网络或集成树）和框架（如 Hadoop 或 Spark）展开。我们还将提供一些关于机器学习算法的基本提示，以解释如何使这些算法具有可扩展性，并可适用于具有海量数据集的问题。

考虑到这些问题，你需要学习基础知识以便弄清本书的写作背景，同时设置好所有基本工具以便立即开始阅读本章。

本章讨论以下主题：

❏ 可扩展性实际上意味着什么

❏ 处理数据时应注意哪些瓶颈

❏ 本书将帮助你解决什么问题

❏ 如何使用 Python 有效地分析数据集

❏ 如何快速设置用户机器来运行本书中给出的示例

1.1 详细解释可扩展性

现在大数据被大肆宣传，但大数据集早在其术语本身被创造出来之前就已经存在了。

大量的 DNA 序列文本和来自射电望远镜的大量数据总是对科学家和数据分析人员构成挑战。由于大多数机器学习算法具有 $O(n^2)$ 甚至 $O(n^3)$ 的计算复杂度（其中 n 为训练样本数），致使此前数据科学家一直被大数据集所困扰，为此数据分析人员只能采用更有效的数据算法。当机器学习算法经适当的设置后能处理大数据并可工作时，它就被认为具有可扩展性。因为有大量实例或变量，或因为二者兼有，数据集会变大，但可扩展性算法能够按其运行时间几乎与问题规模呈线性关系的方式来处理它。因此，这只是一个用更多数据按 1∶1 交换时间（或更多计算能力）的问题。相反，如果机器学习算法面对大量数据时无法扩展，只是停止工作或以非线性方式（如指数规律）增加运行时间的话，那么学习就会变得不可行。

廉价数据存储器、大容量 RAM 和多核处理器 CPU 的引进极大地改变了这一切，甚至提高了单台笔记本电脑分析大量数据的能力。过去几年里，另一个重大的游戏变革者出现了，它把注意力从单台强大的机器转移到商用计算机集群（更便宜、更容易访问）。这一重大变化是 MapReduce 和开源框架 Apache Hadoop 及其 Hadoop 分布式文件系统（HDFS）的引入，总之，是计算机网络上并行计算的引入。

为了弄清楚这两个变化如何对解决大规模问题的能力产生深刻和积极的影响，我们首先应该讨论是什么在实际阻止对大型数据集的分析。

不管问题是什么，最终你会发现是因为以下问题使你不能分析数据：

❏ 计算会影响执行分析所花费的时间

❏ I/O 会影响单位时间内从存储器读取到内存的数据量

❏ 内存会影响一次处理的大数据量

你的计算机有局限性，这些限制将决定你是否能从数据中学习，以及在碰壁之前需要多长时间。许多密集计算中出现的 I/O 问题将限制你对数据的快速访问，最后，内存限制会使你只能处理一部分数据，这样就限制了你可能访问的矩阵计算类型，甚至影响结果的精度和准确性。

以上每一项硬件限制都会有影响，其严重程度取决于所分析的数据：

❏ 高数据，特点是具有大量案例

❏ 宽数据，特点是具有大量特征

❏ 高宽的数据，包含大量案例和特征

❏ 稀疏数据，特点具有大量零元素或能转换成零的元素（也就是说，数据矩阵可能很高且/或宽，但有信息价值，但不是所有的矩阵条目都具有信息价值）。

最后，来看要用来从数据中进行学习的算法。每一种算法都有其自身的特点，即能够通过不同偏差或方差的解决方案来映射数据。因此，就你已经通过机器学习解决的问题而言，基于经验或经过实践考验过的某些算法会比其他算法更好。尤其是大规模问题，选用算法时必须考虑其他因素：

❏ 算法复杂性，即数据中的行数和列数是否以线性或非线性方式影响计算次数。大多数机器学习解决方案都是二次或三次复杂度算法，这样会严重地限制它们对大数据的适用性。

❑ 模型参数个数，这不仅仅是方差估计（过拟合）问题，而且涉及计算它们所需的时间。

❑ 并行优化，即是否能轻松地将计算拆分为节点或 CPU 核心，还是只能进行单个连续优化？

❑ 是从全部数据中学习，还是从单个示例或小批量数据中学习？

如果用数据特征和该类算法来交叉评估硬件限制，就会得到一系列会阻止你从大规模分析中得到结果的可能存在的问题组合。从实际角度来看，所有的问题组合都可通过以下三种方法解决：

❑ 向上扩展，即通过修改软件或硬件（更大内存、更快 CPU、更快存储磁盘和 GPU）来提高单台机器的性能。

❑ 向外扩展，即利用外部资源（其他存储磁盘、CPU 与 GPU 等）在多台机器上分散计算（和性能）。

❑ 向上和向外扩展，即综合利用向上和向外扩展方法。

1.1.1　大规模实例

有激励性的示例让事情变得更清晰，更令人难忘，以两个简单示例为例：

❑ 网络广告如此广泛传播并吞噬大量传统媒体份额时，预测点击率（CTR）会帮助你赚到很多钱。

❑ 客户搜索网站提供的产品和服务时，如果能猜出他们到底想要什么，这样会大大增加销售机会。

这两种情况都会产生大数据集，因为它们是由用户在互联网上交互产生的。

取决于我们假设的业务（在这里我们想象有些大型企业），显然这两个示例中每天都要研究数以万计的数据点。广告案例中，数据无疑是一个连续信息流，最新的数据更能代表市场和消费者，并且能取代旧数据。搜索引擎案例中，数据具有广泛性，因为向客户提供结果时所应用的功能更加丰富，例如，如果你在旅行，需要提供相当多的酒店、地点和服务等功能。

显然，对于这些情况可扩展性是一个问题：

❑ 必须每天从日益增长的数据中学习，而且还必须学得更快，因为在学习过程中，新的数据不断出现。必须处理由于维数太高或太大而不适合放入内存的数据。

❑ 经常更新机器学习模型以适应新数据。这时需要一个能及时处理信息的算法。由于数据量原因无法处理 $O(n^2)$ 或 $O(n^3)$ 复杂度；需要一些具有较低复杂度的算法（如 $O(n)$），或将数据划分，让 n 变得更小。

❑ 必须能够快速预测，因为预测必须只提供给新客户。同样，算法的复杂性也很重要。

可以通过以下方法解决可扩展性问题：

❑ 通过减少问题的维数进行扩展；例如，在搜索引擎示例中，可以有效选择要使用的相关特征。

❑ 使用正确算法进行扩展；例如，广告数据示例中采用适合数据流的学习算法。

❑ 利用多台机器缩短学习过程。

❑ 通过在单台服务器上有效使用多处理和矢量化来扩展部署过程。

本书将告诉你哪些实际问题适合采用哪种解决方案或算法。之后，你就能自动地根据时间和运行方面的特定约束（CPU、内存或 I/O），找到我们提议的最合适的解决方案。

1.1.2　介绍 Python

由于本书依赖 Python 这种开源语言，因此，在阐述 Python 如何轻松地帮助你解决大数据问题之前，有必要先介绍一下该语言。

Python 创建于 1991 年，是一种通用的解释型的面向对象的语言。它已经逐渐而稳定地征服了科学界，并发展为一个成熟而专业的数据处理和分析软件包生态系统。它允许你进行无数次快速的实验，很容易进行理论发展，并能迅速部署科学应用程序。

作为一名机器学习实践者，你会发现使用 Python 很有趣，原因有很多：

❑ 它为数据分析和机器学习提供了一个庞大而成熟的软件包系统，能满足你在数据分析过程中的所有需求，有时甚至更多。

❑ 非常灵活。无论开发者编程背景或风格是什么（面向对象或过程），都会喜欢使用它进行编程。

❑ 如果你对它还不了解，但你了解其他语言，如 C/C++或 Java，那么学习和使用 Python 就会非常简单。掌握基础知识后，可以直接开始编程，实践是最好的学习方法。

❑ 跨平台。所编写的代码能在 Windows、Linux 和 MacOS 系统上完美而顺利地运行，不必担心可移植性。

❑ 相比其他主流数据分析语言（如 R 和 MATLAB），Python 速度很快（尽管无法与 C、Java 和新出现的 Julia 语言相媲美）。

❑ 能处理内存中的大数据，因为它的内存占用量最少，内存管理也很优秀。当你使用各种迭代和循环数据争用机制加载、转换、处理、保存或丢弃数据时，内存垃圾收集器通常会节约你大量时间。

如果你对 Python 还不熟练（实际上，学习本书需要具备 Python 基本知识），可直接从 Python 基金会网站 https://www.python.org/下载 Python 基本安装文件，并查阅 Python 语言方面的内容。

1.1.3　使用 Python 进行向上扩展

Python 是一种解释性语言，就是说它在运行时将脚本读入内存，并执行它，从而访问必要的资源（文件、内存中的对象等）。除解释性外，使用 Python 进行数据分析和机器学习时需要考虑的另一个重要方面是 Python 为单线程。单线程意味着所有 Python 程序从脚本开始到结束都是按顺序执行的，Python 不能利用计算机中多线程和处理器提供的额外处理能力（现在大多数计算机都是多核的）。

考虑到这种情况，可通过不同策略实现对 Python 的使用进行扩展：

- ❑ 编译 Python 脚本以实现更高的运行速度。例如，尽管使用 PyPy（一种即时编译器，可从 http://pypy.org/下载）很容易，但实际上本书中并没有这么做，因为需要从头开始学习使用 Python 编写算法。
- ❑ 将 Python 作为打包语言，从而将 Python 所执行的操作与第三方库和程序（部分支持多核处理）组合在一起。本书中会有很多这样的范例，你可以调用诸如支持向量机库（LIBSVM）等专业库或诸如 Vowpal Wabbit（VW）、XGBoost 或 H2O 等程序来实现机器学习。
- ❑ 有效使用矢量化技术，即用于矩阵计算的专用库。这可以通过使用 NumPy 或 pandas 来实现，它们都支持 GPU 计算。GPU 犹如多核 CPU，每个 CPU 具有内存和并行处理计算的能力（能计算出有多个微核）。神经网络中，基于 GPU 的矢量化技术能极大加快计算速度。然而，GPU 自身也有局限性；首先，将数据传递到其内存中并将结果返回到 CPU 时需要执行某些 I/O 操作，而这需要通过特殊的 API 进行并行编程，例如，用于由 NVIDIA 制造的 GPU 的 CUDA（必须安装相应的驱动程序和应用程序）。
- ❑ 将大问题分解为块并在内存中逐个解决每个块（分而治之算法），这需要对内存或磁盘的数据进行分区或子采样，并管理机器学习问题的近似解决方案，这样会非常有效。重要的是要注意，分区和子采样都针对示例和功能（以及两者兼有）进行操作。如果原始数据保存在磁盘中，I/O 约束将成为相关性能的决定因素。
- ❑ 根据将要使用的学习算法，有效利用多处理和多线程。某些算法本身就能够将其操作拆分成并行操作。在这种情况下，唯一的约束是 CPU 和内存（因为你要为将要使用的每个并行工作程序复制数据）。有些算法能在相同内存块上利用多线程，并同时管理更多操作。

1.1.4 使用 Python 进行向外扩展

这只需将多台计算机连接成一个集群即可。连接机器（向外扩展）时，你还可以使用更强大的配置（从而扩展 CPU、内存和 I/O）来扩展其中的每一个，从而应用前面提到的技术并提高它们的性能。

通过连接多台机器，能够以并行方式利用其计算能力。待处理数据将分布在多个存储磁盘/存储器上，通过让每台计算机仅处理可用数据（即自身存储磁盘或 RAM 内存），从而限制 I/O 传输。

本书通过以下方式有效利用外部资源：

❑ H2O 框架

❑ Hadoop 框架及其组件，如 HDFS、MapReduce 和另一个资源协商器（YARN）

❑ Hadoop 之上的 Spark 框架

每一个框架都将由 Python 控制（例如，Spark 的 Python 接口名为 pySpark）。

1.2 Python 用于大规模机器学习

考虑到 Python 有许多有用的机器学习软件包，以及它是一种在数据科学家中颇受欢迎的编程语言，本书将 Python 作为所有代码示例的首选语言。

本书中，我们将在必要时提供进一步安装任何必需库或工具的说明。下面我们将开始安装基础程序，即 Python 语言和用于计算及机器学习的最常用包。

1.2.1 选择 Python 2 还是 Python 3

在开始之前，知道 Python 有两个主要分支很重要：版本 2 和版本 3。由于许多核心功能已经改变，为一个版本构建的脚本有时与另一个版本不兼容（如果不引发错误和警告，它们将无法正常工作）。虽然第三个版本为最新版本，但老版本仍然是科学领域使用最多的版本，也是许多操作系统的默认版本（主要用于升级兼容）。2008 年发布版本 3 时，大多数科学软件包还未准备好，因此科学界仍然使用老版本。幸运的是，从那以后，几乎所有软件包都已更新，只留下为数不多的几个还不能被 Python 3 兼容（关于兼容性概述，请参见 http://py3readiness.org）。

尽管 Python 3 受欢迎程度越来越高（我们不应该忘记，它是 Python 的未来），但 Python 2 仍在数据科学家和数据分析人员中广泛使用。而且很长一段时间以来，Python 2 一直是默认的 Python 安装版本（例如，在 Ubuntu 上），所以它最有可能是大多数读者已经准备好的版本。鉴于上述原因，本书采用 Python 2。这不是本书对旧技术的热爱，而是一个实用的选择，以便让更多的读者使用 Python 进行大规模机器学习：

❑ Python 2 代码适合现有的数据专家读者

❑ Python 3 用户会发现书中的脚本转换后很容易在他们最喜欢的 Python 版本下工作，因为我们编写的代码很容易转换，我们将提供所有脚本和笔记的 Python3 版本，这些资料可从 Packt 网站上免费下载。

如果需要深入了解 Python 2 与 Python 3 之间的差异，建议阅读这个关于编写 Python2-3 兼容代码的网页：

http://python-furture.org/compatible_idioms.html

从 Python-furture 可学会如何将 Python 2 代码转换为 Python 3：

http://python-furture.org/automatic_conversion.html

1.2.2 安装 Python

首先，创建一个数据科学工作环境，使用它来复制和运行本书中的示例，并为你自己的大型解决方案构建原型。

无论你使用何种语言开发应用程序，Python 都能轻松地获取你的数据，并从中构建模型，然后提取你在生产环境中进行预测所需的正确参数。

Python 是一种开源、面向对象和跨平台的编程语言，与其直接竞争者（例如，C/C++和 Java）相比，能产生非常简洁和可读的代码。它允许你在非常短的时间内构建一个可运行的软件原型，并在将来进行测试、维护和扩展。它已经成为数据科学家们工具箱中最常用的语言，因为它是一种非常灵活的通用语言，这主要归功于有各种各样的软件开发包支持，这样你可以轻松、快速地解决各种常见和特殊的问题。

1.2.3 逐步安装

如果你从未使用过 Python（但这并不意味着你的计算机上没有安装 Python），首先需要从 https://www.python.org/downloads 主网站下载安装程序（请记住，我们使用的是版本 2）。然后将其安装在本地计算机上。

本节内容介绍如何完全控制在计算机上安装的内容。当使用 Python 作为原型和生产语言时，这是非常有用的。此外，它还能帮助你跟踪正在使用的软件包的版本。无论如何，要注意，逐步安装确实需要时间和精力。相反，安装一个现成的科学发行版会减轻安装程序的负担，非常适合第一次启动和学习。因为它能节省大量时间，但是它会安装大量软件包（大多数情况下你可能永远都不会使用）。因此，如果你想立即启动，并且不想麻烦地操作安装，请跳过本节进入下一节。

作为一种多平台编程语言，可以找到能在装有 Windows 或 Linux/Unix 等操作系统的计算机上运行的安装程序。请记住，有些 Linux 发行版（如 Ubuntu）已经将 Python 2 打包在存储库中，这使得安装过程变得更加容易。

1. 打开 Python shell，在命令行输入 python，或者点击 Python 图标。

2. 为测试安装，请在 Python 交互式 shell 或由 Python 标准 IDE 提供的 Read-Eval-Print Loop（REPL）接口或其他解决方案（如 Spyder 或 PyCharm）中运行以下代码：

```
>>> import sys
>>> print sys.version
```

如果出现语法错误，则意味着正在运行 Python 2 而不是 Python 3。如果未遇到错误，就能看到所安装的 Python 版本是 3.4.x 或 3.5.x（写此书时最新版本是 3.5.2），那么恭喜，你正在运行本书采用的 Python 版本。

为清晰起见，当在命令行中给出命令时，我们在命令前加上 $。否则，对于 Python

REPL，其前面是>>>。

1.2.4　安装软件包

取决于你的系统和过去安装的版本，Python 可能没有捆绑你所需要的所有内容，除非安装了一个发行版（它提供的内容远远超出你的需要）。

要安装你需要的任何软件包，可以使用 pip 或 easy_install 命令。easy_install 将来会被抛弃，pip 更具有重要优势。

pip 是一个安装 Python 包的工具，能直接访问 Internet 并从 Python 包索引（https://pypi.python.org/pypi）中选取它们。PyPI 是一个包含第三方开源软件包的存储库，这些包由作者长期维护，并存储在存储库中。

由于以下原因，最好使用 pip 安装所有内容：

❑ 它是 Python 的首选包管理器，从 Python 2.7.9 开始直到 Python 3.4，默认情况下包含在 Python 二进制安装程序中

❑ 它提供卸载功能

❑ 如果出于某种原因导致软件包安装失败，它会回滚并从系统中清除安装

pip 命令在命令行中运行，使得安装、升级和删除 Python 包的过程变得轻而易举。

如前所述，如果正在运行的版本至少是 Python 2.7.9 或 Python 3.4，就已经包含了 pip 命令。为确定本地机器上安装了哪个工具，请直接使用以下命令进行测试：

```
$ pip -V
```

在有些 Linux 和 Mac 安装中，安装 Python 3 而不是 Python 2 时，命令可能以 pip3 的形式出现，因此如果在查找 pip 时出现错误，请尝试运行以下命令：

```
$ pip3 -V
```

如果是这种情况，请记住，pip3 仅适用于在 Python 3 上安装软件包。考虑到书中使用的是 Python 2（除非你决定使用最新的 Python 3.4），pip 始终是读者应该选择的安装包。

或者，你也可以测试旧的 easy_install 命令是否可用：

```
$ easy_install --version
```

 尽管使用 pip 有其优点，但使用 easy_install 仍然有意义，因为 pip 不会安装二进制包，因此，如果在安装软件包时遇到困难，easy_install 能节省时间。

如果测试时出现错误，则需要重新安装 pip（同样也要重新安装 easy_install）。

只需按照 https://pip.pypa.io/en/stable/installing/ 中的操作安装 pip 即可。最安全的方法是从 https://bootstrap.pypa.io/get-pip.py 下载 get-pip.py 脚本，然后运行以下命令：

```
$ python get-pip.py
```

顺便说一句，该脚本还会安装 https://pypi.python.org/pypi/setuptools 中的安装工具，其中包含 easy_install。

另外，如果正在运行的操作系统是 Debian/Ubuntu/Unix，则使用 apt-get 安装所有内容将会更为快捷：

```
$ sudo apt-get install python3-pip
```

检查这项基本需求后，读者现在应该已经准备好安装所需的所有软件包，以便运行本书中提供的示例。要安装通用的<pk>包，只需运行以下命令：

```
$ pip install <pk>
```

或者，如果喜欢使用 easy_install，则运行以下命令：

```
$ easy_install <pk>
```

在此之后，<pk>包及其所有捆绑软件都将被下载并安装。

如果不确定库是否已安装，只需尝试导入其中的模块。如果 Python 解释器显示一个 ImportError 错误，就说明该包尚未安装。

举个例子。下面是 NumPy 库已安装时的情况：

```
>>> import numpy
```

未安装时出现的信息：

```
>>> import numpy
Traceback (most recent call last):
File "<stdin>", line 1, in <module>
ImportError: No module named numpy
```

在后一种情况下，需要在导入之前通过 pip 或 easy_install 安装它。

请注意，不要将软件包与模块混淆。在 pip 中安装软件包，而在 Python 中导入模块。包和模块名称有时相同，但大多数情况下，它们不匹配。例如，sklearn 模块包含在名为 Scikit-learn 的软件包中。

1.2.5　软件包升级

通常情况下，你会发现自己必须升级软件包，因为新版本要么是依赖项必需的，要么有你希望使用的其他功能。为此，请首先通过查看__version__属性检查已安装的库的版本，如 NumPy 软件包的使用示例所示：

```
>>> import numpy
>>> numpy.__version__  # 2 underscores before and after
'1.9.0'
```

如果你想将其更新到更新版本，比如 1.9.2 版本，请从命令行运行以下命令：

```
$ pip install -U numpy==1.9.2
```

或者（但不建议使用，除非有必要），还可使用以下命令：

```
$ easy_install --upgrade numpy==1.9.2
```

最后，如果你只想将其升级到最新版本，只需运行以下命令：

```
$ pip install -U numpy
```

也可以运行 easy_install 来替代：

```
$ easy_install --upgrade numpy
```

1.2.6 科学计算发行版

正如读者迄今为止所读到的，创建一个工作环境对于数据科学家来说是一个很耗时的操作。首先需要安装 Python，然后逐个安装所需要的库。（有时安装过程可能不像你希望的那样顺利。）

如果想节省时间和精力并希望有一个能使用的完整 Python 运行环境，那么读者可下载、安装并使用科学 Python 发行版。除 Python 外，它还包含各种预装软件包，有时甚至还需要你设置其他工具和 IDE 设置。其中一些在数据科学家中很知名，在接下来的章节中，你将学习两个最有用和最实用软件包的主要特性。

若要立即开始学习本书内容，我们建议你首先下载并安装名为 Anaconda（我们认为 Anaconda 是最完整的发行版）的科学发行版，在运行完本书示例后，可以决定完全卸载发行版并单独设置 Python，这些示例附带了项目所需的软件包。

再次说明，如果可能的话，请下载并安装包含 Python 3 的版本。

建议使用软件包 Anaconda（https://www.continuum.io/downloads），它是由 Continuum Analytics 提供的 Python 发行版，其中包括近 200 个软件包，包括 NumPy、SciPy、pandas、IPython、matplotlib、Scikit-learn 和 StatsModels。它是一个跨平台发行版，可安装在其他已有 Python 发行版的计算机上，而且基本版本免费。包含高级功能的附加组件是单独收费的。Anaconda 引入 conda（二进制包管理器）命令行工具来管理软件包安装。如其网站所述，Anaconda 的目标是为大规模处理、预测分析和科学计算提供企业级 Python 分发方式。对于 Python 版本 2.7，推荐使用 Anaconda 发行版 4.0.0。（https://docs.continuum.io/anaconda/pkg-docs 上的列表能查看用 Anaconda 安装的软件包。）

第二个建议是，如果你正在 Windows 上工作，并且希望使用可移植发行版，则 WinPython（http://winpython. sourceforge. net/）是一个非常有趣的替代品（抱歉，没有 Linux 和 MacOS 版本）。WinPython 也是免费的，是一个由社区发行并维护的免费开源 Python 版。它由科学家精心设计，并包含许多基本的软件包，如 NumPy、SciPy、matplotlib 和 IPython（与 Anaconda 基本相同）。它还将 Spyder 作为 IDE，如果你有使用 MATLAB 语言和界面的经验，这会有所帮助。其关键优势在于具有便携性（可将其放在任何目录中，甚至放在 U 盘中），所以在计算机上可以有不同版本，还可以将其从一台 Windows 计算机移到另一台上，甚至只需替换目录就可用新版本替换旧版本。运行 WinPython 或它的 shell 程序时，将自动设置运行 Python 所需的所有环境变量，就像在你的系统上正常安装和注册 Python 一样。

撰写本书时，Python 2.7 是最新发布版本，分发版本是 2.7.10，2015 年 10 月发布。此后，WinPython 仅发布了 Python 3 版本的发行版更新。在用户系统上安装发行版之后，你可能需要更新本书中提供的示例所需的一些关键软件包。

1. 2. 7　Jupyter/IPython 介绍

IPython 是由 Fernando Perez 开发的一个免费项目，于 2001 年开始启动，它使用一个能在软件开发过程中结合科学方法（主要是实验和交互式发现）的用户编程接口，解决了 Python 堆栈用于科学研究的缺陷。

科学方法意味着能够以可复制的方式对不同假设进行快速实验（就像数据科学中的数据探索和分析任务一样），还意味着在使用 IPython 时，能够在编写代码时更自然地实现探索性的迭代和试错研究。

最近，IPython 项目的大部分已转移到一个名为 Jupyter 的新项目。这个新项目将原来的 IPython 接口的潜在可用性扩展到各种编程语言。（要查看完整列表，请访问 https://github. com/ipython/ipython/wiki/IPython-kernels-for-other-languages。）

由于强大的内核思想，运行用户代码的程序都通过前端接口进行通信，并将代码运行的结果反馈给接口本身；无论使用哪种语言，都能使用相同接口和交互式编程风格。

可以将 Jupyter（IPython 是零内核、原始的启动端）简单描述为交互任务的工具，它由控制台或基于 Web 的笔记本操作，可以提供特殊命令帮助开发人员更好理解和构建当前正在编写的代码。

IDE 的构建思想是编写脚本，运行脚本，最后评估其结果，与 IDE 不同，Jupyter 允许你以名为"单元格"的块编写代码，依次运行每个单元格，并分别评估每个单元格的结果，可以检查文本和图形输出。除图形集成外，它还提供更多帮助，这得益于可定制的命令、丰富的历史记录（以 JSON 格式表示）和计算并行性，能够增强处理大量数值计算时的性能。

这种方法对于涉及开发基于数据的代码任务也特别有效，因为它能自动完成诸如记录和说明数据分析方式、其前提和假设以及中间结果和初始结果等这些常被忽视的任务。如果你的部分工作职责是展示工作成果并说服内部或外部的利益相关者参与该项目，那么Jupyter具有真正的讲述故事的魅力。在 https://github.com/ipython/ipython/wiki/A-gallery-of-interesting-IPython-Notebooks 上有很多示例，其中一些可能会为你的工作带来灵感。

事实上，我们必须承认，保持一个干净、最新的 Jupyter Notebook 能为我们节省大量时间，当与管理者/利益相关者突然会面时，就要求必须匆忙展示我们的工作状态。

总之，Jupyter 能为你提供以下功能：

❏ 查看（调试）每个分析步骤的中间结果
❏ 仅运行代码的某些部分（即单元格）
❏ 以 JSON 格式存储中间结果并对其进行版本控制
❏ 通过 Jupyter Notebook Viewer 服务（http://nbviewer.jupyter.org/）分享你的作品（文本、代码和图像的组合），并很容易将其导出为 HTML、PDF 甚至幻灯片。

本书中首选 Jupyter，以便清晰有效地说明脚本和数据操作及其结果。

虽然强烈建议使用 Jupyter，但如果你使用的是 REPL 或 IDE，那么使用相同指令也能获得相同结果（返回结果的打印格式和扩展除外）。

如果你的系统上没有安装 Jupyter，可以使用以下命令快速安装它：

```
$ pip install jupyter
```

 可以在 http://jupyter.readthedocs.io/en/latest/install.html 找到 Jupyter 安装的完整说明（针对不同操作系统）。

如果已安装了 Jupyter，请至少升级到 4.1 版本。安装完成后，可以立即从命令行调用并开始使用 Jupyter：

```
$ jupyter notebook
```

一旦 Jupyter 实例在浏览器中打开（如图 1-1 所示），请点击"New"按钮，在 Notebooks 部分选择"Python 2"（此处可能出现其他内核，具体取决于所安装内容）：

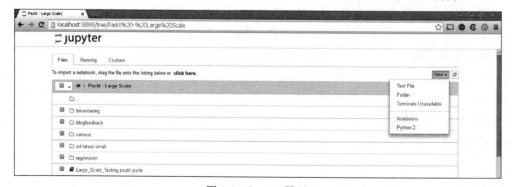

图 1-1　Jupyter 界面

此时，你的电脑屏幕如图 1-2 所示，可以开始在单元格中输入命令：

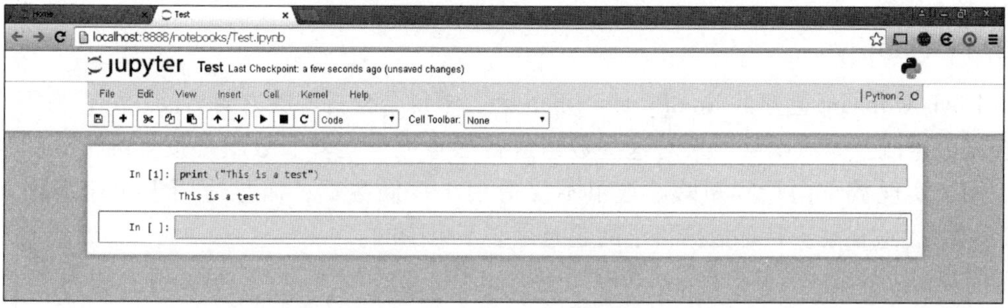

图 1-2　在 Jupyter 中执行命令

例如，在单元格中输入以下内容：

In: print ("This is a test")

写入单元格后，只需点击"Play"按钮（单元格选项卡下方）即可运行它并获得输出。然后，将出现另一个单元格供你输入。在单元格中写入时，如果单击上面菜单栏上的加号按钮，会得到一个新单元格，同时菜单上的箭头从一个单元格移动到另一个单元格。

其他大部分功能都非常直观，我们鼓励你尝试并使用它们。

为 更 好 了 解 Jupyter 的 工 作 方 式，你 可 以 使 用 http://jupyter-notebook-beginner-guide. readthedocs. io/en/latest/这样的快速入门指南，或者翻阅专门研究 Jupyter 功能的书。

关于运行 IPython 内核时所有 Jupyter 功能的完整说明，请参阅以下两本书：

❑ *IPython Interactive Computing and Visualization Cookbook* by *Cyrille Rossant, Packt Publishing*, September 25, 2014

❑ *Learning IPython for Interactive Computing and Data Visualization* by *Cyrille Rossant, Packt Publishing*, April 25, 2013

为便于说明，可以认为每个 Jupyter 指令块都有带编号的输入语句和一条输出语句，所以你会发现本书中的代码结构分为两块。若有必要则显示输出，否则只会有输入部分：

```
In:  <the code you have to enter>
Out: <the output you should get>
```

通常，需要你在单元格中键入"In:"之后的代码并运行。然后，将你的输出与我们实际测试所获得的输出进行比较，我们的输出放在"Out:"的后面。

1.3　Python 包

下面介绍的软件包将在本书中经常使用。如果你没有使用科学发行版，我们会给你一个操作说明，告诉你应该决定使用哪些版本，以及如何快速成功地安装它们。

1.3.1 NumPy

Travis Oliphant 创建的 NumPy 是 Python 语言中每个分析解决方案的核心。它为用户提供多维数组以及大量函数，来对这些数组进行多重数学运算。数组是按多维排列的数据块，用于实现数学向量和矩阵。数组不仅适用于存储数据，而且适用于快速矩阵运算（矢量化），这在解决特殊数据科学问题时是必不可少的。

❑ 网站：http://www.numpy.org/
❑ 撰写本书时的版本：1.11.1
❑ 建议安装命令：

```
$ pip install numpy
```

 作为 Python 社区广泛采用的约定，导入 NumPy 时，建议将其命名为 np：import numpy as np。

1.3.2 SciPy

SciPy 是由 Travis Oliphant、Pearu Peterson 和 Eric Jones 创建的原创项目，它完善了 NumPy 的功能，为线性代数、稀疏矩阵、信号和图像处理、优化、快速傅里叶变换等提供了大量科学算法。

❑ 网站：http://www.scipy.org/
❑ 撰写本书时的版本：0.17.1
❑ 建议安装命令：

```
$ pip install scipy
```

1.3.3 pandas

pandas 能处理 NumPy 和 SciPy 无法做到的一切。特别是，由于其特定的对象数据结构、数据框和序列，它允许处理不同类型数据（NumPy 数组无法做到）和时间序列的复杂数据表。由于 Wes McKinney 创造了它，让你能从不同数据源快速而稳定地加载数据，然后切片、切块、处理缺失元素、添加、重命名、聚合、重塑，并最终按照你的意愿对其进行可视化。

❑ 网站：http://pandas.pydata.org/
❑ 撰写本书时的版本：0.18.0
❑ 建议安装命令：

```
$ pip install pandas
```

通常，pandas 以 pd 为别名导入：

Import pandas as pd

1.3.4 Scikit-learn

作为 SciKits（SciPy 工具包）的一部分，Scikit-learn 是在 Python 中进行数据科学操作的核心。它提供了在数据预处理、监督学习、无监督学习、模型选择、验证和错误指标等方面你可能需要的所有内容。本书将详细讨论该包。

作为由 David Cournapeau 创建的 Google Summer of Code 的项目，Scikit-learn 始于 2007年，2013 年后被 InRIa（法国计算机科学与自动化研究所）的研究人员接管。

Scikit-learn 提供数据处理模块（sklearn. preprocessing 和 sklearn. feature_extraction）、模型选择和验证（sklearn. cross_validation、sklearn. grid_search 和 sklearn. metrics）以及一组完整方法（sklearn. linear_model），其中，目标值（数值或概率）是输入变量的线性组合。

❏ 网站：http://scikit-learn. org/stable/

❏ 撰写本书时的版本：0. 17. 1

❏ 建议安装命令：

```
$ pip install scikit-learn
```

 请注意，导入模块名为 sklearn。

matplotlib 包

matplotlib 最初由 John Hunter 开发，是一个包含所有构建块的库，用于从数组创建质量图，并以交互方式将其可视化。

你能在 PyLab 模块中找到所有类似 MATLAB 的绘图框架。

❏ 网站：http://matplotlib. org

❏ 撰写本书时的版本：1. 5. 1

❏ 建议安装命令：

```
$ pip install matplotlib
```

可以简单导入你的可视化需求：

```
import matplotlib as mpl
from matplotlib import pyplot as plt
```

Gensim

Radim Řehůřek 开发的 Gensim 是一个开源软件包，它适合通过使用平行可分布的在线算法来分析大型文本集。其高级功能实现了 Latent Semantic Analysis（LSA）、Latent Dirichlet Allocation（LDA）主题建模和 Google 的 word2vec，后者是一种功能强大的算法，能够将文本转换为矢量特征，用于监督机器学习和无监督机器学习。

❑ 网站：http://radimrehurek.com/gensim/

❑ 撰写本书时的版本：0.13.1

❑ 建议安装命令：

```
$ pip install gensim
```

H2O

H2O 是最初由 H2O.ai（以前称为 0xdata）创建的大数据分析开源框架，它可被 R、Python、Scala 和 Java 等编程语言使用。H2O 允许使用独立机器（利用多处理）或 Hadoop 集群（例如 AWS 环境中的集群）实现向上及向外扩展。

❑ 网站：http://www.h2o.ai

❑ 撰写本书时的版本：3.8.3.3

为了安装软件包，首先需要在你的系统上下载并安装 Java（由于 H2O 基于 Java，需要安装 Java 开发工具包（JDK）1.8），安装步骤可以参考 http://www.h2o.ai/download/ h2o/python 中提供的在线说明。

下面将安装步骤总结一下。

可以按照以下说明安装 H2O 及其 Python API：

```
$ pip install -U requests
$ pip install -U tabulate
$ pip install -U future
$ pip install -U six
```

执行上述步骤后将安装所需的软件包，然后即可安装该框架，注意，安装前需要卸载以前安装的全部软件包：

```
$ pip uninstall h2o
$ pip install h2o
```

若要安装与本书相同的版本，请使用以下命令更改最后的 pip install 命令：

```
$ pip install http://h2o-release.s3.amazonaws.com/h2o/rel-turin/3/Python/
h2o-3.8.3.3-py2.py3-none-any.whl
```

如果遇到问题，请访问 H2O Google 网上论坛，以获得有关问题的帮助：

https://groups.google.com/forum/#!forum/h2ostream

XGBoost

XGBoost 是一个具有可扩展性、可移植性和分布式梯度的增强库（树集合机器学习算法）。它适用于 Python、R、Java、Scala、Julia 和 C++，能在 Hadoop 和 Spark 集群中的单台机器上运行（利用多线程）。

❑ 网站：https://xgboost. readthedocs. io/en/latest/

❑ 撰写本书时的版本：0. 4

有关安装 XGBoost 的详细说明，请参阅：

https://github. com/dmlc/xgboost/blob/master/doc/build. md。

Linux 和 Mac OS 上安装 XGBoost 非常简单，但对 Windows 用户来说有点麻烦。为此，我们提供详细安装步骤便于让 XGBoost 在 Windows 上工作：

1. 下载并安装 Windows 版的 Git（https://git-for-windows. github. io/）。

2. 安装适用于 Windows 系统的 Minimalist GNU for Windows（MinGW）编译器。这需要根据操作系统版本从 http://www. mingw. org/下载。

3. 从命令行执行以下操作：

```
$ git clone --recursive https://github.com/dmlc/xgboost
$ cd xgboost
$ git submodule init
$ git submodule update
```

4. 从命令行将 64 位系统的配置复制为默认配置：

```
$ copy make\mingw64.mk config.mk
```

或者，复制常用的 32 位系统配置：

```
$ copy make\mingw.mk config.mk
```

5. 复制配置文件后运行编译器，将其设置为使用四个线程，以加快编译过程：

```
$ make -j4
```

6. 如果编译器设置过程无错误完成，则执行下面命令在 Python 中安装软件包：

```
$ cd python-package
$ python setup.py install
```

Theano

Theano 是一个 Python 库，它允许用户有效定义、优化和评价有关多维数组的数学表达式。基本上，它提供了创建深度神经网络所需的所有构建模块。

❑ 网站：http://deeplearning. net/software/theano/

❑ 撰写本书时的版本：0.8.2

Theano 安装很简单，因为它现在是 PyPI 中的一个包：

```
$ pip install Theano
```

如果要安装它的最新版本，则可以通过 GitHub 克隆得到：

```
$ git clone git://github.com/Theano/Theano.git
```

然后，继续进行 Python 安装：

```
$ cd Theano
$ python setup.py install
```

若要测试安装是否成功，可从 shell/CMD 运行以下命令，然后查看报告：

```
$ pip install nose
$ pip install nose-parameterized
$ nosetests theano
```

如果正在使用 Windows 操作系统，但执行前面步骤后未能成功安装，请尝试以下步骤：
1. 安装 TDM-GCC x64（http://tdm-gcc.tdragon.net/）。
2. 打开 Anaconda 命令提示符并执行以下操作：

```
$ conda update conda
$ conda update -all
$ conda install mingw libpython
$ pip install git+git://github.com/Theano/Theano.git
```

 Theano 需要 libpython，目前它与 3.5 版本还不兼容，所以如果在 Windows 上安装不成功，这可能是原因之一。

另外，在其他所有情况都失败时可参考 Theano 网站向 Windows 用户提供的某些信息：

http://deeplearning.net/software/theano/install_windows.html

Theano 在 GPU 上进行扩展的一项重要要求是安装 NVIDIA CUDA 驱动程序和 SDK，以便生成和运行 GPU 代码。如果对 CUDA 工具包不熟悉，可访问这个网址了解更多相关技术：

https://developer.nvidia.com/cuda-toolkit

因此，如果计算机有 NVIDIA GPU，那么能从 NVIDIA 相关网站找到安装 CUDA 所需的说明：

```
http://docs.nvidia.com/cuda/cuda-quick-start-guide/index.
html#axzz4A8augxYy
```

TensorFlow

与 Theano 一样，TensorFlow 是另一个使用数据流图而不是数组进行数值计算的开源软件库。图节点表示数学运算，而图边表示在节点之间移动的多维数据矩阵（即所谓的张量）。TensorFlow 最初是由 GoogleBrain 团队的研究人员开发的。

❑ 网站：https://github.com/tensorflow/tensorflow

❑ 撰写本书时的版本：0.8.0

请按照以下链接中的说明在计算机上安装 TensorFlow：

```
https://github.com/tensorflow/tensorflow/blob/master/tensorflow/
g3doc/get_started/os_setup.md
```

```
https://github.com/tensorflow/tensorflow/blob/master/tensorflow/
g3doc/resources/roadmap.md
```

对于 Windows 用户，好的折中办法是在基于 Linux 的虚拟机或 Docker 机器上运行该软件包。（参考前面 OS 设置页面。）

sknn 库

sknn 库（即 scikit-neuralnetwork）是 Pylearn2 的打包器，用来实现深度神经网络，而不需要你成为 Theano 专家。另外，该库与 Scikit-learn API 兼容。

❑ 网站：https://scikit-neuralnetwork.readthedocs.io/en/latest/

❑ 发布时的版本：0.7

❑ 安装该库只需使用以下命令：

```
$ pip install scikit-neuralnetwork
```

作为选项，如果想利用诸如卷积、池化或向上扩展等高级功能，请按如下方式进行安装：

```
$ pip install -r https://raw.githubusercontent.com/aigamedev/scikit-
neuralnetwork/master/requirements.txt
```

安装后执行以下操作：

```
$ git clone https://github.com/aigamedev/scikit-neuralnetwork.git
```

```
$ cd scikit-neuralnetwork
```

```
$ python setup.py develop
```

与在 XGBoost 中看到的一样，这将使 sknn 软件包在 Python 安装中可用。

Theanets

Theanets 软件包是一个用 Python 编写的深度学习和神经网络工具包，它使用 Theano 加速计算。如同 sknn，它尽量使得与 Theano 功能的交互变得更容易，以便创建深度学习模型。

❑ 网站：https://github.com/lmjohns3/theanets
❑ 撰写本书时的版本：0.7.3
❑ 建议安装步骤：

```
$ pip install theanets
```

可从 GitHub 下载当前版本，然后直接用 Python 安装该包：

```
$ git clone https://github.com/lmjohns3/theanets
$ cd theanets
$ python setup.py develop
```

Keras

Keras 是一个用 Python 编写的极其简单且高度模块化的神经网络库，能在 TensorFlow 或 Theano 之上运行。

❑ 网站：http://keras.io/
❑ 撰写本书时的版本：1.0.5
❑ PyPI 的建议安装命令：

```
$ pip install keras
```

还可使用以下命令安装最新可用版本（该软件包正在持续开发中，建议使用此版本）：

```
$ pip install git+git://github.com/fchollet/keras.git
```

安装其他有用的软件包

本书后面会实际用到刚安装的这些软件包，最后还需要安装三个简单但用处很大的软件包，它们几乎不会在书中被提及但需要安装在你的系统上：memory profiler、climate 和 NeuroLab。

memory profiler 是一个用于监视进程内存使用情况的程序包，有助于逐行解析指定 Python 脚本的内存消耗情况，其安装方法如下：

```
$ pip install -U memory_profiler
```

climate 包含一些基本的 Python 命令行工具，其快速安装方法如下：

```
$ pip install climate
```

NeuroLab 是一个非常基础的神经网络软件包，它基于 MATLAB 中的神经网络工具箱（NNT），它还基于 NumPy 和 SciPy 而不是 Theano，因此，不要期望它有令人惊讶的性能，但应该知道它是一个非常不错的学习工具箱，安装方法如下：

```
$ pip install neurolab
```

1.3.5 小结

本章介绍了使用 Python（向上扩展和向外扩展技术）使机器学习算法具有可扩展性的不同方法，还给出一些令人鼓舞的示例，并通过说明如何在计算机上安装 Python 来为本书后面的内容做准备。另外，专门介绍了书中使用的 Jupyter，并介绍了所有最重要的软件包。

在下一章中，我们将深入讨论随机梯度下降如何通过利用单台机器上的 I/O 帮助用户处理海量数据集。我们将介绍如何以不同方式让数据从大文件或数据库"流入"（输入）基本学习算法。你会惊讶地发现，简单的解决方案竟然如此有效，甚至台式机也能轻易地处理大数据。

Scikit-learn中的可扩展学习

假如拥有这个时代强大而又实惠的电脑，那么，将数据集加载到内存中、准备好数据矩阵、训练机器学习算法以及使用样本外观察法来测试其泛化能力通常并不是非常困难。然而，随着要处理的数据规模越来越大，不可能将其加载到计算机核心内存中，即使能加载，在处理数据管理和机器学习两方面，其结果依旧会很棘手。

一种避开核心内存的可行策略是：将数据分割为样本，使用并行性，最后从小批量或单个实例中学习。本章重点介绍 Scikit-learn 软件包提供的开箱即用解决方案：从数据存储器中以"流"的方式读入小批量实例并基于它们进行增量学习。这种解决方案称为"非核心学习"。

通过处理可管理的数据块和增量学习来处理数据是个好方法。然而，当试图实现时，由于现有学习算法的局限性，它也具有挑战性。并且，流动中的数据流也对数据管理和特征提取提出新要求。除了通过 Scikit-learn 提供非核心学习功能外，我们还提供 Python 解决方案，以解决只有一小部分数据时可能面临的问题。

本章讨论以下主题：
- 在 Scikit-learn 中实现非核心学习算法
- 使用散列技巧有效管理数据流
- 随机学习的基本原理
- 通过在线学习实现数据科学
- 数据流的无监督转换

2.1 非核心学习

非核心学习是指一组处理数据的算法，这些数据不能放入单台计算机内存，但很容易放入某些数据存储介质，例如本地硬盘或网络存储库。单台机器的核心内存（即可用RAM）的大小通常可能只有几千兆字节（有时是 2GB，但 4GB 更常见，这里假设最多2GB），在有些大型服务器上会高达 256GB。大型服务器与用来提供像 Amazon 弹性计算云（EC2）这样的云计算服务的机器类似，在使用这样的服务时，只需用一个外部驱动器，你的存储能力就能轻易超过千兆字节（最有可能是 1TB，有时高达 4TB）。

由于机器学习立足于全局降低成本函数，因此许多算法最初都被认为将处理所有可用数据，并能在优化过程的每次迭代中访问这些数据。这样的情况特别适用于基于统计学习的所有矩阵演算算法（例如逆矩阵），而且基于贪婪搜索的算法需要在执行下一步前评估尽可能多的数据。因此，最常见的开箱即用的回归式算法（加权线性特征组合）会更新其系数，以尽量减少合并整个数据集的错误。类似地，由于对数据集中的噪声非常敏感，决策树必须根据所有可用数据决定最佳分割，以便找到最优解决方案。

如果这种情况下数据无法放入计算机核心内存，那么就不存在解决方案。只有增加可用内存（这受限于主板，否则只能采用书中后几章介绍的分布式系统，比如 Hadoop 和Spark 这样的解决方案），或简单减少数据集以适应内存。

如果是稀疏数据，也就是说，数据集中有许多零值，则可将稠密矩阵转换为稀疏矩阵。这就是典型的具有许多列的文本数据，因为每列就是一个文字，但表示字频数的值很小，因为单个文本文件通常只显示有限文字。有时利用稀疏矩阵能解决这个问题，它允许你同时加载和处理其他相当大的数据集，但这不是灵丹妙药（也就是说，没有适合解决所有问题的解决方案），因为某些数据矩阵虽然稀疏，但其大小常常令人吃惊。

这种情况下，总是可以尝试减少实例数量或限制特征数量来减少数据集，从而达到减少数据集矩阵维数和内存中占用区域的目的。只选择一部分观察数据来减少数据集大小称为子采样（或简单抽样）解决方案。子采样虽好，但也有严重缺陷，在决定分析前务必注意这一点。

2.1.1　选择子采样

使用子采样时，实际上会失去一部分信息，并且无法确定是否只丢弃了冗余信息，而不是有用的观察数据。实际上，只有考虑到所有数据，才能找到有价值的信息。尽管子采样在计算方面很有吸引力（因为子采样只需一个随机生成器来告诉你是否应该选择某个实例），但这样确实可能限制算法以完整方式学习数据中的规则和关联的能力。在对偏差与方差的权衡中，由于数据中的随机噪声或离线观测，致使估计变得更不确定，从而导致子采样预测方差膨胀。

在大数据世界里，能处理更多高质量数据的算法会获胜，因为它能学习更多方法，从而将预测与预测器关联，而那些用更少、更嘈杂数据学习的模型与此相反。因此，尽管子采样可以作为一种解决方案，但由于预测不准确和估计方差较大，子采样可能影响机器学习结果。

在数据的多个子样本上学习多个模型，然后将所有解决方案或所有模型结果堆叠，从而创建用于进一步训练的简化数据矩阵，以达到克服子采样限制的目的。这个过程称为 bagging，它实际上是以这种方式压缩某些特征，从而减少内存数据空间。后面章节会介绍集成和堆叠，并说明如何减少被子采样所膨胀的数据估计方差。

另一种选择是裁剪特征，而不是裁剪实例，但是这同样也会遇到问题：这需要从数据中构建模型以测试选择哪些特征，因此，仍然不得不用无法放入内存的数据来构建模型。

2.1.2　一次优化一个实例

子采样虽然可行，但不是最佳解决方案，我们必须评估一个不同的方法，而非核心学习实际上不要求你放弃观察或特征，它只需多花一点时间训练模型，而这需要更多迭代和数据从存储器到计算机内存的更多传输。下面对非核心学习的工作过程做直观说明。

首先讨论学习，这是一个尝试建立未知函数用以表示对可用数据的响应（数字或结果，属于回归或分类问题）的过程。它通过拟合学习算法的内部系数，来实现对可用数据的最佳拟合，即最小化成本函数，而成本函数是能告诉我们近似函数的准确性的一种度量方法。归根结底，这是一个优化过程。不同的优化算法，就像梯度下降一样，是能够处理任何数据量的过程。其任务就是推导优化梯度（优化过程中的方向），并且让学习算法按照梯度调整其参数。

在具体的梯度下降情况中，经过一定次数的迭代后，如果问题能得到解决并且不存在诸如学习率过高之类的其他问题，那么梯度应该变得很小，这时可以停止优化过程。在此过程的最后，我们相信已找到最优解（因为它是全局最优解，尽管如果近似函数不是凸函数，有时它可能是局部极小值）。

由于梯度所决定的方向性可根据任意数量的示例得到，因此也可以在单个实例上得到。对单个实例进行梯度学习需要较小的学习率，但最终该过程能达到与对完整数据进行梯度下降所达到的相同的优化效果。最后，算法只需要一个方向来正确指引学习过程，使其适应可用的数据。因此，从数据中随机抽取的单个实例来学习这样的方向是完全可行的：

❑ 能得到就像一次处理全部一样的结果，尽管优化路径会有点曲折。如果大多数观察结果都指向一个最佳方向，那该算法将采用这个方向。唯一的问题是需要调整学习过程的正确参数并多次传递数据，以确保优化完成，因为这个优化过程比使用所有可用数据要慢得多。

❑ 设法让单个实例保留在核心内存中而将大量数据留在其外时没有任何特殊问题。通过单个实例将数据从其存储库移动到核心内存中时可能会产生其他问题。可扩展性得到保证，因为处理数据所需的时间是线性的。无论我们必须处理的实例总数如何，使用更多实例的时间成本总是相同的。

在单个实例或可一次放入存储器的数据子集上拟合学习算法的方法称为在线学习，

基于这种单次观测的梯度下降称为随机梯度下降。如前所述,在线学习是一种非核心技术,在 Scikit-learn 中被许多学习算法采用。

2.1.3 构建非核心学习系统

接下来的内容将说明随机梯度下降的内部工作原理,同时会提供更多细节和推理。现在知道非核心学习如何(由于随机梯度下降)允许我们更清楚地描述应该怎样让它在计算机上工作。可将我们的活动划分为不同任务:

1. 准备逐实例访问数据存储库。该活动可能要求你在将数据传输到计算机之前对数据行的顺序进行随机化,以便删除排序可能带来的任何信息。

2. 先做一些数据调查,也许是针对所有数据中的一部分(例如,前 10 000 行),尝试找出即将到达的数据实例是否具有一致的特征数、数据类型、是否存在数据值、每个变量的最小值和最大值,以及平均值和中位数。还要找出目标变量的范围或类。

3. 将每个接收数据行准备成学习算法能接受的固定格式(密集或稀疏向量)。在这个阶段能执行任何基本转换,例如,将分类特征转换为数字特征,或者让数字特征本身通过交叉乘积进行交互。

4. 在使示例顺序随机化后(如第一点所述),通过一定数量观察后使用系统数据或新数据建立验证程序。

5. 通过重复流化数据或处理小数据来调整超参数,这也是特征提取工作(使用无监督学习和特殊转换函数,如核近似)以及利用正则化和特征选择的合适时机。

6. 使用为训练保留的数据建立最终模型,并在理想情况下用全新的数据测试模型的效果。

首先,我们将讨论如何准备你的数据,然后轻松地创建一个适合在线学习的数据流,从而利用 Python 包(如 pandas 和 Scikit-learn)的功能函数进行学习。

2.2 流化源数据

当你有一个传输数据的生成过程时,某些数据实际上正在流经你的计算机,你能动态处理或丢弃这些数据,但是除非你将其存储到某个数据存储库中,否则之后无法再访问这些数据。这就像从一条流动的河水中取水一样——河流一直在流动,但你不能同时过滤和处理所有河水。这与一次处理所有数据完全不同,后者更像是把所有的水都放在大坝里(类似于处理内存中的所有数据)。

作为数据流的一个示例,我们可以引用传感器即时产生的数据流,或者更简单地引用 Twitter 的流水线数据流。一般而言,数据流主要来源如下:

❑ 测量温度、压力和湿度的环境传感器
❑ 记录位置(纬度/经度)的 GPS 跟踪传感器
❑ 记录图像数据的卫星

❏ 监视视频和声音记录

❏ 网络流量

但是你通常不会处理真实的数据流，而是会处理存储在存储库或文件中的静态记录。在这种情况下，可根据某些标准重新创建数据流，例如，一次顺序或随机提取单个记录。例如，如果我们的数据包含在 TXT 或 CSV 文件中，只需每次获取文件的一行并将其传递给学习算法。

在本章和下一章的示例中，我们将处理存储在本地硬盘上的文件，并会为提取数据流准备相应的 Python 代码。我们不使用无意义的数据集，但也不会用太多数据进行测试和演示。

2.2.1 处理真实数据集

1987 年加州大学欧文分校（UCI）就开始建立 UCI 机器学习库，这是一个大型数据集库，被机器学习社区用于验证机器学习算法。编写本书时，该存储库大约包含 350 个来自不同领域和用于不同用途的数据集，从有监督回归和分类到无监督任务等。访问 https：//Archive. ics. uci. edu/ml 可查看可用数据集。

本书选择了部分数据集（如表 2-1 所示），这些数据集在整本书中非常有用，而对你来说，用一台不寻常但仍可管理 2GB 内存的计算机处理大量数据非常具有挑战性。

表 2-1　参考数据集

数据集名	数据集网址	问题类型	行、列数
Bike-sharing 数据集	https：//archive. ics. uci. edu/ml/datasets/ Bike+Sharing+Dataset	回归	17 389，16
BlogFeedback 数据集	https：//archive. ics. uci. edu/ml/ datasets/BlogFeedback	回归	60 021，281
Buzz in social media 数据集	https：//archive. ics. uci. edu/ml/datasets/ Buzz+in+social+media+	回归与分类	140 000，77
Census-Income （KDD）数据集	https：//archive. ics. uci. edu/ml/datasets/ Census-Income+%28KDD%29	缺失数据分类	299 285，40
Covertype 数据集	https：//archive. ics. uci. edu/ml/ datasets/Covertype	分类	581 012，54
KDD Cup 1999 数据集	https：//archive. ics. uci. edu/ml/datasets/ KDD+Cup+1999+Data	分类	4 000 000，42

若要从 UCI 存储库下载和使用数据集，必须转到该数据集的专用页面，并按照标题"Download：Data Folder"下方的链接进行操作。本书给出部分自动下载数据脚本，可放在你的 Python 使用目录中，这样会使数据访问更加容易。

下面是给出的部分函数，当从 UCI 下载任意数据集时，在相应部分调用这些函数即可：

```
In: import urllib2 # import urllib.request as urllib2 in Python3
import requests, io, os, StringIO
import numpy as np
import tarfile, zipfile, gzip

def unzip_from_UCI(UCI_url, dest=''):
    """
    Downloads and unpacks datasets from UCI in zip format
    """
    response = requests.get(UCI_url)
    compressed_file = io.BytesIO(response.content)
    z = zipfile.ZipFile(compressed_file)
    print ('Extracting in %s' %  os.getcwd()+'\\'+dest)
    for name in z.namelist():
        if '.csv' in name:
            print ('\tunzipping %s' %name)
            z.extract(name, path=os.getcwd()+'\\'+dest)

def gzip_from_UCI(UCI_url, dest=''):
    """
    Downloads and unpacks datasets from UCI in gzip format
    """
    response = urllib2.urlopen(UCI_url)
    compressed_file = io.BytesIO(response.read())
    decompressed_file = gzip.GzipFile(fileobj=compressed_file)
    filename = UCI_url.split('/')[-1][:-3]
    with open(os.getcwd()+'\\'+filename, 'wb') as outfile:
        outfile.write(decompressed_file.read())
    print ('File %s decompressed' % filename)

def targzip_from_UCI(UCI_url, dest='.'):
    """
    Downloads and unpacks datasets from UCI in tar.gz format
    """
    response = urllib2.urlopen(UCI_url)
    compressed_file = StringIO.StringIO(response.read())
    tar = tarfile.open(mode="r:gz", fileobj = compressed_file)
    tar.extractall(path=dest)
    datasets = tar.getnames()
    for dataset in datasets:
        size = os.path.getsize(dest+'\\'+dataset)
        print ('File %s is %i bytes' % (dataset,size))
    tar.close()

def load_matrix(UCI_url):
    """
    Downloads datasets from UCI in matrix form
    """
    return np.loadtxt(urllib2.urlopen(UCI_url))
```

下载示例代码

下载代码包的详细步骤如前所述，请看一看。本书代码包也托管在 GitHub 上，网址是 https://github.com/PacktPublishing/Large-Scale-Machine-Learning-With-Python。

大量书籍和视频目录中的其他代码包可在 https://github.com/PacktPublishing/查看！

这些函数只是围绕各种包建立的打包器，可以处理诸如 tarfile、zipfile 和 gzip 之类的压缩数据。文件使用 urllib2 模块打开，这将生成远程系统句柄，并允许从 IO 模块（专门用于流处理的模块，参见 https://docs.Python.org/2/library/io.html）连续传输数据并以字符串形式（StringIO）或二进制形式（BytesIO）存储到内存。之后，可以用专门的函数像处理文件一样访问这些数据。

这 4 个函数能轻松帮助你快速下载数据集，无论数据被压缩、粘贴、解压，或者仅仅是矩阵形式的纯文本，这样有助于避免手工下载和提取操作的麻烦。

2.2.2 第一个示例——流化共享单车数据集

第一个示例是使用共享单车数据集。此数据集包含两个 CSV 文件，其中收集了 2011～2012 年间在美国华盛顿特区共享单车系统中每小时和每天所出租的自行车数。这些数据显示了与租车日对应的天气和季节信息。我们的第一个目标是使用前面定义的打包器函数将数据集保存到本地硬盘：

```
In: UCI_url = 'https://archive.ics.uci.edu/ml/machine-learning-
databases/00275/Bike-Sharing-Dataset.zip'
unzip_from_UCI(UCI_url, dest='bikesharing')

Out: Extracting in C:\scisoft\WinPython-64bit-2.7.9.4\notebooks\
bikesharing
    unzipping day.csv
    unzipping hour.csv
```

如果成功运行，代码会提示 CSV 文件的保存目录，并打印两个解压缩文件的名称。此时，用物理设备保存信息后，应编写脚本，以构建非核心学习系统的核心，从而提供来自文件的数据流。首先使用 CSV 库，有两个选择：将数据恢复为列表或 Python 字典。我们首先恢复为列表：

```
In: import os, csv
local_path = os.getcwd()
source = 'bikesharing\\hour.csv'
SEP = ',' # We define this for being able to easily change it as
required by the file
```

```
with open(local_path+'\\'+source, 'rb') as R:
    iterator = csv.reader(R, delimiter=SEP)
    for n, row in enumerate(iterator):
        if n==0:
            header = row
        else:
            # DATA PROCESSING placeholder
            # MACHINE LEARNING placeholder
            pass
    print ('Total rows: %i' % (n+1))
    print ('Header: %s' % ', '.join(header))
    print ('Sample values: %s' % ', '.join(row))
```

```
Out: Total rows: 17380
Header: instant, dteday, season, yr, mnth, hr, holiday, weekday,
workingday, weathersit, temp, atemp, hum, windspeed, casual,
registered, cnt
Sample values: 17379, 2012-12-31, 1, 1, 12, 23, 0, 1, 1, 1, 0.26,
0.2727, 0.65, 0.1343, 12, 37, 49
```

输出信息将显示已读取的行数、标题的内容（即 CSV 文件第一行，存储在列表中时）和行内容（为方便起见仅打印最后一页）。csv. reader 函数创建一个迭代器，利用 for 循环逐个读取文件的每一行。注意，代码段内专门有两处注释，指出应将整章中其他代码放置在何处来进行数据预处理和机器学习。

这种情况下，必须使用位置方法来处理特征，即对表头中的标签位置进行索引。如果大量频繁操作特征可能会有点麻烦。一种解决方案是使用 csv. DictReader 生成 Python 字典作为输出（无序，但利用标签很容易识别特征）。

```
In: with open(local_path+'\\'+source, 'rb') as R:
        iterator = csv.DictReader(R, delimiter=SEP)
        for n, row in enumerate(iterator):
            # DATA PROCESSING placeholder
            # MACHINE LEARNING placeholder
            pass
        print ('Total rows: %i' % (n+1))
        print ('Sample values: %s' % str(row))
```

```
Out: Total rows: 17379
Sample values: {'mnth': '12', 'cnt': '49', 'holiday': '0', 'instant':
'17379', 'temp': '0.26', 'dteday': '2012-12-31', 'hr': '23', 'season':
'1', 'registered': '37', 'windspeed': '0.1343', 'atemp': '0.2727',
'workingday': '1', 'weathersit': '1', 'weekday': '1', 'hum': '0.65',
'yr': '1', 'casual': '12'}
```

2.2.3 使用 pandas I/O 工具

我们可以使用 pandas 的 read_csv 函数替代 csv 模块。该函数专门用于上传 CSV 文件，pandas 有大量支持多种文件格式的 I/O 函数，这是其中之一。相关文档资料请查看 http://pandas.pydata.org/pandas-docs/stable/io.html。

使用 pandas 的 I/O 函数的优点如下：

❑ 如果更改源代码类型，能保持代码一致性，也就是说，只需要重新定义流迭代器。

❑ 支持多种格式，如 CSV、普通 TXT、HDF、JSON 和对特定数据库的 SQL 查询等。

❑ 数据以 DataFrame 数据结构的形式流入所需大小的数据块，以便以位置方式或通过调用其标签来访问这些特征，这要用到 .loc、.iloc、.ix 等典型的 pandas 数据切割方法。

下面的示例仍然使用与之前相同的方法，但使用 pandas 的 read_csv 函数建立流数据：

```
In: import pandas as pd
CHUNK_SIZE = 1000
with open(local_path+'\\'+source, 'rb') as R:
    iterator = pd.read_csv(R, chunksize=CHUNK_SIZE)
    for n, data_chunk in enumerate(iterator):
        print ('Size of uploaded chunk: %i instances, %i features' %
(data_chunk.shape))
        # DATA PROCESSING placeholder
        # MACHINE LEARNING placeholder
        pass
    print ('Sample values: \n%s' % str(data_chunk.iloc[0]))


Out:
Size of uploaded chunk: 2379 instances, 17 features
Size of uploaded chunk: 2379 instances, 17 features
Size of uploaded chunk: 2379 instances, 17 features
Size of uploaded chunk: 2379 instances, 17 features
Size of uploaded chunk: 2379 instances, 17 features
Size of uploaded chunk: 2379 instances, 17 features
Size of uploaded chunk: 2379 instances, 17 features
Sample values:
instant              15001
dteday          2012-09-22
season               3
yr                   1
mnth                 9
hr                   5
holiday              0
weekday              6
workingday           0
```

```
weathersit                  1
temp                     0.56
atemp                  0.5303
hum                      0.83
windspeed              0.3284
casual                      2
registered                 15
cnt                        17
Name: 0, dtype: object
```

这里需要注意的是，迭代器是通过指定块大小来实例化的，也就是说，迭代器在每次迭代时必须返回行数。chunksize 参数假设值的范围是从 1 到任何值，但很明显，小批量处理（检索到的块）的大小与可用内存紧密相连，以便在后续预处理阶段中存储和操作它。

将较大数据块调入内存具有的优势仅仅体现在磁盘访问上。根据物理存储特性，较小数据块需要对磁盘进行多次访问，这会花费更长时间来传递数据。然而，从机器学习角度来看，较小或较大的块对 Scikit 中的非核心学习函数几乎没有影响，因为它们每次只学习一个实例，从而使得它们在计算成本上呈现真正的线性化。

2.2.4　使用数据库

作为 pandas 的 I/O 工具的灵活性示例，我们提供一个使用 SQLite3 数据库的示例，其中使用简单查询得到数据流，该示例并不专门用于教学。在磁盘空间和处理时间方面，使用数据库的大型数据存储功能确实具有优势。

将数据放入 SQL 数据库表中进行归范化既能消除冗余度和重复度，又能节省磁盘存储空间。数据库规范化就是数据库中组织列和表以减少其维数而不丢失任何信息的方式，通常，通过拆分表和将重复数据重新编码成键来实现。此外，经过内存、操作和多处理优化的关系数据库能加速和预测部分预处理过程，否则要在 Python 脚本中执行这些处理。

对于 Python，SQLite（http://www.sqlite.org）是个不错选择，原因如下：

❑ 开源。

❑ 能处理大量数据（理论上每个数据库可存储高达 140TB 的数据，但是不太可能有 SQLite 应用程序能处理该级别的数据量）。

❑ 能在 MacOS、Linux 和 Windows 32/64 位环境中运行。

❑ 由于全部数据存储在单个磁盘文件中，因此不需要任何服务器基础结构或特定的安装操作（零配置）。

❑ 使用可转换为存储过程的 Python 代码易于对其进行扩展。

此外，Python 标准库包括 sqlite3 模块，可提供从创建数据库到使用数据库的全部功能。

本示例首先将包含共享单车数据集的 CSV 文件以每天和每小时为间隔上传到 SQLite 数据库，然后，与 CSV 文件中的数据流操作一样对其进行流处理。读者自己的应用程序中可以重用该数据库上传代码，代码没有绑定到具体示例（只需更改输入输出参数）：

```python
In : import os, sys
import sqlite3, csv,glob

SEP = ','

def define_field(s):
    try:
        int(s)
        return 'integer'
    except ValueError:
        try:
            float(s)
            return 'real'
        except:
            return 'text'

def create_sqlite_db(db='database.sqlite', file_pattern=''):
    conn = sqlite3.connect(db)
    conn.text_factory = str  # allows utf-8 data to be stored

    c = conn.cursor()

    # traverse the directory and process each .csv file useful for
building the db
    target_files = glob.glob(file_pattern)

    print ('Creating %i table(s) into %s from file(s): %s' %
(len(target_files), db, ', '.join(target_files)))

    for k,csvfile in enumerate(target_files):
        # remove the path and extension and use what's left as a table
name
        tablename = os.path.splitext(os.path.basename(csvfile))[0]

        with open(csvfile, "rb") as f:
            reader = csv.reader(f, delimiter=SEP)

            f.seek(0)
            for n,row in enumerate(reader):
                if n==11:
                    types = map(define_field,row)
```

```
                  else:
                        if n>11:
                              break

            f.seek(0)
            for n,row in enumerate(reader):
                  if n==0:

                        sql = "DROP TABLE IF EXISTS %s" % tablename
                        c.execute(sql)
                        sql = "CREATE TABLE %s (%s)" % (tablename,\
                                    ", ".join([ "%s %s" % (col, ct) \
    for col, ct  in zip(row, types)]))
                        print ('%i) %s' % (k+1,sql))
                        c.execute(sql)


                        # Creating indexes for faster joins on long
    strings
                        for column in row:
                              if column.endswith("_ID_hash"):
                                    index = "%s__%s" % \
    ( tablename, column )
                                    sql = "CREATE INDEX %s on %s (%s)" % \
    ( index, tablename, column )
                                    c.execute(sql)

                        insertsql = "INSERT INTO %s VALUES (%s)" %
    (tablename,
                                          ", ".join([ "?" for column in row ]))

                        rowlen = len(row)
                  else:
                        # raise an error if there are rows that don't have
    the right number of fields
                        if len(row) == rowlen:
                              c.execute(insertsql, row)
                        else:
                              print ('Error at line %i in file %s') %
    (n,csvfile)
                              raise ValueError('Houston, we\'ve had a
    problem at row %i' % n)

            conn.commit()
            print ('* Inserted %i rows' % n)

    c.close()
    conn.close()
```

该脚本通过有效的数据库名称和模式来定位待导入文件（接受通配符 ∗），并从头开始创建所需的新数据库和表。然后用所有可用的数据对其进行填充：

```
In: create_sqlite_db(db='bikesharing.sqlite', file_
pattern='bikesharing\\*.csv')

Out: Creating 2 table(s) into bikesharing.sqlite from file(s):
bikesharing\day.csv, bikesharing\hour.csv
1) CREATE TABLE day (instant integer, dteday text, season integer, yr
integer, mnth integer, holiday integer, weekday integer, workingday
integer, weathersit integer, temp real, atemp real, hum real,
windspeed real, casual integer, registered integer, cnt integer)
* Inserted 731 rows
2) CREATE TABLE hour (instant integer, dteday text, season integer, yr
integer, mnth integer, hr integer, holiday integer, weekday integer,
workingday integer, weathersit integer, temp real, atemp real, hum
real, windspeed real, casual integer, registered integer, cnt integer)
* Inserted 17379 rows
```

脚本还会显示创建的字段的数据类型和行数，以便你验证导入过程是否成功。现在很容易从数据库中以数据流的方式提取数据。在示例中，在 hour 表和 day 表之间创建一个内连接，并按小时提取数据（当天租金总额信息）：

```
In: import os, sqlite3
import pandas as pd

DB_NAME = 'bikesharing.sqlite'
DIR_PATH = os.getcwd()
CHUNK_SIZE = 2500

conn = sqlite3.connect(DIR_PATH+'\\'+DB_NAME)
conn.text_factory = str  # allows utf-8 data to be stored
sql = "SELECT H.*, D.cnt AS day_cnt FROM hour AS H INNER JOIN day as D
ON (H.dteday = D.dteday)"
DB_stream = pd.io.sql.read_sql(sql, conn, chunksize=CHUNK_SIZE)
for j,data_chunk in enumerate(DB_stream):
    print ('Chunk %i -' % (j+1)),
    print ('Size of uploaded chunk: %i instances, %i features' %
(data_chunk.shape))
    # DATA PROCESSING placeholder
    # MACHINE LEARNING placeholder

Out:
Chunk 1 - Size of uploaded chunk: 2500 instances, 18 features
Chunk 2 - Size of uploaded chunk: 2500 instances, 18 features
Chunk 3 - Size of uploaded chunk: 2500 instances, 18 features
```

```
Chunk 4 - Size of uploaded chunk: 2500 instances, 18 features
Chunk 5 - Size of uploaded chunk: 2500 instances, 18 features
Chunk 6 - Size of uploaded chunk: 2500 instances, 18 features
Chunk 7 - Size of uploaded chunk: 2379 instances, 18 features
```

如果需要加快数据流传输，只需优化数据库，首先是为要使用的关系查询构建正确索引。

 conn. text_factory＝str 是脚本非常重要的部分，它允许存储 UTF-8 数据。如果忽略此命令，则在输入数据时可能会遇到奇怪的错误。

2.2.5　关注实例排序

作为数据流主题的总结，必须警告读者：数据流传输时实际上包含了学习过程中的隐藏信息，因为你的学习是按实例顺序进行的。

事实上，在线学习器会根据所评估的每个实例优化其参数，在优化过程中，每个实例都会引导学习器朝某个方向前进。如果有足够多的评估实例，则在全局过程中学习器应采取正确优化方向。但是，如果学习器是由有偏差的观察数据训练的（例如，按时间排序或以某种有意义分组的观察数据），那么算法也将学习偏差。训练过程中可以设法不记住之前看见的实例，但不管怎样还是会引入某些偏差。如果正在学习时间序列（对时间流的响应常常是模型的一部分），这种偏差相当有用，但在大多数其他情况下，它会导致某种过拟合，并在最终的模型中导致某种程度的泛化缺失。

如果数据经过某种排序，并且你希望机器算法学习该排序（如 ID 排序），则有必要在传输数据前尽量打乱其顺序，以获得更适合在线随机学习的最优随机顺序。

最快和占用更少磁盘空间的方式是在内存中流化数据。大多数情况下（但不是全部），由于所训练数据的相对稀疏性和冗余性，以及所使用的压缩算法，该方式是有效的。而在无效的情况下，需要你直接在磁盘上打乱数据，这也意味着要用更多磁盘空间。

这里，首先介绍一种内存中的快速打乱方法，所用的 zlib 包能快速将行数据压缩到内存中，还会用到 random 模块中的 shuffle 函数：

```
In: import zlib
from random import shuffle

def ram_shuffle(filename_in, filename_out, header=True):
    with open(filename_in, 'rb') as f:
        zlines = [zlib.compress(line, 9) for line in f]
        if header:
            first_row = zlines.pop(0)
    shuffle(zlines)
    with open(filename_out, 'wb') as f:
        if header:
```

```
            f.write(zlib.decompress(first_row))
        for zline in zlines:
            f.write(zlib.decompress(zline))

import os

local_path = os.getcwd()
source = 'bikesharing\\hour.csv'
ram_shuffle(filename_in=local_path+'\\'+source, \
                filename_out=local_path+'\\bikesharing\\shuffled_
hour.csv', header=True)
```

 对于 UNIX 用户，通过调用一次 sort 命令（-R 参数），即可很方便地打乱大量文本文件，并且比 Python 更有效，通过采用管道技术，它可以与解压和压缩步骤联合使用。具体实现命令类似如下：

```
zcat sorted.gz | sort -R | gzip - > shuffled.gz
```

当 RAM 不能存储所有压缩数据时，唯一可行的办法是在磁盘上就对文件进行操作。下面的代码段定义了一个函数，它重复地将文件拆分为越来越小的文件，然后在内部打乱它们，最后在更大的文件中将其随机排列。结果不是完全的随机重排，但它的数据行被分散后，足以破坏之前任何可能影响在线学习的顺序：

```
In: from random import shuffle
import pandas as pd
import numpy as np
import os

def disk_shuffle(filename_in, filename_out, header=True, iterations =
3, CHUNK_SIZE = 2500, SEP=','):
    for i in range(iterations):
        with open(filename_in, 'rb') as R:
            iterator = pd.read_csv(R, chunksize=CHUNK_SIZE)
            for n, df in enumerate(iterator):
                if n==0 and header:
                    header_cols =SEP.join(df.columns)+'\n'
                df.iloc[np.random.permutation(len(df))].to_
csv(str(n)+'_chunk.csv', index=False, header=False, sep=SEP)
        ordering = list(range(0,n+1))
        shuffle(ordering)
        with open(filename_out, 'wb') as W:
            if header:
                W.write(header_cols)
```

```
        for f in ordering:
            with open(str(f)+'_chunk.csv', 'r') as R:
                for line in R:
                    W.write(line)
            os.remove(str(f)+'_chunk.csv')
    filename_in = filename_out
    CHUNK_SIZE = int(CHUNK_SIZE / 2)

import os

local_path = os.getcwd()
source = 'bikesharing\\hour.csv'
disk_shuffle(filename_in=local_path+'\\'+source, \
             filename_out=local_path+'\\bikesharing\\shuffled_
hour.csv', header=True)
```

2.3　随机学习

在定义数据流化过程之后，下面开始讨论学习过程，因为正是学习及其特定需求决定了在预处理阶段处理数据并对其进行转换的最佳方式。

与批量学习相反，在线学习要经过大量迭代，并且每次从单个实例获取方向，相比于批量学习的优化（它能立即找到通过数据整体表达的正确方向），在线学习更容易出错。

2.3.1　批处理梯度下降

为适应在线学习，需要重新引入机器学习的核心算法：梯度下降。处理批数据时，相比于统计学算法，梯度下降法可以使用少很多的计算量，从而使线性回归分析的成本函数最小化。梯度下降秩的复杂度量级为 $O(n*p)$，使学习回归系数具有可行性，即使在 n（观测样本数）和 p（变量数）的值很大时。数据训练中，即使特征高度相关甚至相同，训练结果也令人满意。

所有一切都基于一个简单的优化方法：经多次迭代后参数集以某种方式逐渐收敛成从随机状态开始的最优解。梯度下降法与回归问题一样，是理论上成熟并且具有收敛性保证的优化算法。下面首先以图 2-1 为例进行说明，该图表示参数的允许值（超空间）与结果之间在成本函数最小化方面的复杂映射（典型的神经网络）。

梯度下降法就像蒙着眼睛在山上行走一样，你想到谷底却看不到路，只能沿着你觉得下坡的方向前进，试一试然后停下来感觉一下地形，之后继续沿你感觉的下坡方向前进，如此往复。如果一直在朝着下坡方向前进，你最终会到达某个点，因为这里地形平坦不能再下降，这个点就是你希望到达的目的地。

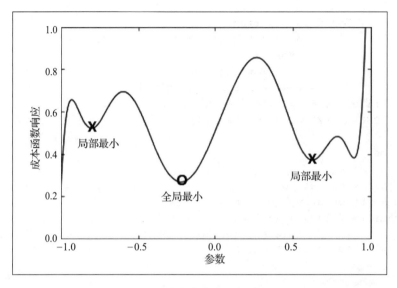

图 2-1　成本与参数映射关系

采用这种方法，需要执行如下操作：

❑ 确定出发点。通常通过对函数参数进行初始随机猜测来实现（多次重启将确保初始化不会导致算法到达局部最优值）。

❑ 确定何时下降，数学术语中意味着你应该对目标变量的实际参数化函数求导，也就是求待优化成本函数的偏导数。注意，梯度下降适用于所有数据，能一次性优化所有实例并给出预测。

❑ 确定沿导数方向的步长。数学术语中，权重（通常称为 alpha）对应于你在每步中参数的变化率。这方面可看作为学习因素，因为它指出每次优化时应该从数据中学习多少。和其他超参数一样，alpha 的最佳值可以通过对验证集的性能评估来决定。

❑ 确定何时停止，考虑到成本函数相对于上一步的改进太小。这样你能注意到可能出现的错误并意识到你可能不在正确方向上，因为学习中使用的 alpha 值太大。这实际上是个动量问题，也就是速度问题，此速度上算法收敛于最优。这就像把球从山上扔下去一样，它会滚过表面上的小凹坑，但是当它速度过高时，它就不会在正确的点停止。因此，如果 alpha 被正确设置，如图 2-2 所示，当算法接近时，动量自然会变慢。然而，如果设置不准确，它会跳过全局最优，如图 2-2 右边所示，发生偏离导致最小化的错误，此时优化过程导致参数值选择不合适，未能达到所需的错误最小化。

为更好描述梯度下降法，现以一个线性回归为例来说明，其参数通过下面过程优化。从成本函数 J 开始，给定权值向量 w：

$$J(w) = \frac{1}{2n} \sum (Xw - y)^2$$

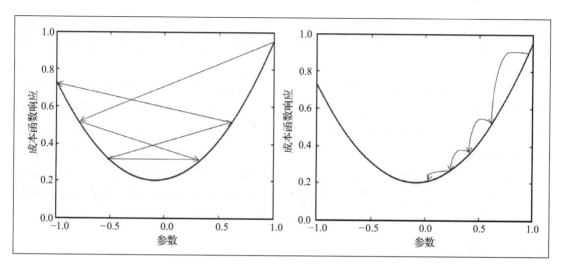

图 2-2　梯度下降法的成本函数与参数关系

训练数据矩阵 X 和系数向量 w 之间的矩阵向量乘积 Xw 代表线性模型的预测，对响应 y 的偏差进行平方，然后求和，最后除以 2 倍 n（实例个数）。

最初，向量 w 用标准正态分布中的随机数实例化，其均值为零，标准差为 1。（实际上，初始化有多种不同方法，所有方法都能近似为成本函数为碗形的线性回归，有一个唯一最小值。）这允许算法沿着优化路径开始，可以有效加快收敛过程的收敛速度。优化线性回归时，初始化不会给算法带来太大麻烦（最坏情况是，一个错误开始只会使它慢下来）。相反，使用梯度下降优化不同机器学习算法（如神经网络）时，可能会因为错误的初始化而陷入困境。例如，如果初始值 w 中填充了零值，就会发生这种情况（冒着被困在一个完全对称的山顶上的风险，没有方向性能立即带来比任何其他情况更好的优化）。这也可能发生在具有多个局部极小值的优化过程中。

给定起始随机系数向量 w，可以立即计算成本函数 $J(w)$，并通过从偏导数的每一部分减去 α（学习率）以确定每个单系数的初始方向，用下公式解释：

$$w_j = w_j - \alpha \frac{\partial}{\partial w} J(w)$$

求解偏导数后，这一点能更好地表达，如下所示：

$$w_j = w_j - \alpha \frac{1}{n} \sum (Xw - y) x_j$$

值得注意的是，更新量对特征向量 xj 的每个奇异系数进行的，但同时基于所有预测（因此求和）。

迭代 w 中的所有系数后，完成系数更新。通过计算偏导数和更新 w 向量再重新启动优化。

此过程的一个有趣特点是，当 w 向量趋近最优模型时，更新会越来越少。因此，当 w 中相对于先前操作引起的变化小时，该过程就停止。不管怎样，当 alpha（学习率）设置适当时确实会减少更新。实际上如果值太大会导致迂回和失败，在某些情况下，导致过程完全相反，并且不可能最终收敛到一个解。事实上，优化看上去趋于目标，实际上却在远离它。

另一面，优化过程太小的 α 值不仅移向其目标时速度太慢，而且还容易在局部最小值中某个地方被卡住。对于更复杂算法尤其如此，就像神经网络一样。线性回归及其分类对应的逻辑回归，由于优化曲线为碗形，就像凹形曲线一样，其特点是有最小值，而无局部极小值。

在所演示的实例实现中，alpha 是固定常数（固定学习率梯度下降）。由于 α 在收敛到最优解中非常重要，为此设计不同策略使其在优化过程中开始变大，并随着优化继续而缩小。我们将讨论这些不同的方法在 Scikit-learn 中的实现。

2.3.2　随机梯度下降

到目前为止看到的梯度下降版本称为全批梯度下降，它通过优化整个数据集误差来工作，因此需要占用内存。非核心版是随机梯度下降（SGD）和最小批梯度下降（SGD）。

在这里，公式完全相同，但更新时每次只对一个实例更新，这样允许我们将核心数据保留在其存储区中，在内存中只进行单个处理：

$$w_j = w_j - \alpha\ (x_j w - y)\ x_j$$

其核心思想是，如果实例是随机选择，没有特定偏差，则优化将朝着目标成本最小化的方向移动。这就解释了为什么我们要讨论如何从数据流中删除任何顺序，让其尽可能随机。例如，共享单车示例中，如果随机梯度下降首先学习早期赛季的模式，然后关注夏天，接着关注秋天等等，受制于优化停止的季节，那么，模型将被调整以便能更好预测某个赛季，因为最近实例都来自那个季节。在随机梯度下降算法中，数据独立同分布（IID）会保证收敛于全局最优点。实际上，独立意味着实例无顺序分布。

2.3.3　Scikit-learn 的 SGD 实现

Scikit-learn 软件包含许多在线学习算法。并不是所有机器学习算法都有在线学习算法，但是在线算法种类一直在稳步增长。在监督学习方面，我们将可用学习器分成分类器和回归器，并列举它们。

对于分类器有以下几点说明：

❑ sklearn. naive_bayes. MultinomialNB

❑ sklearn. naive_bayes. BernoulliNB

❑ sklearn. linear_model. Perceptron

❑ sklearn. linear_model. PassiveAggressiveClassifier

❑ sklearn. linear_model. SGDClassifier

回归器有两种选择：

❑ sklearn. linear_model. PassiveAggressiveRegressor

❑ sklearn. linear_model. SGDRegressor

它们都可以增量学习，逐实例更新自己，但只有 SGDClassifier 和 SGDRegressor 是基于我们之前描述的随机梯度下降优化算法，本章重点介绍它们。对于所有大型问题，SGD 学习器都为最优，因为其复杂度为 $O(k*n*p)$，其中 k 为数据遍历次数，n 为实例数量，p 为特征数（如果使用稀疏矩阵为非零特征）：一个完全线性时间学习器，学习时间与所显示的实例数量成正比。

其他在线算法将被用作比较基准。此外，基于在线学习的 partial_fit 算法和 mini-batch（传输更大块非单个实例）的所有算法都使用相同 API。共享相同 API 便于这些学习技术在你的学习框架中任意互换。

拟合方法能使用所有可用数据进行即时优化，与之相比，partial_fit 基于传递的每个实例进行局部优化。即使数据集全传递给 partial_fit，它也不会处理整批数据，而是处理每个元素，以保证学习操作的复杂度呈线性。此外，在 partial_fit 后，学习器可通过后续调用 partial_fit 来不断更新，这样的方法非常适合于从连续数据流进行在线学习。

分类时，唯一要注意的是，第一次初始化时需要知道要学习的种类数及其标记方法。可以使用类参数来完成，并指出标签数值的列表。这就需要事先进行探索，疏理数据流以记录问题的标签，并在不平衡情况下关注其分布——相对其他类，该类在数值上会太大或太小（但是 Scikit-learn 提供了一种自动处理问题的方法）。如果目标变量为数值变量，则了解其分布仍然很有用，但是这对于成功运行学习算法来说不是必需的。

Scikit-learn 中有两个实现——一个用于分类问题（SGDClassfier），一个用于回归问题（SGDRegressor）。分类实现使用一对多（OVA）策略处理多类问题。这个策略就是，给定 k 个类，就建立 k 个模型，每个类针对其他类的所有实例都会建立一个模型，因此总共创建 k 个二进制分类。这就会产生 k 组系数和 k 个向量的预测及其概率。最后，与其他类比较每类的发生概率，将分类结果分配给概率最高的类。如果要求给出多项式分布的实际概率，只要简单地与其相除就能对结果归一化。（神经网络中的 softmax 层就会这么处理，下一章会看到详细介绍。）

Scikit-learn 中实现分类和 SGD 回归时都会有不同的损失函数（成本函数，随机梯度下降优化法的核心）。

可以按照以下内容用损失参数表示分类：

❑ loss = 'log'：经典逻辑回归

❑ loss = 'hinge'：软边界，即线性支持向量机

❑ loss = 'modified_huber'：平滑 hinge loss

回归有三个损失函数：

❑ loss = 'squared_loss'：普通最小二乘法线性回归（OLS）

❑ loss = 'huber'：抗噪强的鲁棒回归抗 Huberloss

❏ loss = 'epsilon_insensitive'：线性支持向量回归

我们将给出一些使用经典统计损失函数的实例，例如对数损失和 OLS。下一章讨论 hinge loss 和支持向量机（SVMS），并详细介绍其功能。

作为提醒（这样读者就不必再查阅其他机器学习辅助书籍），如果回归函数定义为 h，其预测由 $h(x)$ 给出，因为 X 为特征矩阵，那么其公式如下：

$$y \approx h(X) = \beta X + \beta_0$$

因此，最小化的 OLS 成本函数如下：

$$\frac{1}{2n} * \sum (h(X) - y)^2$$

在逻辑回归中，将二进制结果 0/1 变换为优势比，ny 为正结果的概率，公式如下：

$$y \approx h(X) = \frac{1}{1 + e^{\beta X + \beta_0}}$$

因此，对数损失函数定义如下：

$$-\frac{1}{n} * \sum [y * \ln(h(X)) + (1 - y) * \ln(1 - h(X))]$$

2.3.4　定义 SGD 学习参数

若要在 Scikit-learn 中定义 SGD 参数，无论是分类问题还是回归问题（对 SGDClassfier 和 SGDRegressor 都有效），当不能同时评估所有数据时，我们必须清楚如何处理正确学习所需的某些重要参数。

第一个参数 n_iter 定义了数据迭代次数，初始值设置为 5，并根据经验对其调整。对于学习器来说，给定其他默认参数的情况下可看到大约 10^6 个示例，因此，将其设置为 n_iter = np. ceil（10 ∗ ∗ 6/n）不失为一个好方法，其中 n 为实例数目。值得注意的是，n_iter 只对内存中的数据集起作用，所以只有进行拟合操作时才起作用，但不适合 partial_fit。实际上，partial_fit 会迭代相同数据，就像在你的程序中重新传输数据一样，正确的重新传输流的迭代次数需要通过在学习过程本身中进行测试才能得到，并受数据类型的影响。下一章将讨论超参数优化和正确的传递次数。

 小批量学习时，很有必要在每次传递完所有数据后重新调整数据。

如果要打乱数据就会用到 shuffle 参数。它用于内存小批量处理，不适于非核心数据排序。它也用于 partial_fit，但效果不明显。如前所述，在以块形式传递的数据时，常把其设置为 True，这样能打乱非核心数据。

warm_start 是拟合时用到的另一个参数，因为它会记住以前的拟合系数（不管学习率是否已被动态修改）。如果使用 partial_fit，该算法将记住以前的学习系数和学习率表的状态。

average 参数表示一个计算技巧，某些情况下，开始用旧系数平均新系数会使收敛速度更快。可以将其设置为 True 或某个整数值，以指明将从哪个实例开始平均。

最后是 learning_rate 及其相关参数 eta0 和 power_t。learning_rate 参数表示每个被观察实例对优化过程的影响程度。当从理论角度解释 SGD 时，就是恒定速率学习，可以通过设置 learning_rate = 'constant' 来复制它。

另外还有其他选项让 η（Scikit-learn 中称为学习率，在时间 t 定义）逐渐减少。在分类中，所提出的解决方法为 learning_rate = 'optimal'，具体计算如下式所示：

$$\eta^t = \frac{1}{\alpha_{t0} + \alpha_t}$$

这里，t 为时间步长，由实例数量乘以迭代数，$t0$ 是启发式选择值，需要根据 Léon Bottou 的研究成果进行选择，他对 SGD Scikit-learn 实现有很大影响（http：//leon.bottou.org/projects/sgd）。这种学习策略的明显优势在于学习随着更多实例出现而减少，从而避免由于给出异常值使优化发生突然扰动。显然，这个策略也是现成可用的，也意味着可以直接使用。

在回归中，下面的公式给出了建议的学习退化，它与 learning_rate = 'invscaling' 对应：

$$\eta^t = \frac{\text{eta0}}{t^{\text{power\_t}}}$$

这里 eta0 和 power_t 为通过优化搜索来优化的超参数（其初始值设置为 0 和 0.5）。值得注意的是，如果使用 invscaling 学习率，SGD 将以低于最优学习率的更低学习率开始，其学习适应能力更强，学习率下降更慢。

2.4　数据流的特征管理

数据流带来的问题是，不能像在处理一个完整的内存数据集那样进行评估。为找到给 SGD 非核心算法提供数据的正确且最佳的方法，要求首先调查数据（例如，获取文件初始实例），并查找你手头的数据类型：

使用以下数据类型进行区分：

❑ 定量值

❑ 整数编码的类别值

❑ 文本形式表示的非结构化类别值

当数据定量时，它仅被提供给 SGD 学习器，但该算法对特征缩放非常敏感，也就是说，你必须把所有定量特征带入相同数值范围内，否则学习过程将难以准确收敛。常用的缩放策略是转换在 ［0，1］、［-1，1］ 之间的所有值，或将变量的均值中心归零并将其方差转换为 1 来标准化变量。对缩放策略的选择，我们没有特别的建议，但如果处理稀

疏矩阵并且大多数值为零，则在［0，1］范围内的转换效果特别好，

至于内存中学习，在训练集上转换变量时必须注意所使用的值（基本上要求得到每个特征的最小值、最大值、平均值和标准偏差），并在测试集中重用它们，以保证结果一致性。

如果正在流化数据并且不可能将所有数据上传到内存中，则必须通过传递所有数据或至少部分数据对其进行计算（采样总是可行的方法）。使用瞬间流（非复制流）会带来更具挑战性的问题，事实上，你必须不断追踪持续接收的值。

如果采样只需计算 n 个实例的统计数据（假设数据流无特定顺序），那么动态计算统计数据就需要记录正确的度量。

对于最小值和最大值，需要为每个定量特征分别存储一个变量。你从流中接收的第一个值应存储为初始最大值和最小值。对于每个新值，必须使用先前记录的最小值和最大值与其比较，如果新实例超出旧值的范围，则只需相应地更新变量。

此外，平均值不会导致任何特殊问题，因为你只需要保存所看到的值和实例数目的总和。至于方差，请回顾教科书中的描述：

$$\sigma^2 = \frac{1}{n}\sum(x-\mu)^2$$

注意，你需要知道平均值 μ，它也是从流中增量学习得到的。但是，该公式可以解释如下：

$$\sigma^2 = \frac{1}{n}\left(\sum x^2 - \frac{(\sum x)^2}{n}\right)$$

由于只记录实例数量 n 和 x 值的总和，所以只需存储另一个变量，即 x 平方值的总和，这样你就能得到所需的全部值。

例如，从共享单车数据集能计算得到最终结果的运行平均值、标准差和范围，并能绘制这些统计数据随磁盘数据流变化的示意图：

```
In: import os, csv
local_path = os.getcwd()
source = 'bikesharing\\hour.csv'
SEP=','
running_mean = list()
running_std = list()
with open(local_path+'\\'+source, 'rb') as R:
    iterator = csv.DictReader(R, delimiter=SEP)
    x = 0.0
    x_squared = 0.0
    for n, row in enumerate(iterator):
        temp = float(row['temp'])
        if n == 0:
            max_x, min_x = temp, temp
        else:
            max_x, min_x = max(temp, max_x),min(temp, min_x)
```

```
        x += temp
        x_squared += temp**2
        running_mean.append(x / (n+1))
        running_std.append(((x_squared - (x**2)/(n+1))/(n+1))**0.5)
        # DATA PROCESSING placeholder
        # MACHINE LEARNING placeholder
        pass
    print ('Total rows: %i' % (n+1))
    print ('Feature \'temp\': mean=%0.3f, max=%0.3f, min=%0.3f,\
sd=%0.3f' % (running_mean[-1], max_x, min_x, running_std[-1]))
```

```
Out: Total rows: 17379
Feature 'temp': mean=0.497, max=1.000, min=0.020, sd=0.193
```

稍后，数据将从数据源以流方式传输，相对于 temp 特征的关键值将被记录为平均值的运行估计，并且在计算标准差后将其存储在两个单独列表中。

通过绘制列表中的值，可以检查估算值相对于最终结果的波动程度，并了解需要多少实例才能得到稳定均值和标准差估计值：

```
In: import matplotlib.pyplot as plt
%matplotlib inline
plt.plot(running_mean,'r-', label='mean')
plt.plot(running_std,'b-', label='standard deviation')
plt.ylim(0.0,0.6)
plt.xlabel('Number of training examples')
plt.ylabel('Value')
plt.legend(loc='lower right', numpoints= 1)
plt.show()
```

如果之前处理过原始共享单车数据集，将得到一个存在明显数据趋势的图表（由于气温随季节变化，数据呈现按时间变化趋势，如图 2-3 所示）。

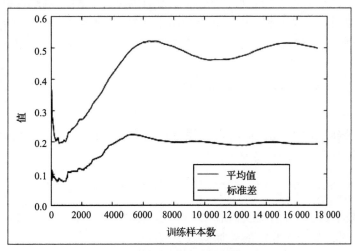

图 2-3　数据呈现随时间变化趋势

相反，如果使用数据集的打乱版本 Shuffled_har. csv 文件作为数据源，我们就能获得一些更稳定和快速收敛的估计。确切地说，由于从数据流中观察更少实例，我们能从平均值和标准差中学习到近似但更可靠的估计结果，如图 2-4 所示。

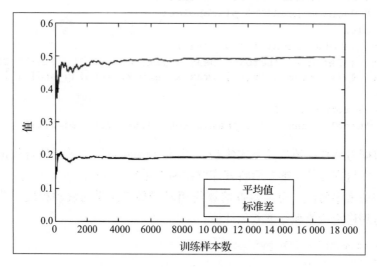

图 2-4 从打乱的数据源观察到的结果

两图的差异提醒我们随机化观测顺序的重要性。即使学习简单的描述性统计数据，也会受到数据趋势的严重影响，因此，用 SGD 学习复杂模型时，必须更加注意。

2. 4. 1 描述目标

此外，还需要在开始之前研究目标变量。事实上，需要确定它所假定的值，如果是分类，还要确定它在类中是否不平衡，或者是数字时是否有偏差分布。如果正在学习数字响应，可以采用前面处理特征时的相同策略，而对于类，用一个保留类（键）计数及其频率（值）的 Python 字典就足够了。作为示例，我们将下载用于分类的数据集 Forest Covertype 数据。

为快速下载和准备该数据，我们将使用在本章的 2.2.1 中定义的 gzip_FROM_UCI 函数：

```
In: UCI_url = 'https://archive.ics.uci.edu/ml/machine-learning-
databases/covtype/covtype.data.gz'
gzip_from_UCI(UCI_url)
```

如果运行代码时出现问题，或者你更愿意自己准备文件，只需访问 UCI 网站下载数据集，然后将其解压到 Python 当前工作目录中：

```
https://archive.ics.uci.edu/ml/machine-learning-databases/covtype/
```

一旦磁盘数据可用，我们就能扫描 581 012 个实例，从而将每行的最后一个值（代表我们估计的目标类）转换为相应的森林覆盖类型。

```
In: import os, csv
local_path = os.getcwd()
source = 'covtype.data'
SEP=','
forest_type = {1:"Spruce/Fir", 2:"Lodgepole Pine", \
                3:"Ponderosa Pine", 4:"Cottonwood/Willow",\
                5:"Aspen", 6:"Douglas-fir", 7:"Krummholz"}
forest_type_count = {value:0 for value in forest_type.values()}
forest_type_count['Other'] = 0
lodgepole_pine = 0
spruce = 0
proportions = list()
with open(local_path+'\\'+source, 'rb') as R:
    iterator = csv.reader(R, delimiter=SEP)
    for n, row in enumerate(iterator):
        response = int(row[-1]) # The response is the last value
        try:
            forest_type_count[forest_type[response]] +=1
            if response == 1:
                spruce += 1
            elif response == 2:
                lodgepole_pine +=1
            if n % 10000 == 0:
                proportions.append([spruce/float(n+1),\
                lodgepole_pine/float(n+1)])
        except:
            forest_type_count['Other'] += 1
     print ('Total rows: %i' % (n+1))
    print ('Frequency of classes:')
    for ftype, freq in sorted([(t,v) for t,v \
        in forest_type_count.iteritems()], key = \
        lambda x: x[1], reverse=True):
            print ("%-18s: %6i %04.1f%%" % \
                    (ftype, freq, freq*100/float(n+1)))

Out: Total rows: 581012
Frequency of classes:
Lodgepole Pine    : 283301 48.8%
Spruce/Fir        : 211840 36.5%
Ponderosa Pine    :  35754 06.2%
Krummholz         :  20510 03.5%
Douglas-fir       :  17367 03.0%
Aspen             :   9493 01.6%
Cottonwood/Willow :   2747 00.5%
Other             :      0 00.0%
```

输出显示 Lodgepole Pine 和 Spruce/Fir 两个类占大多数观测值。如果在流中适当打乱示例，则 SGD 将适当地学习正确的先验分布，并因此调整其发生概率（后验概率）。

如果与我们当前的情况相反，你的目标不是分类准确性，而是增加受试者工作特性（ROC）曲线下面积（AUC）或 fl-score，则应加入用于评估的误差函数。有关其具体概述，请直接查阅 http://scikit-learn. org/stable/modules/model _ evaluation. html 上的 Scikit-learn 文档，该文档介绍了在不平衡数据上训练的分类模型，所提供的信息能帮助你在部分拟合模型中定义 SGDClassifier 或 sample_weight 时平衡权重 class_weight 参数。两种方法都通过过度加权或低估来改变被观测实例的影响。在这两种方法中，修改这两个参数会改变先验分布。下一章将讨论加权类和实例。

在继续训练和与分类前，可以检查类比例是否总是一致，以便向 SGD 传递正确的先验概率：

```python
import matplotlib.pyplot as plt
import numpy as np
%matplotlib inline
proportions = np.array(proportions)
plt.plot(proportions[:,0],'r-', label='Spruce/Fir')
plt.plot(proportions[:,1],'b-', label='Lodgepole Pine')
plt.ylim(0.0,0.8)
plt.xlabel('Training examples (unit=10000)')
plt.ylabel('%')
plt.legend(loc='lower right', numpoints= 1)
plt.show()
```

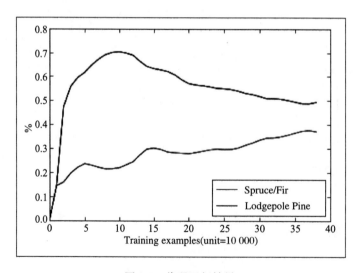

图 2-5　代码运行结果

在图 2-5 中，可以注意到，按照现有顺序流式传输数据时，示例的百分比是如何变化的。这种情况下，如果我们希望随机在线算法能从数据中正确学习，那么打乱很有必要。实际上，比例是可变的，这个数据集有某种顺序，也许是一个地理顺序，应该通过打乱数据来纠正，否则我们会冒高估或低估某些类与其他类的风险。

2.4.2　哈希技巧

如果在你的特征中有某些类别（以值编码或以文本形式保留），那么事情会变得有点棘手。通常，批量学习中，只需对类别进行独热编码并获得与包含类别一样多的新二进制特征。遗憾的是，数据流中，你事先并不知道要处理多少类别，甚至不能通过抽样来确定它们的数量，因为稀有类别可能在数据流中出现得很晚，或者需要大样本才能被发现。你必须首先流式传输所有数据并记录出现的每个类别。无论如何，流可能短暂，有时类的数量很大，以至于它们不能存储在内存中。在线广告数据就是这样的例子，因为它的数据量很大，难以存储，并且流不能被传递多次。此外，广告数据变化多端，特征也在不断变化。

使用文本会使问题变得更加明显，因为你无法预测将要分析的文本中会包含什么样的单词。在一个单词包模型中（在这样的模型中，对于每个文本，当前单词会被计数，它们的频率值会被粘贴在每个单词对应的特征向量中），你应该能够将每个单词提前映射到某个索引。即使你能够管理这个问题，也必须处理诸如在测试期间会弹出一个未知的单词（因此以前从未映射过）或者当预测器在生产时这样的情况。此外，还应补充一点，作为一种口语，由数十万甚至数百万不同词汇组成的词典完全是很常见的。

综上所述，如果能够预先了解特征中的类，则可以使用 Scikit-learn 中的独热编码器来处理它们（http://Scikit-learn.org/stable/modules/generated/sklearn.preprocessing.OneHotEncoder.html）。我们实际上不会在这里说明它，但基本上，这种方法与在批量学习中应用的方法并没有什么不同。我们想向你说明的是当你不能真正应用独热编码时该怎么办。

有一个称为哈希技巧的解决方法，因为它基于哈希函数，能处理整数或字符串形式的文本变量和分类变量。它还可以处理定量特征中混合了数值的分类变量。独热编码的核心问题是，在将其特征映射到某个位置后，它会将该位置赋给特征向量中的值。哈希技巧能明确地将值映射到其位置，而无须事先评估特征，因为它利用哈希函数的核心特性——将值或字符串明确地转换为整数值。

因此，使用前唯一必要的准备是创建一个足够大的稀疏向量，来表示数据的复杂性（可能包含从 $2**19 \sim 2**30$ 个元素，具体大小取决于计算机可用内存、总线架构和所使用的哈希函数类型）。如果正在处理某些文本，那么还需要一个标记生成器，这是一个将文本拆分成单个单词并删除标点符号的函数。

一个简单示例就能清楚说明这一点。我们将用到 Scikit-learn 包中的两个专门函数：HashingVectorizer，它是一个基于哈希技巧的转换器，用于处理文本数据；FeatureHasher，这是另一个转换器，专门用于将表示为 Python 字典的数据行转换为稀疏特征向量。

第一个示例将一个短语转换成向量：

```
In: from sklearn.feature_extraction.text import HashingVectorizer
h = HashingVectorizer(n_features=1000, binary=True, norm=None)
sparse_vector = h.transform(['A simple toy example will make clear how
it works.'])
print(sparse_vector)

Out:
  (0, 61)        1.0
  (0, 271)       1.0
  (0, 287)       1.0
  (0, 452)       1.0
  (0, 462)       1.0
  (0, 539)       1.0
  (0, 605)       1.0
  (0, 726)       1.0
  (0, 918)       1.0
```

生成的向量仅在特定索引处具有单位值，从而指出短语（单词）中的标记与向量中某个位置之间的关联。遗憾的是，除非我们在外部 Python 字典中映射每个标记的哈希值，否则关联无法逆转。尽管有可能，但这样的映射确实会消耗内存，因为字典可能会很大，在数百万项甚至更大范围内，这取决于语言和主题。实际上，我们不需要保持这种跟踪，因为哈希函数能保证始终从相同标记生成相同的索引。

哈希技巧的一个真正问题是发生碰撞的偶然性，当两个不同标记与同一个索引关联时就会发生这种情况。这是一个罕见但又可能发生的事情，另一方面，在由数百万个系数构成的模型中，基本不受影响。因此，如果发生碰撞，可能会涉及两个不重要的标记。使用哈希技巧时，发生碰撞的概率很小，因为有足够大的输出向量（例如，元素数量超过 2^{24}），虽然总有可能发生碰撞，但它们几乎不可能会涉及该模型的重要元素。

哈希技巧能用于常规特征向量，尤其是存在分类变量时。下面是 FeatureHasher 的示例：

```
In: from sklearn.feature_extraction import FeatureHasher
h = FeatureHasher(n_features=1000, non_negative=True)
example_row = {'numeric feature':3, 'another numeric feature':2,
'Categorical feature = 3':1, 'f1*f2*f3':1*2*3}
print (example_row)

Out: {'another numeric feature': 2, 'f1*f2*f3': 6, 'numeric feature':
3, 'Categorical feature = 3': 1}
```

如果 Python 字典包含数字值的特征名，以及任何分类变量的特征名和值的组合，那么将使用键的哈希索引映射字典的值，从而创建独热编码的特征向量，以便供 SGD 算法学习：

```
In: print (h.transform([example_row]))
Out:
  (0, 16)          2.0
  (0, 373)         1.0
  (0, 884)         6.0
  (0, 945)         3.0
```

2.4.3　其他基本变换

正如我们从数据存储中得出的示例，除了将分类特征转换为数字特征之外，还可以用另一种转换让学习算法提高其预测能力。可以通过函数（使用平方根、对数或其他转换函数）或通过操作特征组，将转换应用于特征。

在下一章中，将给出有关多项式展开和随机 kitchen-sink 方法的详细示例。在本章中，我们将预测如何通过嵌套迭代创建二次特征。二次特征通常在创建多项式展开时创建，其目的是拦截预测特征之间的相互作用；这会以意想不到的方式影响目标变量中的响应。

为了直观地阐明为什么二次特征在对目标响应建模中很重要，让我们用两种药物对病人的影响为例进行说明。事实上，每种药物都可能或多或少对所治疗的疾病有作用。这两种药物是由不同成分组成的，当病人一起服用时，这两种药物的药效会相互抵消。在这种情况下，虽然两种药物都有效，但由于它们的负面作用，它们在一起并不起作用。

在这种意义上，不仅仅在医学中，在大量的各种特征中都会发现特征间的相互作用，而关键是要找出最重要的特征，以使我们的模型能更好地预测其目标。如果我们不知道问题的某些特征会相互作用，则唯一的选择是系统地测试它们，并使我们的模型保留那些更好的特征。

在下面的简单示例中，有一个名为 v 的向量作为我们假想的例子，它在内存中流化以便被学习，之后，转换为另一个向量 vv，其中 v 的原始特征伴随着其乘积交互作用的结果（每个特征与其他所有特征相乘一次）。鉴于特征数量较多，学习算法使用 vv 向量代替原始 v 向量作为输入，以便更好地拟合数据：

```
In: import numpy as np
v = np.array([1, 2, 3, 4, 5, 6, 7, 8, 9, 10])
vv = np.hstack((v, [v[i]*v[j] for i in range(len(v)) for j in
range(i+1, len(v))]))
print vv

Out:[ 1  2  3  4  5  6  7  8  9 10  2  3  4  5  6  7  8  9 10  6  8 10
12 14 16 18 20 12 15 18 21 24 27 30 20 24 28 32 36 40 30 35 40 45 50
42 48 54 60 56 63 70 72 80 90]
```

随着示例数据流入学习算法，可以动态生成类似的甚至更复杂的转换，由于成批数据很小（有时简化为单个示例），因此如此少量示例的特征数量很容易在内存中展开。下一章中，我们将探讨更多的这类转变示例，以及它们与学习流程的成功集成。

2.4.4 流测试和验证

介绍 SGD 之后我们没有演示完整训练示例，因为我们需要介绍如何在流中测试和验证。使用批量学习、测试和交叉验证就是一个使观察顺序随机化的问题，从而将数据集切割成很多片，并以精确的数据片作为测试集，或系统地依次输入所有数据片来测试算法的学习能力。

流不能保持在内存中，所以在后续实例已经随机化的情况下，最好的解决办法是在数据流被展开一小段时间后获取验证实例，或者在数据流中系统地使用精确的可复制模式。

流的部分抽样方法实际上与测试样本相当，并且只有在事先知道流的长度的情况下才能成功完成。对于连续流，这仍然可能，但意味着一旦测试实例开始肯定会停止学习。这种方法称为每 n 次的周期保持策略。

使用系统的和可复制的验证实例抽样可实现交叉验证类型的方法。在定义起始缓冲区后，每隔 n 次挑选一个实例进行验证，这种实例不用于训练而是用于测试目的，这种方法称为每 n 次定期保持策略。

由于验证是在单个实例基础上完成的，因此使用 k 个度量的最新集合，并对到目前为止在相同数据传递中或以类似窗口的方式所收集到的所有错误度量结果进行平均，来计算全局性能度量结果，其中 k 为某些最具代表性的测试。

事实上，在第一次传递过程中，实际上学习算法无法看见所有实例。因此，最好算法一边接收要学习的实例，一边被测试，这样可以在学习前验证其对观察的响应，这种方法称为渐进式验证。

2.4.5 使用 SGD

作为本章结论，我们将实现两个示例：一个为基于森林覆盖数据的分类，另一个为基于共享单车数据集的回归。我们将看到如何将先前关于响应和特征分布的见解付诸实践，以及如何针对每个问题使用最佳的验证策略。

从分类问题入手，有两个值得注意的方面需要考虑。作为一个多类问题，首先我们注意到数据库存在某种排序，并且类沿着实例流分布。作为第一步，我们将使用在 2.2.5 节中定义的 ram_shuffle 函数来重新排列数据：

```
In: import os
local_path = os.getcwd()
source = 'covtype.data'
ram_shuffle(filename_in=local_path+'\\'+source, \
            filename_out=local_path+'\\shuffled_covtype.data', \
            header=False)
```

　　由于在没有太多磁盘使用量的情况下将数据行压缩到内存中并对其打乱，因此能快速获得新的工作文件。以下代码将以逻辑损失（等效于逻辑回归）训练 SGDClassifier，以便其利用我们在之前对数据集中存在类的知识。forest_type 列表包含类的所有代码，并且每次（尽管只有一个或第一个就足够了）将其传递给 SGD 学习器的 partial_fit 方法。

　　为了进行验证，我们定义了一个基于 200 000 个观察实例的冷启动。每十个中就有一个不被训练而用于验证。即使我们要多次传递数据，此模式也允许重现性；每次传递时，相同实例排除在样本外，以便测试并允许创建验证曲线。这样能验证多次测试对相同数据的影响。

　　保持模式也伴随着一个渐进式验证，因此冷启动后的每个病例在训练前都要进行评估。尽管渐进式验证能提供感兴趣的反馈，但这种方法仅适用于第一次通过；实际上，初始传递后，所有观察（但在保持模式中的观察）都将成为样本实例。本示例中只进行一次传递。

　　作为提醒，数据集有 581 012 个实例，使用 SGD 进行流处理和建模可能时间有点长（对于单台计算机来说这是一个相当大的问题）。虽然我们设置了限制器来观察 250 000 个实例，但你的计算机将运行大约 15~20 分钟才能获得结果：

```
In: import csv, time
import numpy as np
from sklearn.linear_model import SGDClassifier
source = 'shuffled_covtype.data'
SEP=','
forest_type = [t+1 for t in range(7)]
SGD = SGDClassifier(loss='log', penalty=None, random_state=1,
average=True)
accuracy = 0
holdout_count = 0
prog_accuracy = 0
prog_count = 0
cold_start = 200000
k_holdout = 10
with open(local_path+'\\'+source, 'rb') as R:
    iterator = csv.reader(R, delimiter=SEP)
    for n, row in enumerate(iterator):
        if n > 250000: # Reducing the running time of the experiment
            break
        # DATA PROCESSING
        response = np.array([int(row[-1])]) # The response is the last
value
        features = np.array(map(float,row[:-1])).reshape(1,-1)
        # MACHINE LEARNING
        if (n+1) >= cold_start and (n+1-cold_start) % k_holdout==0:
            if int(SGD.predict(features))==response[0]:
```

```
                    accuracy += 1
            holdout_count += 1
            if (n+1-cold_start) % 25000 == 0 and (n+1) > cold_start:
                    print '%s holdout accuracy: %0.3f' % (time.
strftime('%X'), accuracy / float(holdout_count))
        else:
            # PROGRESSIVE VALIDATION
            if (n+1) >= cold_start:
                if int(SGD.predict(features))==response[0]:
                    prog_accuracy += 1
                prog_count += 1
                if n % 25000 == 0 and n > cold_start:
                    print '%s progressive accuracy: %0.3f' % (time.
strftime('%X'), prog_accuracy / float(prog_count))
            # LEARNING PHASE
            SGD.partial_fit(features, response, classes=forest_type)
print '%s FINAL holdout accuracy: %0.3f' % (time.strftime('%X'),
accuracy / ((n+1-cold_start) / float(k_holdout)))
print '%s FINAL progressive accuracy: %0.3f' % (time.strftime('%X'),
prog_accuracy / float(prog_count))

Out:
18:45:10 holdout accuracy: 0.627
18:45:10 progressive accuracy: 0.613

18:45:59 holdout accuracy: 0.621
18:45:59 progressive accuracy: 0.617
18:45:59 FINAL holdout accuracy: 0.621
18:45:59 FINAL progressive accuracy: 0.617
```

在第二个示例中，我们将根据一系列天气和时间信息来预测华盛顿的共享自行车数量。考虑到数据集的历史顺序，我们不对其打乱，而是把这个问题当作一个时间序列来处理。我们的验证策略是在已经看到一定数量的示例后测试结果，以便从那个时刻向前复制要预测的不确定性。

有趣的是，有些特征已分类，因此我们使用 Scikit-learn 中的 FeatureHasher 类来表示拥有字典中记录的类别，作为由变量名和类别代码组成的联合字符串。字典中为每个这样的键的分配的值都呈唯一的，以便类似于哈希技巧这类方法将创建的稀疏向量中的二进制变量：

```
In: import csv, time, os
import numpy as np
from sklearn.linear_model import SGDRegressor
from sklearn.feature_extraction import FeatureHasher
source = '\\bikesharing\\hour.csv'
local_path = os.getcwd()
```

```
SEP=','
def apply_log(x): return np.log(float(x)+1)
def apply_exp(x): return np.exp(float(x))-1
SGD = SGDRegressor(loss='squared_loss', penalty=None, random_state=1,
average=True)
h = FeatureHasher(non_negative=True)
val_rmse = 0
val_rmsle = 0
predictions_start = 16000
with open(local_path+'\\'+source, 'rb') as R:
    iterator = csv.DictReader(R, delimiter=SEP)
    for n, row in enumerate(iterator):
        # DATA PROCESSING
        target = np.array([apply_log(row['cnt'])])
        features = {k+'_'+v:1 for k,v in row.iteritems() \
        if k in ['holiday','hr','mnth','season', \
            'weathersit','weekday','workingday','yr']}
        numeric_features = {k:float(v) for k,v in \
            row.iteritems() if k in ['hum', 'temp', '\
            atemp', 'windspeed']}
        features.update(numeric_features)
        hashed_features = h.transform([features])
        # MACHINE LEARNING
        if (n+1) >= predictions_start:
            # HOLDOUT AFTER N PHASE
            predicted = SGD.predict(hashed_features)
            val_rmse += (apply_exp(predicted) \
                - apply_exp(target))**2
            val_rmsle += (predicted - target)**2
            if (n-predictions_start+1) % 250 == 0 \
                and (n+1) > predictions_start:
                    print '%s holdout RMSE: %0.3f' \
                        % (time.strftime('%X'), (val_rmse \
                        / float(n-predictions_start+1))**0.5),
                print 'holdout RMSLE: %0.3f' % ((val_rmsle \
/ float(n-predictions_start+1))**0.5)
        else:
            # LEARNING PHASE
            SGD.partial_fit(hashed_features, target)

print '%s FINAL holdout RMSE: %0.3f' % \
(time.strftime('%X'), (val_rmse \
    / float(n-predictions_start+1))**0.5)
print '%s FINAL holdout RMSLE: %0.3f' % \
(time.strftime('%X'), (val_rmsle \
    / float(n-predictions_start+1))**0.5)
```

```
Out:
18:02:54 holdout RMSE: 281.065 holdout RMSLE: 1.899
18:02:54 holdout RMSE: 254.958 holdout RMSLE: 1.800
18:02:54 holdout RMSE: 255.456 holdout RMSLE: 1.798
18:52:54 holdout RMSE: 254.563 holdout RMSLE: 1.818
18:52:54 holdout RMSE: 239.740 holdout RMSLE: 1.737
18:52:54 FINAL holdout RMSE: 229.274
18:52:54 FINAL holdout RMSLE: 1.678
```

2.5 小结

在本章中，我们学习了如何通过从磁盘文本文件或数据库流化数据进行非核心学习，无论数据规模多大。这些方法肯定适用于比我们的演示示例更大的数据集（实际上我们的演示示例可以使用非平均的强大硬件在内存中解决）。

我们还介绍了让非核心学习成为可能的核心算法 SGD，并分析了其优缺点，强调数据流必须具有真正随机性（这意味着随机顺序），才能是真正有效的数据，除非顺序也是学习目标的一部分。特别是我们引入了 SGD 的 Scikitc-learn 实现，从而将重点放在线性和逻辑的回归损失函数上。

最后，我们讨论了数据准备，介绍了数据流的哈希技巧和验证策略，并将获得的知识包含在 SGD 中，拟合了两种不同模型（分类和回归）。

在下一章中，我们将通过研究如何在学习模式中启用非线性和支持向量机的 hinge loss 来增强核心学习能力。我们还将提供 Scikit-learn 的替代方案，如 Libline、Vowpal Wabbit 和 StreamSVM。虽然所有这些命令作为外部 shell 命令运行，但它们都能轻松通过 Python 脚本进行封装和控制。

第 3 章 *Chapter 3*

实现快速SVM

上一章内容已接触了在线学习，与批量学习相比，读者可能已经对其简单性、有效性和可扩展性感到惊讶。尽管每次只学习单个示例，SGD 依然能得到很好的估计结果，就好像使用批处理算法处理存储在核心存储器中的所有数据一样，唯一的要求就是数据流确实是随机的（数据中无趋势），并且学习器也针对问题进行了很好调整（学习率通常是需要固定的关键参数）。

无论如何，仔细检查这些成果，相对于批线性模型，计算结果仍然具有可比性，但不适用于更复杂并具有方差高于偏差特征的学习器。例如支持向量机（SVM）、神经网络或者 bagging 和 boosting 决策树。

对于某些问题，比如高而宽但稀疏的数据，仅仅线性组合就足够了，因为我们观察到，具有更多数据的简单算法要胜过以更少数据训练的更复杂的算法。然而，即使使用线性模型并明确地将现有特征映射到更高维数的特征（使用不同交互顺序、多项式展开式和核近似），我们也能加速并改善对响应和特征间的复杂非线性关系的学习。

因此，本章我们首先介绍线性 SVM，将它作为替代线性模型的机器学习算法，并采用不同方法解决从数据中学习的问题。然后，在面对大规模数据，尤其是高数据（有很多待学习案例的数据集）时，演示如何利用已有特征创造更丰富的特征，以便更好完成机器学习任务。

综上所述，本章讨论以下主题：

❑ 介绍 SVM 的基本概念和数学公式并了解其工作原理。

❑ 给出大规模任务的基于 hinger loss 的 SGD 解决方法，使用与批处理 SVM 相同的优化方法。

❑ 推荐 SGD 的非线性近似。

❑ 介绍 Scikit-learn 的 SGD 算法以外的其他大型在线解决方法。

3.1　测试数据集

与前一章一样，我们将使用来自 UCI 机器学习存储库的数据集，具体是共享单车数据集（回归问题）和森林覆盖类型数据（多类别分类问题）。

如果之前没有下载或者需要再次下载这两个数据集，需要用到在 2.2.1 节定义的两个函数 unzip_from_UCI 和 gzip_from_UCI，两者都提供了与 UCI 存储库的 Python 连接；只需下载压缩文件并将其解压到 Python 工作目录中。如果从 IPython 单元调用这些函数，将会发现需要的新目录和文件正好是 IPthyon 要求的位置。如果函数不工作，我们将为你提供直接下载链接，下载后将数据解压到当前 Python 工作目录中，通过在 Python 接口（IPython 或其他 IDE）运行以下命令即可发现该目录：

```
In: import os
print "Current directory is: \"%s\"" % (os.getcwd())

Out: Current directory is: "C:\scisoft\WinPython-64bit-2.7.9.4\
notebooks\Packt - Large Scale"
```

3.1.1　共享单车数据集

该数据集包括两个 CSV 格式文件，包含 2011~2012 年在美国华盛顿特区的共享单车系统内每小时和每日租用单车的总数。提醒一下，数据包含有关出租当天的相应天气和季节信息。下面的代码使用方便的 unzip_from_UCI 封装函数将数据集保存在本地硬盘：

```
In: UCI_url = 'https://archive.ics.uci.edu/ml/machine-learning-
databases/00275/Bike-Sharing-Dataset.zip'
unzip_from_UCI(UCI_url, dest='bikesharing')

Out: Extracting in C:\scisoft\WinPython-64bit-2.7.9.4\notebooks\
bikesharing
    unzipping day.csv
    unzipping hour.csv
```

如果运行成功，该代码会指示 CSV 文件保存在哪个目录，并输出两个解压缩文件的名称。如果失败，只需从 https://archive.ics.uci.edu/ml/machine-learning-databases/00275/Bike-Sharing-Dataset.zip 下载文件，并将 day.csv 和 hour.csv 两个文件解压到先前在 Python 工作目录中创建的 bikesharing 目录。

3.1.2　森林覆盖类型数据集

由 Jock A. Blackard、Denis J. Dean 博士、Charles W. Anderson 博士和科罗拉多州大学

捐赠的森林覆盖类型数据集包含 581 012 个实例和从海拔到土壤类型等 54 个类别变量，能够预测七种森林覆盖类型（所以是个多类问题）。为确保使用与相同数据的学术研究有可比性，建议使用前 11 340 条记录进行训练，紧接着的 3780 条记录用于验证，最后剩余的 565 892 条记录作为测试实例：

```
In: UCI_url = 'https://archive.ics.uci.edu/ml/machine-learning-
databases/covtype/covtype.data.gz'
gzip_from_UCI(UCI_url)
```

如果运行代码时出现问题，或者希望自己准备文件，请从 https://archive.ics.uci.edu/ml/machine-learning-databases/covtype/covtype.data.gz 下载该数据集，并将其解压到 Python 的当前工作目录。

3.2　支持向量机

支持向量机（SVM）是一套实现分类和回归的监督学习技术（也用于异常值检测），具有非常好的通用性，因为它有特殊函数——核函数，因而可以同时适合线性和非线性模型。核函数的特点是能够使用有限的计算量将输入特征映射到一个新且更复杂的特征向量。核函数可以非线性地重组原始特征，使得以非常复杂的函数来映射响应成为可能。从这个意义上说，SVM 与神经网络相当，就像通用逼近器一样，因此在许多问题上具有类似的预测能力。与前一章的线性模型相反，SVM 最初用于解决分类问题，而不是回归问题。上世纪 90 年代 SVM 由 AT&T 实验室的数学家 Vladimir Vapnik 和计算机科学家 Corinna Cortes 提出（很多 Vapnik 的合作者也参与了该算法）。本质上，SVM 试图通过寻找特定的超平面来分离特征空间中各类，从而解决分类问题，这种特定超平面必须被描述为在这些类的边界间具有最大分离边界的那个面（边界将被作为间隙，即类自身之间的空间）。

这意味着两个结果：

❏ 根据经验，SVM 通过在刚好位于被观察类中间的训练集中寻找解决方法来最小化测试误差，显然该方法可计算得到（这是一种基于二次规划的优化，请参考 https://en.wikipedia.org/wiki/Quadratic_programming）

❏ 由于解决方法仅取决于由相邻示例（称为支持向量）支撑的类边界，因此其他示例均可忽略，这样使得该技术对异常值不敏感，并且比基于诸如线性模型这样的矩阵求逆方法耗费内存更少。

有了对该算法这样的基本概述，我们将花费几个页面介绍表征 SVM 的关键内容。虽然不对该方法做完整而详细的解释，但描述其工作方式确实有助于读者弄清楚技术背后发生了什么，并为了解如何将它扩展到大数据奠定基础。

历史上，SVM 就像感知器一样被认为是硬边界分类器。实际上，最初 SVM 被设置为试图找到两个超平面，它们能将相互距离可能最大的类分开。这种方法可以很好处理线性可分的合成数据。无论如何，在硬边界版本中，SVM 面对非线性可分数据时只能使用特征非线性变换才能成功。但是，当误分类错误是由数据中噪声而不是非线性造成时，其分类效果不甚满意。

出于这个原因，以能够考虑错误严重程度（硬边界发生错误才跟踪边界）的成本函数的方式引入了软边界，因此允许误分类案例有一定的容忍度，但不能太大，因为它们位于分离的超平面边界的旁边。

自从引入软边界以来，SVM 也变得能够承受由噪音引起的不可分离性。软边界的引入过程是围绕近似等于误分类示例数的松弛变量来建立成本函数，该松弛变量也称为经验风险（从训练数据的角度看误分类的风险）。

在数学公式中，给定矩阵数据集 X，其中包含 n 个示例和 m 个特征，以及一个表示类别+1（归属）和–1（不属于）属性的响应向量，二分类 SVM 尽力使成本函数最小化：

$$\frac{\lambda}{2}\|w^2\| + \left[\frac{1}{n}\sum_{i=1}^{n}\max(0, 1 - y(wX + b))\right]$$

在上面函数中，w 是表示分离超平面的向量系数，b 表示偏离原点的偏差，还有正则化参数 λ（$\lambda \geq 0$）。

为更好理解成本函数的工作原理，有必要将其分成两部分。第一部分为正则化项：

$$\frac{\lambda}{2}\|w^2\|$$

当假设值很高时，正则化项与向量值 w 的最小化过程形成鲜明对比。第二项称为损失项或松弛变量，实际上是 SVM 最小化过程的核心：

$$\frac{1}{n}\sum_{i=1}^{n}\max(0, 1 - y(wX + b))$$

损失项输出误分类错误的近似值，事实上，求和运算常常会增加每个分类错误的单位值，其总数除以示例数量 n 得到分类错误的近似比例。

通常，就像在 Scikit-learn 实现中一样，从正则化项中删除 lambda 并由误分类参数 C 乘以损失项来代替：

$$\frac{1}{2}\|w^2\| + C\left[\sum_{i=1}^{n}\max(0.1 - y(wX + b))\right]$$

前一个参数 lambda 和新 C 之间的关系如下：

$$\lambda = \frac{1}{nC}$$

这只是一个约定问题，因为优化公式中从参数 lambda 变到 C 并不意味着有不同结果。成本项受超参数 C 影响。高的 C 值对错误施加高惩罚，从而迫使 SVM 尽量对所有训练示例正确分类。因此，较大的 C 值趋向于用更少的支持向量，导致边界更严格，边界减少意味着偏差增加和方差减小。

这能让我们找到观察样本之间的相互作用，实际上，我们很有信心将那些被误分类或未分类的示例定义为支持向量，因为它们在边界内（嘈杂样本观察不可能分类）。如果只考虑这种情况，优化示例确实使 SVM 成为一种节省内存的技术，如图 3-1 所示。

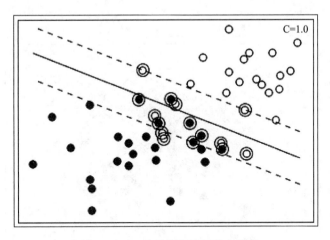

图 3-1　SVM 通过优化示例节省内存

在上图中，二维特征空间内有两组投影点（蓝色和白色），尽管边界两侧都存在一些误分类，但将超参数 C 设置为 1.0 的 SVM 方法能轻松找到分界线（由图中实线表示）。另外，边界也能被可视化（由两条虚线定义），由各自类别的支持向量决定。图中用虚圆表示支持向量，你可能注意到某些支持向量在边界外侧；由于它们属于误分类，SVM 必须跟踪它们以进行优化，原因在于其错误已包括在损失项内，如图 3-2 所示。

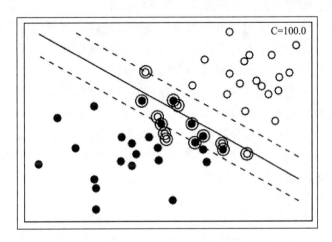

图 3-2　超参数 C=100.0 时 SVM 的优化情况

随着 C 值增长，考虑到 SVM 优化过程中的支持向量越少边界就会越紧，因此分界线斜率也会发生变化。

相反，较小的 C 值会放宽边界，这样会增加方差。极小的 C 值甚至可能导致 SVM 考虑边界内的所有示例点，当存在很多错误点时，C 值取最小不失为好办法。这样的设置迫使 SVM 忽略边界定义中的许多误分类示例（错误权重较小，在搜索最大边距时能容忍更多错误），如图 3-3 所示。

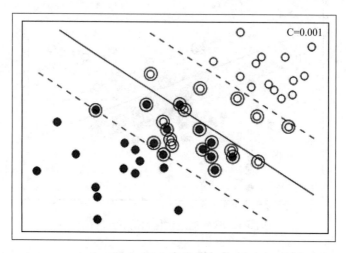

图 3-3　C 值极小时 SVM 的优化情况

继续前面的可视化示例，如果我们减少超参数 C，由于支持向量数量增加，边界实际上会扩大。因此，边界不同则 SVM 解析为不同分割问题。在测试数据之前，没有 C 值可被认为是正确的，必须通过交叉验证以经验方式找到正确的值。到目前为止，C 是 SVM 中最重要的超参数，需要在选择核函数后对其进行设置。

核函数通过以非线性方式对其进行组合，来将原始特征映射到更高维空间。通过这种方式，原始特征空间中明显不可分离的组可以在更高维数表示中变得可分离。尽管将原始特征值明确地转换为新特征值的过程在投影到高维数时可能会在特征数量上产生潜在爆炸，但这种投影不需要太复杂的计算。核函数可被简单插入到决策函数中，而不必进行如此烦琐的计算，从而替换特征和系数向量之间的原始点积，并获得与显式映射本身相同的优化结果（这种插件称为核技巧，因为实际上是一种数学技巧）。

标准核函数是线性函数（无变换）、多项式函数、径向基函数（RBF）和 S 形函数。为了便于理解，RBF 函数可以表示如下：

$$K(x_i, x) = \exp(-\|x_i - x\|^2 / 2\sigma)$$

基本上，RBF 和其他核函数只是直接将其自身插入到以前见过的要最小化的函数的某个变体中。以前见过的优化函数称为原始公式，而类似的重新表达称为对偶公式：

$$f(x) = \sum_{i=1}^{n} a_i y_i K(x_i, x) + b$$

虽然在没有数学演示的情况下将原始公式转换到对偶公式非常具有挑战性，但掌握核心技巧很重要。假如有一个核函数示例，只需要进行有限数量的计算就能将其展开到无限维的特征空间，这种核技巧致使该算法在处理诸如图像识别或文本分类等非常复杂的问题方面特别有效（与神经网络相当），如图 3-4 所示。

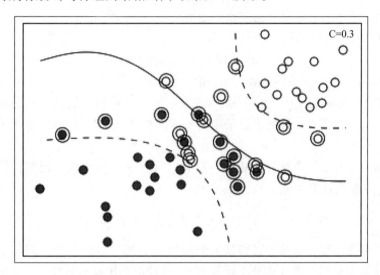

图 3-4　用 sigmoid 核实现的 SVM 解决方案

例如，有了 sigmoid 核函数，上面的 SVM 方法变为可能，下面给出一个基于 RBF 的 SVM 方法示例，如图 3-5 所示。

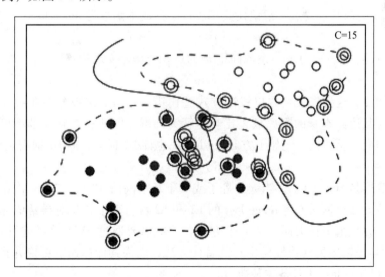

图 3-5　基于 RBF 的 SVM 解决方案

从视觉效果不难看出，RBF 核函数允许相当复杂的边界定义，甚至可将其分成多个部分（上面示例中，"飞地"很明显）。

RBF 核函数公式如下：

$$k(x_i, x_j) = \exp(-\gamma \| x_i - x_j \|^2)$$

Gamma 是定义先验项的超参数，核转换会在支持向量周围创建某种分类气泡，因此可以通过合并气泡本身来定义非常复杂的边界形状。

sigmoid 核函数公式如下：

$$k(x_i, x_j) = \tanh(\gamma \langle x_i x_j \rangle^2 + r)$$

这里除 Gamma 外，还应该选择 r 来获取最佳结果。

显然，基于 sigmoid、RBF 和多项式（隐含后面内容将讨论的多项式展开）的核函数方法与方差估计差异很大，因此决定采用时要求严格验证。尽管 SVM 能抵抗过拟合，但对其并不一定免疫。

支持向量回归与支持向量分类相关，只有符号（更类似于线性回归，使用 β 而不是系数向量 w）和损失函数不同：

$$\sum_{j=1}^{m} \beta_j^2 + C \sum_{i=1}^{n} L_\varepsilon(y_i - \hat{y}_l)$$

值得注意的是，唯一重要的区别是损失函数 L_ε，如果示例在距回归超平面的某个距离 ε 内，它就对误差不敏感（因此不计算它），这种最小化成本函数优化了回归问题的结果，将输出值而不是类。

3.2.1　hinge loss 及其变形

总结 SVM 的内基本要点，请记住其算法核心的成本函数为 hinge loss：

$$loss(y, \hat{y}) = \max(0, 1 - y\hat{y})$$

如前面所述，$\hat{y}$ 表示为 X 与系数向量 w 的点积与偏差 b 之和：

$$\hat{y} = wX + b$$

回想感知器，这种损失函数以线性方式惩罚错误，当示例被分类在边界错误一侧时表示错误，与其边界本身的距离成正比。尽管为凸形，但缺点是到处都不可微，它有时会被可区分的变量所替换，例如平方 hinge loss（也称 L2 损失，而 L1 损失是 hinge loss）：

$$L2\_loss(y, \hat{y}) = \max(0, 1 - y\hat{y})^2$$

另一个变形是 Huber loss，当误差等于或低于某个阈值 h 时，它是二次函数，否则是线性函数。该方法根据误差将 hinge loss 的 L1 和 L2 混合变形，是对异常值非常有抵抗力的替代方法，并且由于较大误差值非平方级，因此需要通过 SVM 学习进行更小的调整。Huber loss 也是逻辑损失（线性模型）的替代方法，因为其计算速度更快并且能提供对类概率的估计（hinge loss 不具备这种能力）。

从实际的角度来看，没有特别的报道说 Huber loss 或 L2 hinge loss 始终比 hinge loss 效果好。最后，选择成本函数可归结为针对每个不同的学习问题测试其可用函数（根据无免费午餐定理，机器学习中没有适合所有问题的解决方法）。

3.2.2　Scikit-learn 的 SVM 实现

　　Scikit-learn 使用两个 C++库（提供与其他语言交互的 C 语言 API）：用于 SVM 分类和回归的支持向量机库（LIBSVM）（http：//www. csie. ntu. edu. tw/~cjlin/libSVM/）和在大型和稀疏数据集上使用线性方法的分类问题的用于 LIBLINEAR（http://www.csie.ntu.edu.tw/~cjlin/liblinear/）。这两个库都能免费使用，计算速度非常快，并且已在很多方法中得到测试，sklearn. svm 模块中的所有 Scikit-learn 实现都依赖于其中一个或另一个（顺便说一下，也会用到 Perceptron 和 LogisticRegression 类），这使 Python 成为一个便捷的分装器。

　　另一方面，SGDClassifier 和 SGDRegressor 使用不同实现，因为 LIBSVM 和 LIBLINEAR 都不能在线实现，两者都是批量学习工具。实际上，运行过程中 LIBSVM 和 LIBLINEAR 通过 cache_size 参数为内核操作分配合适的内存时都表现最好。

　　分类实现如表 3-1 所示。

表 3-1　分类实现

类	目　　标	超　参　数
sklearn. SVM. SVC	LIBSVM 实现二分类和多类线性和核函数分类	C, kernel, degree, gamma
sklearn. SVM. NuSVC	同上	nu, kernel, degree, gamma
sklearn. SVM. OneClassSVM	外点无监督检测	nu, kernel, degree, gamma
sklearn. SVM. LinearSVC	基于 LIBLINEAR，二分类和多类线性分类	Penalty, loss, C

　　回归方法如表 3-2 所示。

表 3-2　回归方法

类	目　　标	超　参　数
sklearn. SVM. SVR	LIBSVM 实现回归	C, kernel, degree, gamma, epsilon
sklearn. SVM. NuSVR	同上	nu, C, kernel, degree, gamma

　　如你所见，每个版本都需要调整大量超参数，当采用默认参数时，或者交叉验证适当调整时，在 Scikit-learn 中使用 grid_search 模块的 GridSearchCV 会让 SVM 具备优秀的学习能力。

　　作为黄金法则，某些参数会严重影响结果，因此有必要事先修正，而其他参数依赖其值。根据这样的经验规则，必须正确设置以下参数（按重要性排序）：

　　❑ C：以前讨论过的惩罚值。减少它会使边界更大，从而忽略更多噪音，但会增加更多计算。通常在 np. logspace（-3, 3, 7）范围内查找最佳值。

　　❑ kernel：非线性主角，SVM 设置选项有 linear、poly、rbf、sigmoid 或自定义核（专业人士）。通常肯定使用 rbf。

　　❑ degree：与 kernel = 'poly' 配合工作，表示多项式的展开维数，其他核不用。通常，取 2~5 范围内的值最好。

- gamma：'rbf'、'poly' 和 'sigmoid' 的系数；高值倾向于以更好方式拟合数据。推荐的网格搜索范围是 np. logspace（-3，3，7）。
- nu：用于 nuSVR 和 nuSVC 的回归和分类；该参数接近那些未被分类的训练点、误分类点和边界内或边界上的正确点。它的取值介于［0，1］范围之间，与训练集成比例关系。最后，它会像高的 C 值一样扩大边界。
- epsilon：定义一个 ε 值较大的范围，其中惩罚与点的真实值无关，这样该参数会指定 SVR 的错误发生率。建议搜索范围是 np. inser（np. logspace（-4，2，7），0，[0]）。
- penalty，损失和对偶：对于 LinearSVC，这些参数允许取值（'l1'，'squared_hinge'，False）、（'l2'，'hinge'，True）、（'l2'，'squared_hinge'，True）和（'l2'，'squared_hinge'，False）组合。（'l2'，'hinge'，True）组合等同于 SVC（kernel = 'linear'）学习算法。

这里给出一个使用 Scikit-learn 的 sklearn. svm 模块实现 SVC 和 SVR 基本分类和回归的示例，算法中使用 Iris 和 Boston 数据集，它们两个是比较常用的简单数据集（http://scikit-learn. org/stable/datasets/）。

首先，加载 Iris 数据集：

```
In: from sklearn import datasets
iris = datasets.load_iris()
X_i, y_i = iris.data, iris.target
```

然后使用 RBF 核函数拟合 SVC（在 Scikit-learn 的已知示例基础上设置 C 和伽玛）并使用 cross_val_score 函数测试结果：

```
from sklearn.svm import SVC
from sklearn.cross_validation import cross_val_score
import numpy as np
h_class = SVC(kernel='rbf', C=1.0, gamma=0.7, random_state=101)
scores = cross_val_score(h_class, X_i, y_i, cv=20, scoring='accuracy')
print 'Accuracy: %0.3f' % np.mean(scores)

Output: Accuracy: 0.969
```

拟合模型可为用户指出训练样例中支持向量的索引：

```
In: h_class.fit(X_i,y_i)
print h_class.support_

Out: [ 13  14  15  22  24  41  44  50  52  56  60  62  63  66  68  70
 72  76  77  83  84  85  98 100 106 110 114 117 118 119 121 123 126 127
129 131 133 134 138 141 146 149]
```

Iris 数据集中表示 SVC 的支持向量,不同颜色代表不同区域（我们测试离散网格值以便能够提供预测模型，用于判断图形的每个区域所投影的类型），如图 3-6 所示。

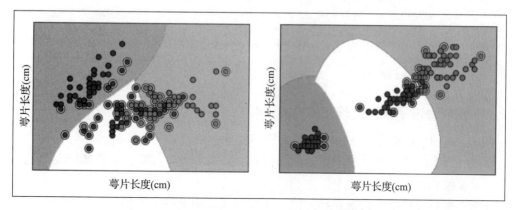

图 3-6　使用 SVC 和 SVR 处理简单数据集

 如果你有兴趣复制相同图形，请查看 http://scikit-learn. org/stable/auto_examples/ SVM/plot_iris. html 代码并调整。

可以使用 SVR 处理 Boston 数据集来测试 SVM 回归量。首先，将数据集上传到核心内存中，然后随机化实例顺序，显然，实际上这种数据集以巧妙方式排序，导致非顺序随机的交叉验证结果无效：

```
In: import numpy as np
from sklearn.datasets import load_boston
from sklearn.preprocessing import StandardScaler
scaler = StandardScaler()
boston = load_boston()
shuffled = np.random.permutation(boston.target.size)
X_b = scaler.fit_transform(boston.data[shuffled,:])
y_b = boston.target[shuffled]
```

 由于使用 NumPy 包中 random 模块的 permutation 函数可能得到一个不同的打乱数据集，因此与以下交叉验证测试的得分略有不同。另外，对于不同比例的特征，对其进行标准化以使其具有零中心均值和单位方差是个不错选择。特别是使用 SVM 核函数时，标准化确实很重要。

最后，可以拟合 SVR 模型（使用熟悉且效果好的 C、gamma 和 epsilon 等参数）并进行交叉验证，以均方根差来对其评估：

```
In: from sklearn.svm import SVR
from sklearn.cross_validation import cross_val_score
h_regr = SVR(kernel='rbf', C=20.0, gamma=0.001, epsilon=1.0)
scores = cross_val_score(h_regr, X_b, y_b, cv=20, scoring='mean_
squared_error')
print 'Mean Squared Error: %0.3f' % abs(np.mean(scores))

Out: Mean Squared Error: 28.087
```

3.2.3 探究通过子采样改善非线性 SVM

相比于其他机器学习算法，SVM 具有很多优势：

❑ 能处理大多数监督学习问题，例如回归、分类和异常检测。尽管实际上最适合二分类问题。

❑ 能够很好处理噪声数据和异常值，而且与仅使用支持向量相比，常常进行较小的过拟合。

❑ 更适用于宽数据集（比示例有更多的特征），虽然与其他机器学习算法一样，SVM会同时采用降维和特征选择。

当然也存在以下缺点：

❑ 只能得到估计值，除非使用 Platt 缩放方法运行某些耗时和计算量密集的概率校准方法，否则没有概率。

❑ 与示例数量呈超线性比例。

尤其是最后一个缺点严重限制了对大数据集使用 SVM。优化算法是此学习技术的核心，这就是二次规划，它在 Scikit-learn 实现中运行规模介于 O（特征数量 * 样本数量^2）和 O（特征数量 * 样本数量^3）之间，其算法复杂度将算法的可操作性严重限制于不超过有 10^4 个实例的数据集。

同样，如上一章所见，当提供批处理算法和大量数据时仅有几个选项：子采样、并行化和通过流化进行非核心学习。子采样和并行化很少被当作最佳解决方法，流化是实现 SVM 以处理大规模问题的首选方法。

可是，尽管使用较少，但利用蓄水池采样技术很容易实现子采样，该技术可以从数据集和无限在线数据流中快速生成随机样本。通过子采样，能生成多个 SVM 模型，然后对其结果取平均值以获得更好结果。多个 SVM 模型的预测甚至可以叠加，以创建一个新数据集，用于构建一个融合所有预测能力的新模型，这将在第 6 章中介绍。

蓄水池采样是从数据流中随机选择样本，而不需事先知道该流的长度的算法。事实上，每次在流中观察都有相同的被选择概率。样本中的每个元素都以流中的第一次观察所得到的样本进行初始化，它们都可以根据概率被流中的实例随时替代，而概率与到目前为止流入的元素数量成比例。所以，（例如）当流的第 i 个元素到达时，它可能以某概率被插入样本中某个随机元素的位置。这种插入概率相当于样本维数除以 i，因此，它会随流长度逐渐减小。如果流无限，那么通过随时停止可确保样本能代表迄今为止所看到的元素。

在我们的示例中，将从流中抽取两个随机且互斥的样本，一个用于训练，一个用于测试。我们将从森林覆盖类型数据库的原始有序文件从中提取这些样本。（由于采样前会流化所有数据，因此随机采样不会受排序影响。）我们选定 5000 个实例用于训练样本，这个数量应该在大多数台式计算机上都能得到很好扩展。测试集选用 20 000 个实例：

```
In: from random import seed, randint
SAMPLE_COUNT = 5000
TEST_COUNT   = 20000
seed(0) # allows repeatable results
sample = list()
test_sample = list()
for index, line in enumerate(open('covtype.data','rb')):
    if index < SAMPLE_COUNT:
        sample.append(line)
    else:
        r = randint(0, index)
        if r < SAMPLE_COUNT:
            sample[r] = line
        else:
            k = randint(0, index)
            if k < TEST_COUNT:
                if len(test_sample) < TEST_COUNT:
                    test_sample.append(line)
                else:
                    test_sample[k] = line
```

该算法在超过 500 000 行数据矩阵上运行非常快。事实上，为尽可能保持最快速度，在流化过程中未作任何预处理。因此，现在需要将数据转换为 NumPy 数组并标准化特征：

```
In: import numpy as np
from sklearn.preprocessing import StandardScaler
for n,line in enumerate(sample):
        sample[n] = map(float,line.strip().split(','))
y = np.array(sample)[:,-1]
scaling = StandardScaler()
X = scaling.fit_transform(np.array(sample)[:,:-1])
```

一旦处理完训练数据 X、y，我们必须以相同方式处理测试数据；特别是必须在训练样本中使用标准参数标准化特征（均值和标准差）：

```
In: for n,line in enumerate(test_sample):
        test_sample[n] = map(float,line.strip().split(','))
yt = np.array(test_sample)[:,-1]
Xt = scaling.transform(np.array(test_sample)[:,:-1])
```

当训练和测试集都准备就绪时，可以拟合 SVC 模型并预测结果：

```
In: from sklearn.svm import SVC
h = SVC(kernel='rbf', C=250.0, gamma=0.0025, random_state=101)
h.fit(X,y)
prediction = h.predict(Xt)
from sklearn.metrics import accuracy_score
print accuracy_score(yt, prediction)

Out: 0.75205
```

3.2.4 使用 SGD 实现大规模 SVM

考虑到子采样的局限性（首先是指在大数据集上训练模型的欠拟合），当使用 Scikit-learn 中的适合于大规模流的线性 SVM 时，可用的唯一选项仍然是 SGDClassifier 和 SGDRegressor 方法，它们都包含在 linear_model 模块中。我们来看看如何以最佳方式使用它们，并改进我们在示例数据集上的结果。

我们利用本章前面示例中讨论的线性和逻辑回归来将其转化为高效 SVM。至于分类，则需要使用 loss 超参数来设置损失类型。参数取值为 'hinge'、'squared_hinge' 和 'modified_huber'。前面说明 SVM 公式时已对这些损失函数做了介绍和讨论。

这么做意味着使用软边界的线性 SVM（无核函数），这将让 SVM 能抵抗误分类和噪声数据。但是，也可以使用损失"感知器"，这是一种引起无边界的 hinge loss 的损失类型，它适应于处理偏差较大的模型。

使用 hinge loss 函数时，必须考虑以下两方面才能得到最佳结果：

❑ 使用任何损失函数时，随机梯度下降变得懒惰，仅在示例违反以前定义的边界时才更新系数向量。这与在对数或平方误差中的损失函数完全相反，这时实际上每个示例都会用于更新系数向量。如果学习中涉及许多特征，那么这种懒惰方法会产生更稀疏的系数向量，从而减少过拟合。（更密集的向量意味着更多过拟合，因为某些系数可能捕获比数据信号中更多的噪声。）

❑ 仅 'modified_huber' 损失允许概率估计，这使它成为逻辑损失（详见随机逻辑回归）的可行替代方法。经过改进的 Huber 在处理多类的一对多（OVA）预测时，其多模型概率输出优于 hinge loss 的标准决策函数特征（概率比决策函数原始输出更好，因为其规模相同，在 0~1 之间）。该损失函数直接从决策函数中估计概率来工作：clip(decision_function(X), -1, 1) + 1) / 2。

至于回归问题，SGDRegressor 有两个 SVM 损失选项：

```
'epsilon_insensitive'
```

```
'squared_epsilon_insensitive'
```

　　两者都能启动线性支持向量回归，在 ε 值内的误差将被忽略（预测残差）。如果超过 ε 值，epsilon_insensitive 损失会将此错误按原样处理。squared_epsilon_insensitive 损失以类似方式运行，因为平凡导致误差更严重，但更大误差会影响构建更多模型。

　　在这两种情况下，设置正确的 epsilon 超参数至关重要。作为默认值，Scikit-learn 建议 epsilon = 0.1，但问题的最佳值必须通过交叉验证网格搜索来确定，具体过程将在下一段中看到。

　　请注意，在回归损失中，还可使用不启动 SVM 优化的 'huber' 损失，而只是通过从平方切换到线性损失传递 epsilon 参数值距离方式来修改常用的 'squared_loss'，这样会对于异常值不敏感。

　　在本示例中，我们将重复流过程若干次，以演示如何设置不同超参数和变换特征；我们将使用方便的函数来减少重复的代码行数量。此外，限制实例数量或算法的容差值可以加快实例运行速度。以这种方式能保持最短训练和验证时间，而不会让你等太久。

　　至于方便的包装函数，第一个将有目的地一次流化部分或全部数据（使用 max_rows 参数设置限制）。完成流化后，该函数找出所有分类特征的级别并记录数字的不同范围。提醒一下，记录范围是非常重要的。SGD 和 SVM 算法对不同范围尺度非常敏感，它们在处理［-1，1］范围以外的数据时性能较差。

　　我们的函数输出返回两个已训练的 Scikit-learn 对象：DictVectorizer（将字典中的特征范围转换为特征向量）和重新缩放［0，1］范围内的数值变量的 MinMaxScaler（用于保持数据集中的值稀疏，从而使得内存使用率降低，并在大多数值为零时实现快速计算）。唯一约束是要求用户知道用于预测模型的数值和类别变量的特征名，实际上忽略未包含在 binary_features 或 numeric_features 参数列表中的特征。如果流没有特征名，则需要使用 fieldnames 参数对其命名：

```
In: import csv, time, os
import numpy as np
from sklearn.linear_model import SGDRegressor
from sklearn.feature_extraction import DictVectorizer
from sklearn.preprocessing import MinMaxScaler
from scipy.sparse import csr_matrix

def explore(target_file, separator=',', fieldnames= None, binary_
features=list(), numeric_features=list(), max_rows=20000):
    """
    Generate from an online style stream a DictVectorizer and a
MinMaxScaler.

    Parameters
    ----------
    target file = the file to stream from
    separator = the field separator character
```

```
        fieldnames = the fields' labels (can be omitted and read from
file)
        binary_features = the list of qualitative features to consider
        numeric_features = the list of numeric futures to consider
        max_rows = the number of rows to be read from the stream (can be
None)
        """
        features = dict()
        min_max  = dict()
        vectorizer = DictVectorizer(sparse=False)
        scaler = MinMaxScaler()
        with open(target_file, 'rb') as R:
            iterator = csv.DictReader(R, fieldnames, delimiter=separator)
            for n, row in enumerate(iterator):
                # DATA EXPLORATION
                for k,v in row.iteritems():
                    if k in binary_features:
                        if k+'_'+v not in features:
                            features[k+'_'+v]=0
                    elif k in numeric_features:
                        v = float(v)
                        if k not in features:
                            features[k]=0
                            min_max[k] = [v,v]
                        else:
                            if v < min_max[k][0]:
                                min_max[k][0]= v
                            elif v > min_max[k][1]:
                                min_max[k][1]= v
                    else:
                        pass # ignore the feature
                if max_rows and n > max_rows:
                    break
        vectorizer.fit([features])
        A = vectorizer.transform([{f:0 if f not in min_max else min_max[f]
[0] for f in vectorizer.feature_names_},
{f:1 if f not in min_max else min_max[f][1] for f in vectorizer.
feature_names_}])
        scaler.fit(A)
        return vectorizer, scaler
```

 该代码能轻松地用于你自己的大规模数据的机器学习应用程序。如果你的数据流是在线数据流（连续数据流）或数据流太长，则通过设置 max_rows 参数来限制不同的观察示例数量。

第二个函数从数据流中提取数据并将其转换为特征向量，如果提供合适的 MinMaxScaler 对象而不是 None 设置，则规范化数字特征：

```
In: def pull_examples(target_file, vectorizer, binary_features,
numeric_features, target, min_max=None, separator=',',
fieldnames=None, sparse=True):
    """
    Reads a online style stream and returns a generator of normalized
feature vectors

    Parameters
    ----------
    target file = the file to stream from
    vectorizer = a DictVectorizer object
    binary_features = the list of qualitative features to consider
    numeric_features = the list of numeric features to consider
    target = the label of the response variable
    min_max = a MinMaxScaler object, can be omitted leaving None
    separator = the field separator character
    fieldnames = the fields' labels (can be omitted and read from
file)
    sparse = if a sparse vector is to be returned from the generator
    """
    with open(target_file, 'rb') as R:
        iterator = csv.DictReader(R, fieldnames, delimiter=separator)
        for n, row in enumerate(iterator):
            # DATA PROCESSING
            stream_row = {}
            response = np.array([float(row[target])])
            for k,v in row.iteritems():
                if k in binary_features:
                    stream_row[k+'_'+v]=1.0
                else:
                    if k in numeric_features:
                        stream_row[k]=float(v)
            if min_max:
                features = min_max.transform(vectorizer.
transform([stream_row]))
            else:
                features = vectorizer.transform([stream_row])
            if sparse:
                yield(csr_matrix(features), response, n)
            else:
                yield(features, response, n)
```

有了这两个函数，现在再次模拟在前一章中提到的第一个回归问题（即共享单车数据集），但这次使用 hinge loss 而不是以前使用的均方差。

第一步，提供要流化的文件名以及一个属性和数值变量的列表（来自文件标题和文件原始信息），我们的封装函数代码将返回某些热编码变量和值范围的相关信息。在这种情况下，大多数变量为二进制，这对稀疏表示来说非常完美，因为数据集中的大多数值都为零：

```
In: source = '\\bikesharing\\hour.csv'
local_path = os.getcwd()
b_vars = ['holiday','hr','mnth', 'season','weathersit','weekday','wor
kingday','yr']
n_vars = ['hum', 'temp', 'atemp', 'windspeed']
std_row, min_max = explore(target_file=local_path+'\\'+source, binary_
features=b_vars, numeric_features=n_vars)
print 'Features: '
for f,mv,mx in zip(std_row.feature_names_, min_max.data_min_, min_max.
data_max_):
    print '%s:[%0.2f,%0.2f] ' % (f,mv,mx)

Out:
Features:
atemp:[0.00,1.00]
holiday_0:[0.00,1.00]
holiday_1:[0.00,1.00]
...
workingday_1:[0.00,1.00]
yr_0:[0.00,1.00]
yr_1:[0.00,1.00]
```

从输出结果不难看出，已使用其变量名将定性变量编码，并在下划线后添加其值，然后将其转换为二进制特征（特征存在时值为 1，否则将其设置为零）。请注意，我们一直将 SGD 模型参数设置为 average＝True 来保证具有更快收敛性（对应于上一章讨论的平均随机梯度下降（ASGD）模型）：

```
In:from sklearn.linear_model import SGDRegressor
SGD = SGDRegressor(loss='epsilon_insensitive', epsilon=0.001,
penalty=None, random_state=1, average=True)
val_rmse = 0
val_rmsle = 0
predictions_start = 16000

def apply_log(x): return np.log(x + 1.0)
def apply_exp(x): return np.exp(x) - 1.0

for x,y,n in pull_examples(target_file=local_path+'\\'+source,
                           vectorizer=std_row, min_max=min_max,
                           binary_features=b_vars, numeric_features=n_
```

```
vars, target='cnt'):
    y_log = apply_log(y)
# MACHINE LEARNING
    if (n+1) >= predictions_start:
        # HOLDOUT AFTER N PHASE
        predicted = SGD.predict(x)
        val_rmse += (apply_exp(predicted) - y)**2
        val_rmsle += (predicted - y_log)**2
        if (n-predictions_start+1) % 250 == 0 and (n+1) > predictions_
start:
            print n,
            print '%s holdout RMSE: %0.3f' % (time.strftime('%X'),
(val_rmse / float(n-predictions_start+1))**0.5),
            print 'holdout RMSLE: %0.3f' % ((val_rmsle / float(n-
predictions_start+1))**0.5)
    else:
        # LEARNING PHASE
        SGD.partial_fit(x, y_log)
print '%s FINAL holdout RMSE: %0.3f' % (time.strftime('%X'), (val_rmse
/ float(n-predictions_start+1))**0.5)
print '%s FINAL holdout RMSLE: %0.3f' % (time.strftime('%X'), (val_
rmsle / float(n-predictions_start+1))**0.5)
```

```
Out:
16249 07:49:09 holdout RMSE: 276.768 holdout RMSLE: 1.801
16499 07:49:09 holdout RMSE: 250.549 holdout RMSLE: 1.709
16749 07:49:09 holdout RMSE: 250.720 holdout RMSLE: 1.696
16999 07:49:09 holdout RMSE: 249.661 holdout RMSLE: 1.705
17249 07:49:09 holdout RMSE: 234.958 holdout RMSLE: 1.642
07:49:09 FINAL holdout RMSE: 224.513
07:49:09 FINAL holdout RMSLE: 1.596
```

现在处理森林覆盖类型的分类问题：

```
In: source = 'shuffled_covtype.data'
local_path = os.getcwd()
n_vars = ['var_'+'0'*int(j<10)+str(j) for j in range(54)]
std_row, min_max = explore(target_file=local_path+'\\'+source, binary_
features=list(),
                    fieldnames= n_vars+['covertype'], numeric_
features=n_vars, max_rows=50000)
print 'Features: '
for f,mv,mx in zip(std_row.feature_names_, min_max.data_min_, min_max.
data_max_):
    print '%s:[%0.2f,%0.2f] ' % (f,mv,mx)
```

```
Out:
Features:
var_00:[1871.00,3853.00]
var_01:[0.00,360.00]
var_02:[0.00,61.00]
var_03:[0.00,1397.00]
var_04:[-164.00,588.00]
var_05:[0.00,7116.00]
var_06:[58.00,254.00]
var_07:[0.00,254.00]
var_08:[0.00,254.00]
var_09:[0.00,7168.00]
...
```

从流中采样并拟合 DictVectorizer 和 MinMaxScaler 对象并得到大量可用实例后，这次使用渐进式验证开始学习过程（在其训练前通过对实例测试模型给出错误度量），对于代码中通过 sample 变量指定的每一批某数量的示例，脚本都会通过显示最近示例的平均准确度来报告情况：

```
In: from sklearn.linear_model import SGDClassifier
SGD = SGDClassifier(loss='hinge', penalty=None, random_state=1,
average=True)
accuracy = 0
accuracy_record = list()
predictions_start = 50
sample = 5000
early_stop = 50000
for x,y,n in pull_examples(target_file=local_path+'\\'+source,
                           vectorizer=std_row,
                           min_max=min_max,
                           binary_features=list(), numeric_features=n_
vars,
                           fieldnames= n_vars+['covertype'],
target='covertype'):
    # LEARNING PHASE
    if n > predictions_start:
        accuracy += int(int(SGD.predict(x))==y[0])
        if n % sample == 0:
            accuracy_record.append(accuracy / float(sample))
            print '%s Progressive accuracy at example %i: %0.3f' %
(time.strftime('%X'), n, np.mean(accuracy_record[-sample:]))
            accuracy = 0
    if early_stop and n >= early_stop:
            break
    SGD.partial_fit(x, y, classes=range(1,8))
```

```
Out: ...
19:23:49 Progressive accuracy at example 50000: 0.699
```

 在必须处理超过 575 000 个实例的情况下，我们设置在学习 50 000 个实例后程序提前停止。读者可根据计算机的效率和时间可用性自由修改这些参数，注意，代码运行可能需要一些时间。我们在时钟频率为 2.20GHz 的英特尔酷睿 i3 处理器上的计算时间大约为 30 分钟。

3.3　正则化特征选择

在批处理环境中，以下是几种常见的特征选择操作：

❑ 基于完整性（缺失值发生率）、方差和变量之间的高度多重共线性进行初步筛选，以便获得关联和可操作的特征的更干净的数据集。

❑ 基于特征与响应变量之间的单变量关联的（卡方检验、F 值和简单线性回归）的初始筛选，以便立即剔除对预测任务无用的特征，因为它们与响应的关系度不高，甚至无关。

❑ 在建模过程中，递归方法根据其提高算法预测能力的程度来插入和/或排除特征，此判断通过对所持样本进行测试得到。使用较小的仅相关特征的子集会使机器学习算法受过拟合影响较小，其原因一是噪声变量，二是特征高维性所导致的参数过多。

通过在线设置来应用这些方法仍然可行，但所需时间很长，因为完成单个模型所需的流化数据量很大。基于大量迭代和测试的递归方法需要一个能放入内存中的灵活数据集。如前所述，在这种情况下，子采样是个很好选择，便于找出稍后将用于更大规模的特征和模型。

在继续使用非核心方法的同时，正则化是一种理想的解决方案，能在流化时选择变量并剔除嘈杂或冗余的特征。正则化对在线算法效果良好，因为当在线机器学习算法正在工作并从示例中拟合其系数时，它与之同时工作，而无须为了选择特征再运行其他数据流。事实上，正则化只是一个惩罚值，它被加入到学习过程的优化中。它依赖于特征的系数和用于设置正则化影响的参数 alpha。正则化平衡机制会干预系数的权重何时由模型更新，那时，如果更新值不够大，正则化就会通过减少结果权重起作用。正则化 alpha 参数设置能排除或减少冗余变量，为获得最佳结果，必须根据经验以正确的量级为每个要学习的特定数据设置该参数。

SGD 在批处理算法中实现了相同的正则化策略：

❑ L1 惩罚将冗余而不是很重要的变量推到零

❑ L2 减少次重要特征的权重

❑ 弹性网络混合 L1 和 L2 正则化的影响

当有异常和冗余时，L1 正则化是完美的策略，因为它会将这些特征系数推到零，使其在计算预测时不相关。

当变量之间存在许多相关性时，L2 是合适的，因为其策略是仅仅减小那些其变化对于使损失函数最小化不那么重要的特征的权重。

弹性网络使用加权和来混合 L1 和 L2，这个解决方案很有趣，因为有时 L1 正则化在处理高度相关的变量时不稳定，这时，它会针对所看到的示例选择这个或另一个变量。通过使用 ElasticNet，许多不寻常的特征仍然会像 L1 正则化一样被推到零，但相关的特征将会像 L2 中一样被衰减。

SGDClassifier 和 SGDRegressor 都能使用 penalty、alpha 和 l1_ratio 等参数来实现 L1、L2 和弹性网络正则化。

决定惩罚方式或者两者混合后，alpha 是最关键的参数。理想情况下，通过使用由 $10.0 ** - np.arange (1, 7)$ 生成的值列表来测试 $0.1 \sim 10^{-7}$ 范围内的合适值。

如果 penalty 决定选择何种正则化，那么如上所述，alpha 决定其强度。alpha 是一个乘以惩罚项的常数；低 α 值对最终系数影响不大，而高值会有显著影响。最后，当 penalty = 'elasticnet' 时，l1_ratio 代表 L1 相对 L2 惩罚的百分比。

使用 SGD 设置正则化非常简单。例如，可以尝试将惩罚 L2 插入 SGDClassifier 中来修改之前的示例代码：

```
SGD = SGDClassifier(loss='hinge', penalty='l2', alpha= 0.0001, random_
state=1, average=True)
```

如果想测试弹性网络混合两种正则化方法的效果，只需通过设置 l1_ratio 来设置 L1 和 L2 之间的比率：

```
SGD = SGDClassifier(loss=''hinge'', penalty=''elasticnet'', \
    alpha= 0.001, l1_ratio=0.5, random_state=1, average=True)
```

由于正则化的成功依赖于插入正确的惩罚值和最佳 alpha 值，因此在处理超参数优化问题时我们会在例子中用到它。

3.4 SGD 中的非线性

将非线性插入线性 SGD 学习器中的最快方法（基本不麻烦），是将从数据流接收的实例向量转换为包括能量转换和特征的组合到一定程度的新向量。

组合可以表示特征之间的相互作用（说明两个特征何时共同对响应产生特殊影响），

从而有助于 SVM 线性模型包含一定量的非线性。例如，双向交互是通过两个特征相乘实现的，三向交互是乘以三个特征等，从而为更高程度的扩展创建更复杂的交互。

在 Scikit-learn 中，预处理模块包含 PolynomialFeatures 类，该类可以通过多项式展开期望的程度来自动转换特征向量：

```
In: from sklearn.linear_model import SGDRegressor
from  sklearn.preprocessing import PolynomialFeatures

source = '\\bikesharing\\hour.csv'
local_path = os.getcwd()
b_vars = ['holiday','hr','mnth', 'season','weathersit','weekday','wor
kingday','yr']
n_vars = ['hum', 'temp', 'atemp', 'windspeed']
std_row, min_max = explore(target_file=local_path+'\\'+source, binary_
features=b_vars, numeric_features=n_vars)

poly = PolynomialFeatures(degree=2, interaction_only=False, include_
bias=False)
SGD = SGDRegressor(loss='epsilon_insensitive', epsilon=0.001,
penalty=None, random_state=1, average=True)

val_rmse = 0
val_rmsle = 0
predictions_start = 16000

def apply_log(x): return np.log(x + 1.0)
def apply_exp(x): return np.exp(x) - 1.0

for x,y,n in pull_examples(target_file=local_path+'\\'\
+source,vectorizer=std_row, min_max=min_max, \
sparse = False, binary_features=b_vars,\
numeric_features=n_vars, target='cnt'):
    y_log = apply_log(y)
# Extract only quantitative features and expand them
    num_index = [j for j, i in enumerate(std_row.feature_names_) if i
in n_vars]
    x_poly = poly.fit_transform(x[:,num_index])[:,len(num_index):]
    new_x = np.concatenate((x, x_poly), axis=1)

    # MACHINE LEARNING
    if (n+1) >= predictions_start:
        # HOLDOUT AFTER N PHASE
        predicted = SGD.predict(new_x)
        val_rmse += (apply_exp(predicted) - y)**2
        val_rmsle += (predicted - y_log)**2
```

```
        if (n-predictions_start+1) % 250 == 0 and (n+1) > predictions_
start:
            print n,
            print '%s holdout RMSE: %0.3f' % (time.strftime('%X'),
(val_rmse / float(n-predictions_start+1))**0.5),
            print 'holdout RMSLE: %0.3f' % ((val_rmsle / float(n-
predictions_start+1))**0.5)
    else:
        # LEARNING PHASE
        SGD.partial_fit(new_x, y_log)
print '%s FINAL holdout RMSE: %0.3f' % (time.strftime('%X'), (val_rmse
/ float(n-predictions_start+1))**0.5)
print '%s FINAL holdout RMSLE: %0.3f' % (time.strftime('%X'), (val_
rmsle / float(n-predictions_start+1))**0.5)

Out: ...
21:49:24 FINAL holdout RMSE: 219.191
21:49:24 FINAL holdout RMSLE: 1.480
```

 PolynomialFeatures 要求输入稠密矩阵而不是稀疏矩阵。pull_examples 函数允许设置一个稀疏参数，该参数通常设置为 True，但可以设为 False 以返回稠密矩阵。

高维映射

虽然多项式展开是非常强大的转换，但当试图将其扩展到更高维度时，计算成本很高，并且由于过参数化所引起的过拟合而使其与捕捉重要非线性的积极效果迅速形成反差（有太多冗余且无用特征时）。正如在 SVC 和 SVR 中所看到的，核变换能帮助我们。隐式 SVM 核变换需要内存中的数据矩阵才能工作。Scikit-learn 中包含一个基于随机逼近的变换类，它可以在线性模型上下文中获得与核 SVM 非常相似的结果。

sklearn. kernel_approximation 模块包含以下算法：

❑ RBFSampler：近似于 RBF 核的特征映射。

❑ Nystroem：近似于使用训练数据子集的核映射。

❑ AdditiveChi2Sampler：近似于附加的 chi2 核的特征映射，chi2 核主要用于计算机视觉功能。

❑ SkewedChi2Sampler：近似于与斜卡方核类似的特征映射，后者在计算机视觉中也会用到。

除 Nystroem 方法之外，上述类都不需要从数据样本中学习，这使它们成为在线学习的完美选择。它们只需知道示例矢量的形状（有多少特征），然后就能产生许多随机非线性来很好地拟合你的数据问题。

在这些近似算法中，没有需要解释的复杂的优化算法，事实上，优化本身被随机化取代，结果在很大程度上取决于输出特征的数量，这由 n_components 参数指示。输出特征越多，偶然获得可与你的问题完美结合的非线性的概率就越高。

值得注意的是，如果机会在创建正确特征来改善预测方面真的起到如此重要的作用，那么结果的可复现性就变得非常重要，必须努力获得它，否则将无法一致地重新训练，并以相同方式调整你的算法。注意，每个类都有 random_state 参数，用于控制随机特征生成，并能够在以后重新创建它，就像在不同计算机上一样。

有关这些特征创建技术的理论基础，请参阅 A. Rahimi 和 Benjamin Recht 撰写的科学论文："Random Features for Large-Scale Kernel Machines"（http://www.eecs.berkeley.edu/~brecht/papers/07.rah.rec.nips.pdf）和 "Weighted Sums of Random Kitchen Sinks: Replacing minimizationwith randomization in learning"（http://www.eecs.berkeley.edu/~brecht/papers/08.rah.rec.nips.pdf）。

对于读者来说，知道如何实现该技术并且有助于改进 SGD 模型就足够了，包括基于线性和 SVM 的模型：

```
In: source = 'shuffled_covtype.data'
local_path = os.getcwd()
n_vars = ['var_'+str(j) for j in range(54)]
std_row, min_max = explore(target_file=local_path+'\\'+source, binary_
features=list(),
                fieldnames= n_vars+['covertype'], numeric_
features=n_vars, max_rows=50000)

from sklearn.linear_model import SGDClassifier
from sklearn.kernel_approximation import RBFSampler

SGD = SGDClassifier(loss='hinge', penalty=None, random_state=1,
average=True)
rbf_feature = RBFSampler(gamma=0.5, n_components=300, random_state=0)
accuracy = 0
accuracy_record = list()
predictions_start = 50
sample = 5000
early_stop = 50000
for x,y,n in pull_examples(target_file=local_path+'\\'+source,
                           vectorizer=std_row,
                           min_max=min_max,
                           binary_features=list(),
                           numeric_features=n_vars,
                           fieldnames= n_vars+['covertype'],
target='covertype', sparse=False):

    rbf_x = rbf_feature.fit_transform(x)
    # LEARNING PHASE
```

```
    if n > predictions_start:
        accuracy += int(int(SGD.predict(rbf_x))==y[0])
        if n % sample == 0:
            accuracy_record.append(accuracy / float(sample))
            print '%s Progressive accuracy at example %i: %0.3f' %
(time.strftime('%X'), n, np.mean(accuracy_record[-sample:]))
            accuracy = 0
    if early_stop and n >= early_stop:
            break
    SGD.partial_fit(rbf_x, y, classes=range(1,8))


Out: ...
07:57:45 Progressive accuracy at example 50000: 0.707
```

3.5 超参数调整

与成批学习一样，在测试超参数的最佳组合时，在非核心算法中没有捷径，需要尝试一定数量的组合，才能找出可能的最佳解决方案，并使用样本外错误度量手段来评估其性能。

由于你实际上不知道所预测问题是否具有简单平滑的凸损失或更复杂的损失，而且不确切知道超参数如何相互交互，所以没有足够组合很容易陷入次优的局部最小值。不幸的是，目前 Scikit-learn 还没有针对非核心算法提供专门的优化程序。考虑到在长数据流上训练 SGD 需要很长时间，调整超参数可能确实会成为使用这些技术在数据上构建模型的瓶颈。

这里，我们提出有助于节省时间和尽量达到最佳结果的经验法则。

首先，调整适合放入内存的数据样本或窗口上的参数。正如在核 SVM 中看到的那样，即使数据流很大，使用库样本也会非常快。然后你可以在内存中进行优化，并使用流中找到的最佳参数。

如微软研究院的 Léon Bottou 在其技术论文 "Stochastic Gradient Descent Tricks" 中所说的那样：

"数学上随机梯度下降与训练集大小完全无关。"

所有关键参数都是如此，但仅学习率除外；对于样本效果更好的学习率对整个数据来说效果最好。另外，通过在小采样数据集上尝试收敛，能猜测理想的数据传递次数。根据经验，我们汇总了算法检查的 $10**6$ 个示例的指示性数量，正如 Scikit-learn 文档所指出的那样，我们经常发现该数字是准确的，尽管理想的迭代次数可根据正则化参数而改变。

虽然在使用 SGD 时大多数工作可以用相对较小的规模完成，但我们必须定义如何解决确定多个参数的问题。传统上，手动搜索和网格搜索是最常用方法，网格搜索将通过系统测试可能参数的所有组合来解决问题（例如，使用 10 或 2 的不同乘方以对数尺度进行检查）。

最近，James Bergstra 和 Yoshua Bengio 在其论文 "Random Search for Hyper-Parameter

Optimization"中提出了一种基于超参数值随机采样的不同方法。尽管基于随机选择，但如果超参数的数量很少，并且可以超过当参数很多而且并非所有参数都与算法性能相关时系统搜索的性能，那么这种方法通常在结果上与网格搜索等价（但运行次数更少）。

　　关于为什么这种简单而有吸引力的方法在理论上如此有效，我们把它留给读者以发现更多的理由，请参考前面提到的 Bergstrom 和 Bengio 的论文。在实践中，我们已经体验到了相比其他方法的优越性之后，我们提出了一种基于 Scikit-learn 中 ParameterSampler 函数的方法，它在上面示例代码中对数据流运行良好，以下示例代码中给出具体实现。ParameterSampler能够随机采样不同组的超参数（来自分布函数或离散值列表），以便随后通过 set_params 方法来学习 SGD：

```
In: from sklearn.linear_model import SGDRegressor
from sklearn.grid_search import ParameterSampler

source = '\\bikesharing\\hour.csv'
local_path = os.getcwd()
b_vars = ['holiday','hr','mnth', 'season','weathersit','weekday','wor
kingday','yr']
n_vars = ['hum', 'temp', 'atemp', 'windspeed']
std_row, min_max = explore(target_file=local_path+'\\'+source, binary_
features=b_vars, numeric_features=n_vars)

val_rmse = 0
val_rmsle = 0
predictions_start = 16000
tmp_rsmle = 10**6

def apply_log(x): return np.log(x + 1.0)
def apply_exp(x): return np.exp(x) - 1.0

param_grid = {'penalty':['l1', 'l2'], 'alpha': 10.0**-np.arange(2,5)}
random_tests = 3
search_schedule = list(ParameterSampler(param_grid, n_iter=random_
tests, random_state=5))
results = dict()

for search in search_schedule:
    SGD = SGDRegressor(loss='epsilon_insensitive', epsilon=0.001,
penalty=None, random_state=1, average=True)
    params =SGD.get_params()
    new_params = {p:params[p] if p not in search else search[p] for p
in params}
    SGD.set_params(**new_params)
    print str(search)[1:-1]
```

```
      for iterations in range(200):
          for x,y,n in pull_examples(target_file=local_path+'\\'+source,
                                    vectorizer=std_row, min_max=min_
max, sparse = False,
                                    binary_features=b_vars, numeric_
features=n_vars, target='cnt'):
              y_log = apply_log(y)

# MACHINE LEARNING
              if (n+1) >= predictions_start:
                  # HOLDOUT AFTER N PHASE
                  predicted = SGD.predict(x)
                  val_rmse += (apply_exp(predicted) - y)**2
                  val_rmsle += (predicted - y_log)**2
              else:
                  # LEARNING PHASE
                  SGD.partial_fit(x, y_log)

      examples = float(n-predictions_start+1) * (iterations+1)

      print_rmse = (val_rmse / examples)**0.5
      print_rmsle = (val_rmsle / examples)**0.5
      if iterations == 0:
          print 'Iteration %i - RMSE: %0.3f - RMSE: %0.3f' %
(iterations+1, print_rmse, print_rmsle)
      if iterations > 0:
          if tmp_rmsle / print_rmsle <= 1.01:
              print 'Iteration %i - RMSE: %0.3f - RMSE: %0.3f\n' %
(iterations+1, print_rmse, print_rmsle)
              results[str(search)]= {'rmse':float(print_rmse),
'rmsle':float(print_rmsle)}
              break
      tmp_rmsle = print_rmsle


Out:
'penalty': 'l2', 'alpha': 0.001
Iteration 1 - RMSE: 216.170 - RMSE: 1.440
Iteration 20 - RMSE: 152.175 - RMSE: 0.857

'penalty': 'l2', 'alpha': 0.0001
Iteration 1 - RMSE: 714.071 - RMSE: 4.096
Iteration 31 - RMSE: 184.677 - RMSE: 1.053

'penalty': 'l1', 'alpha': 0.01
Iteration 1 - RMSE: 1050.809 - RMSE: 6.044
Iteration 36 - RMSE: 225.036 - RMSE: 1.298
```

该代码利用了共享单车数据集非常小并且不需要任何采样这样的事实。在其他情况下，限制被处理的行数很有意义，或者在通过蓄水池采样或其他采样技术之前创建一个较小的样本是合理的。如果你想更深入地探索优化过程，可以更改 random_tests 变量，从而修改要测试的采样超参数组合的数量。然后使用更接近 1.0 的数字（如果不是 1.0 本身）修改 if tmp_rmsle/print_rmsle <= 1.01 条件，从而让算法完全收敛，直到有适当的预测能力。

虽然建议使用分布函数而不是从值列表中选取，但你仍然可通过简单地扩大可能从列表中选取值的数量来适当使用之前讨论的超参数范围。例如，对于 L1 和 L2 正则化中的 alpha，可以使用 NumPy 的函数 arrange，用一个小步进，例如 10.0 ** - np. arange（1，7，step = 0.1），或者对 num 参数使用 NumPy logspace：1.0/np. logspace（1，7，num = 50）。

其他 SVM 快速学习方法

尽管 Scikit-learn 包提供了足够的工具和算法来进行非核心学习，但在免费软件中还有很多其他选择方法。有些基于与 Scikit 本身相同的库，例如 Liblinear/SBM，其他是全新的，如 sofia-ml、LASVM 和 Vowpal Wabbit。例如，Liblinear/SBMis 基于选择性块最小化，并实现为原始库 liblinear-cdblock（https://www.csie.ntu.edu.tw/~cjlin/libSVMtools/#large_linear_classification_when_data_cannot_fit_in_memory）的分叉。Liblinear/SBM 使用新样本数据训练并通过使用学习器的技巧，来拟合非线性 SVMS，以适应大量无法存储在内存中的数据，并将其与先前用于最小化的样本进行混合（因此算法名中采用 blocked 项）。

SofiaML（https://code.google.com/archive/p/sofia-ml/）是另一种选择方法，SofiaML 基于一种名为 Pegasos SVM 的在线 SVM 优化算法，该算法是一种在线 SVM 近似，就像由 Leon Bottou 创建的另一种名为 LaSVM 的软件一样（http://leon.bottou.org/projects/laSVM）。所有这些方法都可以处理稀疏数据，特别是文本，并解决回归、分类和排序问题。迄今为止，我们测试过的方案中，除了 Vowpal Wabbit 以外，没有别的方案更快速、功能更强大，下面将介绍该软件，并用它演示如何将外部程序与 Python 集成。

Vowpal Wabbit 快速实现非线性

Vowpal Wabbit（VW）是一个快速在线学习开源项目，最初于 2007 年由雅虎的 John Langford、Lihong Li 和 Alex Strehl（http://hunch.net/?p = 309）研究发布，然后由 Microsoft Research 赞助并且 John Langford 成为微软首席研究员。该项目已经发展多年，而且有近百名贡献者参与其中，目前为 8.1.0 版本（本章写作时）。（若要查看多年累积的可视化效果，请访问使用软件 Gource 制作的有趣视频 https://www.youtube.com/watch?v = -aXel-

GLMMgk）。迄今为止，VW 仍在不断发展，并在每次开发迭代中提高其学习能力。

相比于其他方法（LIBLINEAR、Sofia-ml、SVMgd 和 Scikit-learn），VM 的突出特点是速度非常快。其秘密很简单但非常有效：能同时加载数据并从中学习。异步线程对输入的实例进行解析，学习线程在不相交的特征集上工作，从而确保即使解析过程涉及创建高维特征也具有高计算效率（如二次或三次多项式展开）。在大多数情况下，学习过程的真正瓶颈是磁盘或网络传输数据给 VM 的传输带宽。

VM 可计算分类（甚至是多类和多标签）、回归（OLS 和分位数）和主动学习问题，能够提供大量附带学习工具（称为缩减），例如矩阵分解、潜在狄利克雷分布（LDA）、神经网络、n-gram 语言模型和拔靴法。

安装 VW

可以从在线版本控制库 GitHub（https://github.com/JohnLangford/vowpal_wabbit）中检索到 VW，它能被 Git 克隆或者以打包的 zip 形式下载。在 Linux 系统上开发的话，任何 POSIX 环境中只通过简单的 make 和 make install 命令就能轻松编译。有关安装详细说明，可以直接访问其安装页面，也可以直接从作者的相关网页（https//github.com/JohnLangford/vowpal_wabbit/wiki/Download）下载 Linux 预编译的二进制文件。

不幸的是，获得 Windows 操作系统上运行的 VW 版本有点难度。为了创建它，请参考 VW 本身的文档，其中详细解释了编译过程（https://github.com/JohnLangford/vowpal_wabbit/blob/master/README.windows.txt）。

 在本书附带的网站上将提供书中用到的 VW 8.1.0 版本的 32 位和 64 位 Windows 二进制文件。

理解 VW 数据格式

VW 使用特定数据格式，并从 shell 调用。John Langford 在其在线教程（https://github.com/JohnLangford/vowpal_wabbit/wiki/Tutorial）中使用的样本数据集代表屋顶可更换的三栋房屋，非常有趣，推荐读者一起学习：

```
In:
with open('house_dataset','wb') as W:
    W.write("0 | price:.23 sqft:.25 age:.05 2006\n")
    W.write("1 2 'second_house | price:.18 sqft:.15 age:.35 1976\n")
    W.write("0 1 0.5 'third_house | price:.53 sqft:.32 age:.87
1924\n")

with open('house_dataset','rb') as R:
    for line in R:
        print line.strip()
```

```
Out:
0 | price:.23 sqft:.25 age:.05 2006
1 2 'second_house | price:.18 sqft:.15 age:.35 1976
0 1 0.5 'third_house | price:.53 sqft:.32 age:.87 1924
```

很明显，文件格式没有标题，这是因为 VW 使用哈希技巧将特征分配到稀疏向量中，因此事先知道那些根本不需要的特征。数据块通过管道（字符 | ）划分成命名空间，作为不同的特征集群，每个集群都包含一个或多个特征。

第一个名称空间始终是包含响应变量的名称空间，而响应可以是指向要回归的数值的实数（或整数）、二分类或多个类中的某类。响应始终是在一条线上找到的第一个数字。二分类中 1 表示正数，−1 表示负数（0 作为响应仅用于回归）。多类的话，则从 1 开始编号，不建议使用间隔编号，因为 VW 访问最后一个类时会考虑 1 和最后一个之间的所有整数。

紧邻响应值后面的数字是权重（用来告诉你将实例看作单个实例还是整体的一部分），然后是起初始预测作用的基数（某种偏差）。最后，前有撇号字符（'）的标签可以是数字或者文本，它能在后面 VW 输出（预测中，每个估计对应一个标签）中找到。权重、基数和标签不是强制性的：如果省略，权重赋值为 1，基数和标签无关紧要。

在第一个名称空间后，可根据需要添加尽可能多的名称空间，并用数字或字符串作为其标签。为了说明是名称空间的标签，应该将它放在管道后，例如 |label。

在名称空间标签的后面，可以按名称添加任何特征，特征名可以为任何内容，但应包含管道或冒号。可以将整个文本放在名称空间中，这样每个单词都将被视为一个特征，每个特征都将被赋值为 1。如果想赋其他不同数字，只需在特征名末尾添加冒号，并将其值放在它后面即可。

例如，Vowpal Wabbit 可读取的有效行是：

```
0 1 0.5 'third_house | price:.53 sqft:.32 age:.87 1924
```

第一个名称空间中，响应为 0，实例权重为 1，基数为 0.5，其标签为 third_house。名称空间无名称并且由四个特征构成，即 price（值为 .53）、sqft（值为 .32）、age（值为 .87）和 1924（值为 1）。

如果某个特征在一个实例中有，但在另一个实例中没有，则算法会在第二个实例中假设此特征值为零。因此，上例中的 1924 这样的特征可当作二进制变量，因为其存在时自动被赋值为 1，缺少时则为 0，这也告诉你 VW 如何处理缺失值——自动将其赋为 0 值。

缺少值时，可通过添加新特征轻松处理缺失值。例如，如果该特征为 age，可以添加一个新特征 age_missing，新特征将是一个值为 1 的二进制变量。在估计系数时，该变量将作为缺失值估计器。

在作者网站上能找到输入验证器，以验证你的输入对于 VW 是否正确并对其解释：http://hunch.net/~vw/validate.html

---

Python 集成

vowpal_porpoise、Wabbit Wappa 和 pyvw 等软件包能与 Python 集成，并且在 Linux 系统中很容易安装，但在 Windows 上安装比较困难。无论使用 Jupyter 还是 IDE，将 VW 与 Python脚本集成的最简单方式是利用来自 subprocess 包的 Popen 函数。它可以使 VW 与 Python并行运行，Python 只是等待 VM 完成其操作并捕获其输出，然后将输出显示在屏幕上：

```
In: import subprocess

def execute_vw(parameters):
    execution = subprocess.Popen('vw '+parameters, \
                shell=True, stderr=subprocess.PIPE)
    line = ""
    history = ""
    while True:
        out = execution.stderr.read(1)
        history += out
        if out == '' and execution.poll() != None:
            print '------------ COMPLETED ------------\n'
            break
        if out != '':
            line += out
            if '\n' in line[-2:]:
                print line[:-2]
                line = ''
    return history.split('\r\n')
```

这些函数返回学习过程的输出列表，使其易于处理，并提取相关的可重用信息（如错误度量）。作为其正确运行的前提条件，请将 VW 可执行文件（vw.exe 文件）放在 Python 工作目录或系统路径中以便找到它。

通过调用函数来处理先前记录的房屋数据集，可以看到它的工作过程及其输出结果：

```
In:
params = "house_dataset"
results = execute_vw(params)

Out:
Num weight bits = 18
learning rate = 0.5
initial_t = 0
power_t = 0.5
using no cache
Reading datafile = house_dataset
```

```
num sources = 1
average    since           example       example  current current
current
loss       last            counter        weight    label predict
features
0.000000 0.000000              1             1.0    0.0000  0.0000
5
0.666667 1.000000              2             3.0    1.0000  0.0000
5

finished run
number of examples per pass = 3
passes used = 1
weighted example sum = 4.000000
weighted label sum = 2.000000
average loss = 0.750000
best constant = 0.500000
best constant's loss = 0.250000
total feature number = 15
------------ COMPLETED ------------
```

输出的初始行只是显示所使用的参数，并确认正在使用哪个数据文件。最令人感兴趣的是按流化实例数显示的逐步骤过程（按 2 的幂报告，例如 1、2、4、8、16 等等）。损失函数显示平均损失度量，在第一次迭代后渐进向前，通过将字母 h 放在后面来表示其损失（如果排除拒绝，则有可能只报告样本内度量）。在 example weight 列上显示实例权重，然后将实例进一步描述为 current label、current predict，并显示在该行上找到的特征数量（current features）。所有这些信息有助于监视流和学习过程。

学习完成后会显示某些报告措施。平均损失最重要，特别是在使用保留时。出于比较原因，使用这种损失最有效，因为它能立即与 best constant's loss（简单常数的基线预测能力）以及使用不同参数配置的不同运行结果进行对比。

集成 VW 和 Python 的另一个非常有用的函数是自动将 CSV 文件转换为 VW 数据文件的函数。可以在下面代码中找到它，它将帮助处理以前的共享单车和森林覆盖类型问题，它很容易用在你自己的项目中：

```
In: import csv

def vw_convert(origin_file, target_file, binary_features, numeric_
features, target, transform_target=lambda(x):x,
              separator=',', classification=True, multiclass=False,
fieldnames= None, header=True, sparse=True):
    """
    Reads a online style stream and returns a generator of normalized
feature vectors
```

```
    Parameters
    ----------
    original_file = the CSV file you are taken the data from
    target_file = the file to stream from
    binary_features = the list of qualitative features to consider
    numeric_features = the list of numeric features to consider
    target = the label of the response variable
    transform_target = a function transforming the response
    separator = the field separator character
    classification = a Boolean indicating if it is classification
    multiclass =  a Boolean for multiclass classification
    fieldnames = the fields' labels (can be omitted and read from
file)
    header = a boolean indicating if the original file has an header
    sparse = if a sparse vector is to be returned from the generator
    """
    with open(target_file, 'wb') as W:
        with open(origin_file, 'rb') as R:
iterator = csv.DictReader(R, fieldnames, delimiter=separator)
            for n, row in enumerate(iterator):
                if not header or n>0:
                    # DATA PROCESSING
                        response = transform_target(float(row[target]))
                        if classification and not multiclass:
                            if response == 0:
                                stream_row = '-1 '
                            else:
                                stream_row = '1 '
                    else:
                        stream_row = str(response)+' '
                    quantitative = list()
                    qualitative  = list()
                    for k,v in row.iteritems():
                        if k in binary_features:
                            qualitative.append(str(k)+\
'_'+str(v)+':1')
                        else:
                            if k in numeric_features and (float(v)!=0
or not sparse):
                                quantitative.append(str(k)+':'+str(v))
if quantitative:
                        stream_row += '|n '+\
' '.join(quantitative)
                    if qualitative:
                        stream_row += '|q '+\
' '.join(qualitative)
W.write(stream_row+'\n')
```

几个使用简化 SVM 和神经网络的示例

VM 会最大限度地最小化一般成本函数，如下式所示：

$$\lambda_1 \|w\|_1 + \frac{\lambda_2}{2}\|w\|_2^2 + \sum_{i=1}^{n} \text{loss}(x_i, y_i, w)$$

与之前看到的其他公式一样，w 为系数向量，根据所选择的损失函数（OLS, logistic 或 hinge）获取每个 x_i 和 y_i 的最优化。lambda1 和 lambda2 是正则化参数，默认情况下为零，但可以使用 VW 命令行中的"--l1"和"--l2"选项进行设置。

基于这种基本结构，随着时间推移，通过使用简化范式，VM 已经变得更加复杂和完整。简化只是一种重用现有算法以解决新问题的方法，这样无须从头开始编码新的求解算法。换句话说，如果你有复杂的机器学习问题 A，只需将其简化到 B。解决 B 的线索在 A 的解决方法中，这也很有道理。人们对机器学习的兴趣越来越浓厚，问题数量爆炸式增长，却无法创造新解决算法。一种可行的方法就是利用基本算法的已有功能，以及 VM 随着时间推移适用性越来越强而程序依然很紧凑的原理。如果你对这种方法感兴趣，请参考 John Langford 的两篇教程：http://hunch. net/~reductions_tutorial/ 和 http://hunch. net/~jl/projects/reductions/reductions. html。

为了进行说明，我们简要介绍两个简化示例，即使用 RBFkernel 的 SVM 和以纯非核心方式使用 VW 的浅层神经网络，为此使用了一些简单数据集。

Iris 数据集更改为二分类问题，以预测鸢尾花卉属于 Setosa 还是 Virginica：

```
In: import numpy as np
from sklearn.datasets import load_iris, load_boston
from random import seed
iris = load_iris()
seed(2)
re_order = np.random.permutation(len(iris.target))
with open('iris_versicolor.vw','wb') as W1:
    for k in re_order:
        y = iris.target[k]
        X = iris.values()[1][k,:]
        features = ' |f '+' '.join([a+':'+str(b) for a,b in
zip(map(lambda(a): a[:-5].replace(' ','_'), iris.feature_names),X)])
        target = '1' if y==1 else '-1'
        W1.write(target+features+'\n')
```

然后对回归问题使用波士顿房屋定价数据集：

```
In: boston = load_boston()
seed(2)
re_order = np.random.permutation(len(boston.target))
with open('boston.vw','wb') as W1:
```

```
       for k in re_order:
           y = boston.target[k]
           X = boston.data[k,:]
           features = ' |f '+' '.join([a+':'+str(b) for a,b in
zip(map(lambda(a): a[:-5].replace(' ','_'), iris.feature_names),X)])
           W1.write(str(y)+features+'\n')
```

首先，我们尝试使用 SVM。kvsm 是基于 LaSVM 算法（具有在线和主动学习功能的快速核分类器—http://www.jmlr.org/papers/volume6/bordes05a/bordes05a.pdf）的简化，无偏差项。VW 版本通常只需一次传递，并对随机选取的支持向量进行 1 到 2 次重新处理（尽管有些问题需要多次传递和再处理）。在本例中，我们按顺序使用单次传递和几次重新处理来在二分类问题上拟合 RBF 核（KSVM 仅用于分类问题）。实现的核是线性的径向基函数和多项式。为使它工作，请使用"--kSVM"选项，可以通过"--reprocess"设置重新处理次数（默认值为 1），通过"--kernel"选择内核类型（选项为 linear、poly 和 rbf）。如果内核为多项式，则将"--degree"设置为整数。如果使用 RBF，则将"—floatband"设置为浮点数（默认值为 1.0）。另外必须强制让 l2 正则化；否则，简化过程无法正常运行。示例中，我们将 RBFkernel 的带宽设置为 0.1：

```
In: params = '--ksvm --l2 0.000001 --reprocess 2 -b 18 --kernel rbf
--bandwidth=0.1 -p iris_bin.test -d iris_versicolor.vw'
results = execute_vw(params)

accuracy = 0
with open('iris_bin.test', 'rb') as R:
    with open('iris_versicolor.vw', 'rb') as TRAIN:
        holdouts = 0.0
        for n,(line, example) in enumerate(zip(R,TRAIN)):
            if (n+1) % 10==0:
                predicted = float(line.strip())
                y = float(example.split('|')[0])
                accuracy += np.sign(predicted)==np.sign(y)
                holdouts += 1
print 'holdout accuracy: %0.3f' % ((accuracy / holdouts)**0.5)

Out: holdout accuracy: 0.966
```

神经网络是 VM 的另一个很好的补充，由于 Paul Mineiro 的工作（http://www.machined-learnings.com/2012/11/unpimp-your-sigmoid.html），让 VM 能实现具有双曲正切（tanh）激励函数以及可选丢弃率（使用"--dropout"选项）的单层神经网络。虽然只能决定神经元数量，但简化神经网络在回归和分类问题上都效果很好，并且能顺利进行以 VM 为输入的其他转换（如二次变量和 n-gram），这样使其成为一个多功能（神经网络能解决很多问题）和快速的完整解决方法。示例中使用五个神经元和丢弃率处理波士顿数据集：

```
In: params = 'boston.vw -f boston.model --loss_function squared -k
--cache_file cache_train.vw --passes=20 --nn 5 --dropout'
results = execute_vw(params)
params = '-t boston.vw -i boston.model -k --cache_file cache_test.vw
-p boston.test'
results = execute_vw(params)
val_rmse = 0
with open('boston.test', 'rb') as R:
    with open('boston.vw', 'rb') as TRAIN:
        holdouts = 0.0
        for n,(line, example) in enumerate(zip(R,TRAIN)):
            if (n+1) % 10==0:
                predicted = float(line.strip())
                y = float(example.split('|')[0])
                val_rmse += (predicted - y)**2
                holdouts += 1
print 'holdout RMSE: %0.3f' % ((val_rmse / holdouts)**0.5)

Out: holdout RMSE: 7.010
```

更快的共享单车

下面对以前创建的共享单车示例文件使用 VW，以便解释输出组成。第一步，必须使用前面介绍的 vw_convert 函数将 CSV 文件转换为 VW 文件。与以前一样，通过使用由 vw_convert 函数的 transform_target 参数所传递的 apply_log 函数，来实现对数字响应的对数转换：

```
In: import os
import numpy as np

def apply_log(x):
    return np.log(x + 1.0)

def apply_exp(x):
    return np.exp(x) - 1.0

local_path = os.getcwd()
b_vars = ['holiday','hr','mnth', 'season','weathersit','weekday','wor
kingday','yr']
n_vars = ['hum', 'temp', 'atemp', 'windspeed']
source = '\\bikesharing\\hour.csv'
origin = target_file=local_path+'\\'+source
target = target_file=local_path+'\\'+'bike.vw'
vw_convert(origin, target, binary_features=b_vars, numeric_features=n_
vars, target = 'cnt', transform_target=apply_log,
           separator=',', classification=False, multiclass=False,
fieldnames= None, header=True)
```

几秒钟准备好新文件后，立即运行我们的算法，这是一种简单的线性回归（VW 的默认选项）。预计学习 100 次，由 VW 自动实现的样本外验证进行控制（以可重复方式系统地进行抽取，每 10 次观察一次进行验证）。在此例中，我们决定在 16 000 个示例（使用"--holdout_after"选项）之后设置拒绝样本。当验证错误增加（而不是减少）时，VW 在几次迭代后停止（默认为 3 次，但可使用"--early_terminate"选项更改次数），以避免数据过拟合：

```
In: params = 'bike.vw -f regression.model -k --cache_file cache_train.
vw --passes=100 --hash strings --holdout_after 16000'
results = execute_vw(params)

Out: …
finished run
number of examples per pass = 15999
passes used = 6
weighted example sum = 95994.000000
weighted label sum = 439183.191893
average loss = 0.427485 h
best constant = 4.575111
total feature number = 1235898
----------- COMPLETED ------------
```

最终报告显示完成了六次传递（从 100 种可能中），样本外平均损失为 0.428。由于我们关注 RMSE 和 RMSLE，所以必须自己计算它们。

然后在文件 pred. test 中预测结果，以便能够读取它们并使用与训练集中相同的拒绝策略计算错误度量。与之前用 Scikit-learn 的 SGD 所获得的结果相比，这些结果确实要好很多（只用了一点时间）：

```
In: params = '-t bike.vw -i regression.model -k --cache_file cache_
test.vw -p pred.test'
results = execute_vw(params)
val_rmse = 0
val_rmsle = 0
with open('pred.test', 'rb') as R:
    with open('bike.vw', 'rb') as TRAIN:
        holdouts = 0.0
        for n,(line, example) in enumerate(zip(R,TRAIN)):
            if n > 16000:
                predicted = float(line.strip())
                y_log = float(example.split('|')[0])
                y = apply_exp(y_log)
                val_rmse += (apply_exp(predicted) - y)**2
                val_rmsle += (predicted - y_log)**2
                holdouts += 1
```

```
print 'holdout RMSE: %0.3f' % ((val_rmse / holdouts)**0.5)
print 'holdout RMSLE: %0.3f' % ((val_rmsle / holdouts)**0.5)

Out:
holdout RMSE: 135.306
holdout RMSLE: 0.845
```

使用 VW 处理森林覆盖类型数据集

相比于以前的方法，VW 能更好、更容易解决森林覆盖类型问题。这一次，我们将不得不设置一些参数并控制纠错竞争（ECT，VW 使用"--ect"参数调用它），其中每个类在淘汰赛中竞争作为示例标签。在很多实例中，ECT 胜过一对多（OAA），但这不是通用规则，ECT 是多类问题测试方法之一。（另一种选择是"--log_multi"，它使用在线决策树将样本分成更小集合，并应用单预测模型。）我们将学习率设置为 1.0，并使用"--cubic"参数创建三次多项式展开式，以指出哪些名称空间必须互乘（在这种情况下，三次命名空间 f 用 nnn 字符串表示，后面紧接着是"--cubic"）：

```
In: import os
local_path = os.getcwd()
n_vars = ['var_'+'0'*int(j<10)+str(j) for j in range(54)]
source = 'shuffled_covtype.data'
origin = target_file=local_path+'\\'+source
target = target_file=local_path+'\\'+'covtype.vw'
vw_convert(origin, target, binary_features=list(), fieldnames= n_
vars+['covertype'], numeric_features=n_vars,
    target = 'covertype', separator=',', classification=True,
multiclass=True, header=False, sparse=False)
params = 'covtype.vw --ect 7 -f multiclass.model -k --cache_file
cache_train.vw --passes=2 -l 1.0 --cubic nnn'
results = execute_vw(params)

Out:
finished run
number of examples per pass = 522911
passes used = 2
weighted example sum = 1045822.000000
weighted label sum = 0.000000
average loss = 0.235538 h
total feature number = 384838154
------------ COMPLETED ------------
```

 为让示例运行更快速，我们将传递数限制为两个，如果时间允许，你可将数字提高到 100，并见证如何进一步提高所获得的准确度。

在这里不需要进一步检查错误度量，因为所报告的平均损失是对精确度 1.0 的补充，我们只是为了完整性计算它，从而确认最后的拒绝精确度正好是 0.769：

```
In: params = '-t covtype.vw -i multiclass.model -k --cache_file cache_
test.vw -p covertype.test'
results = execute_vw(params)
accuracy = 0
with open('covertype.test', 'rb') as R:
    with open('covtype.vw', 'rb') as TRAIN:
        holdouts = 0.0
        for n,(line, example) in enumerate(zip(R,TRAIN)):
            if (n+1) % 10==0:
                predicted = float(line.strip())
                y = float(example.split('|')[0])
                accuracy += predicted ==y
                holdouts += 1
print 'holdout accuracy: %0.3f' % (accuracy / holdouts)

Out: holdout accuracy: 0.769
```

3.6　小结

在本章中，我们讨论了通过将 SVM 添加到简单的基于回归的线性模型来扩展一开始介绍的非核心算法。大多数时候，我们专注于 Scikit-learn 实现（主要是 SGD），并在最后介绍了能与 Pythons 脚本集成的外部工具，比如 John Langford 的 Vowpal Wabbit。在此过程中，我们通过讨论蓄水池采样、正则化、显式和隐式非线性转换以及超参数优化，对模型改进和验证技术进行概述。

在下一章中，将介绍更复杂、更强大的学习方法，同时给出适应于大规模问题的深度学习和神经网络方法。如果你的项目主要是分析图像和声音，那么到目前为止你看到的内容可能还不能满足你的需求，下一章将提供这样的内容。

第 4 章 *Chapter 4*

神经网络与深度学习

本章将讨论人工智能和机器学习中最令人兴奋的领域之一：深度学习。我们将介绍最重要的概念，以便有更效地应用深度学习。

本章讨论以下主题：

❑ 基本神经网络理论
❑ 在 GPU 或 CPU 上运行神经网络
❑ 神经网络的参数优化
❑ 基于 H2O 的大规模深度学习
❑ 用自动编码器进行深度学习（预培训）

深度学习是从开发神经网络的人工智能中作为一个子领域发展而来的。严格地说，任何大型神经网络都可以被认为是深度学习。然而，深度架构的最新发展需要的不仅仅是建立大型的神经网络。深层架构与普通多层网络之间的区别在于，深层架构由多个预处理和无监督的步骤组成，这些步骤可以检测数据中潜在的维度，然后再将其输入网络的后续阶段。关于深度学习最重要的知识是，通过这些深层的架构来学习和转换新特征，以提高整体学习的准确性。所以，当前的深度学习方法与其他机器学习方法的一个重要区别在于：在深度学习的过程中，处理特征的工程任务是部分自动化的。如果这些概念听起来很抽象，不要太担心，在本章后面会通过实例进行阐明。这些深度学习方法会引入新的复杂性，这使得有效地应用它们非常具有挑战性。而最大的挑战是在训练、计算时间和参数调整方面的困难，这些困难的解决办法将在本章中讨论。

过去的十年中，深度学习的有趣应用可以在计算机视觉、自然语言处理和音频处理中找到，Facebook 的 Deep face 项目是由 Facebook 的一个研究小组创建的，由著名的深度学习学者 Yann LeCun 领导。Deep face 旨在从数字图像中提取和识别人脸。谷歌有自己的项目 DeepMind，由 Geoffrey Hinton 领导。谷歌最近引入了 TensorFlow，这是一个提供深度学习应用程序的开源库，我们将在下一章详细介绍它。

在开始介绍能通过图灵测试和数学竞赛的自主智能代理之前，让我们稍微后退一步，先介绍基础知识。

4.1 神经网络架构

我们先关注神经网络是如何组织的，从其架构和某些定义开始讨论。如果某个网络在一个回合中其学习流一直向前传递直到输出，那么这个网络就称为前馈神经网络。基本的前馈神经网络很容易用网络图来描述，如图 4-1 所示。

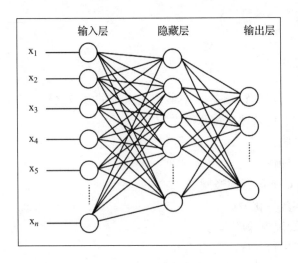

图 4-1　前馈神经网络

在这个网络图中，可以看到这个架构包括一个输入层、隐藏层和输出层。输入层包含特征向量（每个观测都有 n 个特征），输出层在分类情况下由输出向量的每个类为单元组成，在回归的情况下由单个数字向量组成。

各单元之间的连接强度通过随后传递给激励函数的权重来表示。激励函数的目标是将其输入转换为可使二分类决策更易分离的输出。

这些激励函数最好是可微函数，这样它们就可以用来学习。

被广泛使用的激励函数是 sigmoid 和 tanh，甚至最近的整流线性单元（ReLU）也得到了支持。让我们对比最重要的激励函数，以便了解其优缺点。

注意，我们提到了函数的输出范围和活动范围。输出范围仅仅是函数本身的实际输出，而活动范围稍微复杂一点，它是在最后的权重更新中梯度变化幅度最大时的范围。这意味着在此范围之外，梯度几乎为零，并且在学习过程中不会添加到参数更新中。

　　这个接近零梯度的问题也称为梯度消失问题，可由 ReLU 激励函数解决，此时它是更大型神经网络最受欢迎的激励方式，如图 4-2 所示。

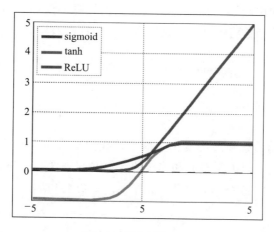

图 4-2　梯度消失问题

　　请注意，需要将特征调节到所选激励函数的活动范围内。大多数最新的软件包将把它作为一个标准的预处理过程，所以你不需要自己去做。

sigmoid 函数	$\dfrac{1}{1+e^{-t}}$	激活范围：[sqrt(3)，sqrt(3)] 输出范围：(0，1)

　　sigmoid 函数经常由于数学上的方便而被使用，因为它们的导数很容易计算，我们在训练算法中用它来计算权重更新。

tanh 函数	$\dfrac{e^{t}-e^{-t}}{e^{t}+e^{-t}}$	激活范围：[-2，2] 输出范围：(-1，1)

　　有趣的是，tanh 和逻辑 sigmoid 函数都是线性相关，tanh 可看作 sigmoid 函数的重新调节的版本，以便它的范围在-1~1 之间。

整流线性单元 （ReLU）	$f(x)=\max(0,x)$	激活范围：[0，inf]

　　此函数是更深层架构的最佳选择。它可看作一个斜坡函数，其范围在 0 到无穷大之间。可以看到，计算它要比 sigmoid 函数容易。该函数最大的好处是它可以绕过梯度消失问题。如果在深度学习项目中，ReLU 是一个选项，请使用它。

softmax 用于分类

　　到目前为止，我们已看到激励函数会在值与权向量相乘后在一定范围内对其进行转换。我们还需要在提供均衡的类或概率输出（对数似然值）前转换最后一个隐藏层的输出。

这会将前一层的输出转换为概率值，以便做出最终类预测。当输出明显小于所有值的最大值时，该例中的指数将返回一个接近零的值，这样差异被放大：

$$\text{softmax}(k, x_1, \cdots, x_n) = \frac{e^{x_k}}{\sum_{i=1}^{n} e^{x_i}}$$

正向传播

在了解网络的激励函数和最终输出之后，让我们来看输入特征如何通过网络进行馈送，以提供最终的预测。对大量单元和连接的计算看起来像一个复杂任务，但幸运的是，神经网络的前馈过程可归结为一个向量计算序列，如图 4-3 所示。

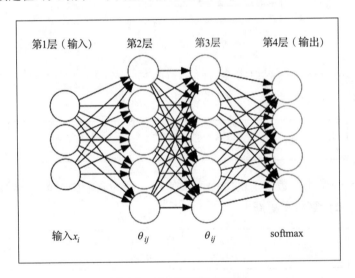

图 4-3 正向传播神经网络

通过以下步骤得出最终的预测：

1. 用第 1 层和第 2 层之间的权重对输入端执行点积，并用激励函数更新结果。

2. 用第 2 和第 3 层之间的权重对第一个隐藏层的输出执行点积。然后在第二个隐藏层的每个单元上用激励函数对这些结果进行转换。

3. 最后，通过将向量与激励函数相乘来得出预测结果（softmax 用于分类）。

我们可以将网络中的每一层作为一个向量来处理，并应用简单的向量乘法。更正式地说，过程如下：

$\theta =$ 第 x 层的权向量。

b_1 和 b_2 是偏差单位。

f=激励函数。

$z_{(2)} = \theta_{(1)} x + b_{(1)}$

$a_{(2)} = f(z_{(2)})$ 第 1 层之后的转换

$z_{(3)} = \theta_{(2)} a_{(2)} + b_{(2)}$

$h_{W,b}(x) = a_{(3)} = f_{(\text{softmax})}(z_{(3)})$ 使用 softmax 转换得到最终输出

 注意，这个例子基于单隐藏层网络架构。

让我们在有两个隐藏层的神经网络上用基本的 NumPy 执行一个简单的前馈传递。我们将一个 softmax 函数应用于最终输出：

```python
import numpy as np
import math
b1=0 #bias unit 1
b2=0 #bias unit 2

def sigmoid(x):      # sigmoid function
    return 1 /(1+(math.e**-x))

def softmax(x):      #softmax function
    l_exp = np.exp(x)
    sm = l_exp/np.sum(l_exp, axis=0)
    return sm

# input dataset with 3 features
X = np.array([  [.35,.21,.33],
    [.2,.4,.3],
    [.4,.34,.5],
    [.18,.21,16] ])
len_X = len(X) # training set size
input_dim = 3 # input layer dimensionality
output_dim = 1 # output layer dimensionality
hidden_units=4

np.random.seed(22)
# create random weight vectors
theta0 = 2*np.random.random((input_dim, hidden_units))
theta1 = 2*np.random.random((hidden_units, output_dim))

# forward propagation pass
d1 = X.dot(theta0)+b1
```

```
l1=sigmoid(d1)
l2 = l1.dot(theta1)+b2
#let's apply softmax to the output of the final layer
output=softmax(l2)
```

 注意，偏差单元使函数能够上下移动，并有助于更精确地匹配目标值。
每个隐藏层均由一个偏差单元组成。

反向传播

通过简单的前馈示例，我们已经在训练模型方面迈出第一步。神经网络的训练与在其他机器学习算法中看到的梯度下降法非常相似，即更新模型参数，以找到误差函数的全局最小值。与神经网络的一个重要区别是，现在必须在需要单独训练的网络上处理多个单元。要这样做，需要使用成本函数的偏导数来计算当改变一定量的特定参数向量（学习率）时误差曲线会下降多少。我们从最接近输出的那层开始计算关于损失函数的导数梯度。如果有隐藏层，则移动到第二个隐藏层并更新权值，直到到达前馈网络的第一层。

反向传播的核心思想与其他机器学习算法非常相似，其重要的复杂性在于处理的是多个层和单元。我们已经看到，网络中的每一层都由一个权重向量 θ_{ij} 表示。那么，该如何解决这个问题呢？可能我们必须独立训练大量权重，这似乎有点吓人。然而，我们可以非常方便地使用矢量化操作。就像用前向传递一样，计算梯度并将权重应用于权向量 θ_{ij}。

下面将反向传播算法的步骤总结如下：

1. 前馈传递：随机初始化权重向量，并将输入与朝向最终输出的后续权重向量相乘。

2. 计算误差：计算前馈步骤输出的误差/损失。

3. 反向传播到最后一个隐藏层（相对于输出）。计算这个误差的梯度，并将权重改变为梯度方向，通过将权向量 θ_j 与所执行的梯度相乘来实现该操作。

4. 更新权值，直到达到停止标准（最小误差或训练回合数）：

$$\theta_{ij} := \theta_{ij} - \eta * \Delta_\theta J(\theta_{ij})$$

现在我们已讨论了任意两层神经网络的前馈传递，下面我们用 NumPy 中的 SGD 对上一个示例中使用的相同输入应用反向传播，请特别注意如何更新权重参数：

```
import numpy as np
import math
def sigmoid(x):        # sigmoid function
    return 1 /(1+(math.e**-x))

def deriv_sigmoid(y): #the derivative of the sigmoid function
    return y * (1.0 - y)

alpha=.1    #this is the learning rate
X = np.array([  [.35,.21,.33],
    [.2,.4,.3],
    [.4,.34,.5],
```

```
        [.18,.21,16] ])
y = np.array([[0],
         [1],
         [1],
         [0]])
np.random.seed(1)
#We randomly initialize the layers
theta0 = 2*np.random.random((3,4)) - 1
theta1 = 2*np.random.random((4,1)) - 1

for iter in range(205000): #here we specify the amount of training
rounds.
    # Feedforward the input like we did in the previous exercise
    input_layer = X
    l1 = sigmoid(np.dot(input_layer,theta0))
    l2 = sigmoid(np.dot(l1,theta1))

    # Calculate error
    l2_error = y - l2

    if (iter% 1000) == 0:
        print "Neuralnet accuracy:" + str(np.mean(1-(np.abs(l2_
error))))

    # Calculate the gradients in vectorized form
    # Softmax and bias units are left out for instructional simplicity
    l2_delta = alpha*(l2_error*deriv_sigmoid(l2))
    l1_error = l2_delta.dot(theta1.T)
    l1_delta = alpha*(l1_error * deriv_sigmoid(l1))

    theta1 += l1.T.dot(l2_delta)
    theta0 += input_layer.T.dot(l1_delta)
```

现在看看随着网络的每次传递，准确率如何增加：

```
Neuralnet accuracy:0.983345051044
Neuralnet accuracy:0.983404936523
Neuralnet accuracy:0.983464255273
Neuralnet accuracy:0.983523015841
Neuralnet accuracy:0.983581226603
Neuralnet accuracy:0.983638895759
Neuralnet accuracy:0.983696031345
Neuralnet accuracy:0.983752641234
Neuralnet accuracy:0.983808733139
Neuralnet accuracy:0.98386431462
```

```
Neuralnet accuracy:0.983919393086
Neuralnet accuracy:0.983973975799
Neuralnet accuracy:0.984028069878
Neuralnet accuracy:0.984081682304
Neuralnet accuracy:0.984134819919
```

反向传播常见问题

神经网络的一个常见问题是，在用反向传播进行优化的过程中，梯度可能会受局部最小值误导。当错误最小化过程被欺骗看到某个最小值（图 4-4 中的 L 点）时，就会发生这种情况，因为它实际上只是一个通过峰值 S 前的局部最小值：

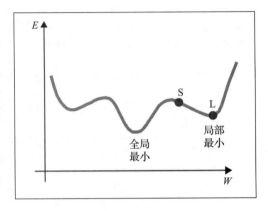

图 4-4　反向传播中的梯度欺骗

另一个常见问题是梯度下降错过全局最小值，有时这会导致令人惊讶的糟糕运行模型。这个问题称为超调（overshooting）。

通过在模型超调时选择较低学习率可以同时解决这两个问题，否则请在受困于局部极小值时选择较高的学习率。有时这种调整不会带来令人满意的快速收敛。最近，人们发现了一系列解决这些问题的方法。对刚刚讨论过的 vanilla SGD 算法进行改进的学习算法已开发出来。理解它们很重要，这样就可以为任何给定的任务选择正确的选项，下面更详细地讨论这些学习算法。

微批量的反向传播

批处理梯度下降利用整个数据集计算梯度，但反向传播 SGD 也可用于处理所谓的微批量，其中一个具有 k 大小（批量）的数据集样本用于更新学习参数。每次更新的误差量都可以用微批量进行平滑处理，以避免被困在局部极小值中。大多数神经网络包中，可以改变算法的批大小（稍后我们将对此进行研究），取决于训练实例数量，大小在 10～300 之间的批大小可能会有所帮助。

动量训练

动量是将先前的一部分权重更新添加到当前权重中的方法：

$$v_{t+1} = \mu v_t - \eta \nabla \mathcal{L}(\theta_t)$$
$$\theta_{t+1} = \theta_t + v_{t+1}$$

这里，先将一小部分的先前权重更新添加到当前权重。一个高动量参数可以帮助提高收敛速度，以便更快达到全局最小值。从公式不难看出，参数 v 相当于学习率为 η 时梯度更新的速度。要理解这一点，简单方法是要看到当梯度在多个实例上指向相同方向时，收敛速度会随着每一步趋向最小值而增加。这也消除了由于某个边缘导致梯度之间的不规则性。大多数包都会有这个动量参数（稍后会看到）。将这个参数设置得太高时，必须记住，有可能超过全局最小值。另一方面，将动量参数设置得过低时，系数可能会困在局部最小值上，也会减慢学习速度。动量系数的理想设置值通常在 0.5~0.99 范围内。

Nesterov 动量

Nesterov 动量是经典动量的更新和改进版本。除了经典动量训练以外，它还将朝着梯度方向前进。换句话说，Nesterov 动量从 x 到 y 走了简单的一步，并在这个方向上略微移动了一点，使得 x 到 y 在上一个点给出的方向上变成了 x 到 $\{y(v_1+1)\}$。本书不再赘述技术细节，但请记住，在收敛性方面，它始终优于常规动量训练。如果可以，请选择 Nesterov 动量并使用它。

自适应梯度（ADAGRAD）

自适应梯度提供了一个特定于特征的学习率，它可以利用之前的更新所提供的信息：

$$g_{t+1}=g_t+\nabla\mathcal{L}(\theta_t)^2$$

$$\theta_{t+1}=\theta_t-\frac{\eta\,\nabla\mathcal{L}(\theta_t)}{\sqrt{g_{t+1}+\varepsilon}}$$

自适应梯度根据该参数先前迭代渐变的信息来更新每个参数的学习率，它通过将每一项除以之前梯度的平方和的平方根来完成此操作。这使得学习率随着时间推移而降低，因为每个迭代的平方和将都继续增加。降低学习率的好处是可以大大减少超出全局最低值的风险。

弹性反向传播（RPROP）

RPROP 是一种不查看历史信息的自适应方法，它只关注于训练实例上的偏导数符号，并相应地更新权重，如图 4-5 所示。

$$\Delta_{ij}^{(t)}=\begin{cases}n^+*\Delta_{ij}^{(t-1)},\text{如果}\dfrac{\partial E^{(t-1)}}{\partial w_{ij}}*\dfrac{\partial E^{(t)}}{\partial w_{ij}}>0\\[3mm]n^-*\Delta_{ij}^{(t-1)},\text{如果}\dfrac{\partial E^{(t-1)}}{\partial w_{ij}}*\dfrac{\partial E^{(t)}}{\partial w_{ij}}<0\\[3mm]\Delta_{ij}^{(t-1)},\text{其他}\\[2mm]\text{其中}\,0<\eta^-<1<\eta^+\end{cases}$$

图 4-5　快速反向传播学习的一种直接自适应方法：RPROP 算法。Martin Riedmiller 1993

仔细观察上图，不难看出，当误差偏导数改变其符号（>0 或<0）时，梯度开始向相反方向运动，从而导致全局最小校正而发生超调。但是，如果这个符号根本没有改变，就会采取更大步骤来达到全局最小值。许多文章已经证明 RPROP 优于 ADAGRAD 的优势，但实践中，这并没有得到一致证实。另一件需要记住的重要事情是，RPROP 在处理微批量时不能正常工作。

RMSProp

RMSProp 是一种不降低学习速度的自适应学习方法：

$$\theta_{t+1} = \theta_t - \frac{\eta}{\sqrt{E[g2]t+e}} g_t$$

RMSProp 也是一种自适应学习方法，它借用了动量学习和 ADAGRAD 的思想，同时避免了学习率随时间的收缩。采用这种技术，通过对梯度平均值运用指数衰减函数，使收缩得到控制。

下面是梯度下降优化算法的列表：

表 4-1　梯度下降优化算法表

	应　用	常　见　问　题	实　用　技　巧
常规 SGD	广泛应用	超调，容易陷入局部最小值	使用动量和小批量
ADAGRAD	较小数据集<10k	缓慢收敛	使用介于 0.1 和 1 之间的学习率 广泛适用 处理稀疏数据
RPROP	大数据集>10k	微批量不适用	尽可能使用 RMSProp
RMSProp	大数据集>10k	广而浅的网络不适用	特别适用于宽稀疏数据

4.1.1　神经网络如何学习

既然已经对所有形式的反向传播有了基本理解，那么现在是时候解决神经网络项目中最困难的任务：如何选择正确的架构？神经网络的一个关键能力是架构中的权重可将输入转换为非线性特征空间，从而解决非线性分类（决策边界）和回归问题。让我们在 neurolab 软件包中做一个简单而有意义的练习来证明该想法。我们只用 neurolab 做短暂练习，对于可扩展的学习问题，将给出其他方法。

首先，用 pip 安装 neurolab 包。

从终端安装 neurolab：

```
> $pip install neurolab
```

该示例中，将用 numpy 生成一个简单的非线性余弦函数，并训练一个神经网络来从一个变量预测该余弦函数。还将建立几个神经网络架构，以了解每个架构如何能够预测余弦目标变量：

```
import neurolab as nl
import numpy as np
from sklearn import preprocessing
import matplotlib.pyplot as plt
plt.style.use('ggplot')
# Create train samples
x = np.linspace(-10,10, 60)
y = np.cos(x) * 0.9
size = len(x)
x_train = x.reshape(size,1)
y_train = y.reshape(size,1)

# Create network with 4 layers and random initialized
# just experiment with the amount of layers

d=[[1,1],[45,1],[45,45,1],[45,45,45,1]]
for i in range(4):
    net = nl.net.newff([[-10, 10]],d[i])
    train_net=nl.train.train_gd(net, x_train, y_train, epochs=1000,
show=100)
    outp=net.sim(x_train)
# Plot results (dual plot with error curve and predicted values)
    import matplotlib.pyplot
    plt.subplot(2, 1, 1)
plt.plot(train_net)
plt.xlabel('Epochs')
plt.ylabel('squared error')
x2 = np.linspace(-10.0,10.0,150)
y2 = net.sim(x2.reshape(x2.size,1)).reshape(x2.size)
y3 = outp.reshape(size)
plt.subplot(2, 1, 2)

plt.suptitle([i ,'hidden layers'])
plt.plot(x2, y2, '-',x , y, '.', x, y3, 'p')
plt.legend(['y predicted', 'y_target'])
plt.show()
```

现在仔细观察误差曲线表现，以及在神经网络中加入更多层时，预测值如何开始接近目标值。

在没有隐藏层的情况下，神经网络通过目标值实现一条直线。误差曲线在不合适情况下会迅速下降到最小值，如图 4-6 所示。

有 1 个隐藏层时，网络开始接近目标输出，请观察误差曲线的不规则情形，如图 4-7 所示。

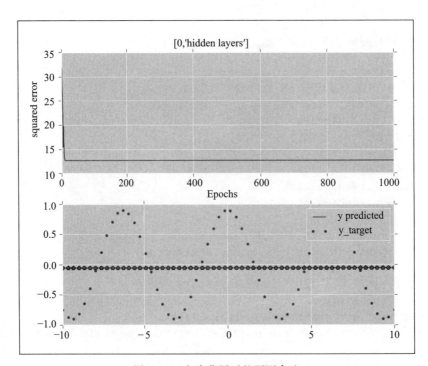

图 4-6 0 个隐藏层时的预测余弦

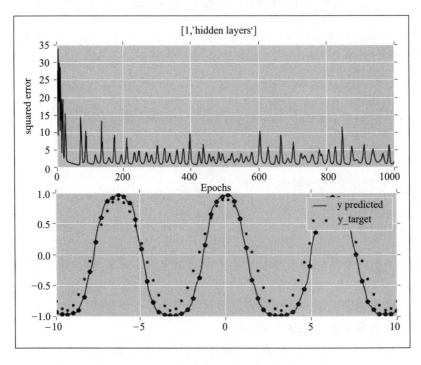

图 4-7 1 个隐藏层时的预测余弦

有 2 个隐藏层时，神经网络更贴近目标值。误差曲线下降更快，行为更不规则，如图 4-8 所示。

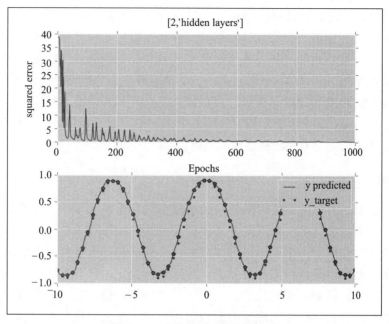

图 4-8　2 个隐藏层时的预测余弦

有 3 个隐藏层时，得到一个近乎完美的拟合。误差曲线下降得更快（大约 220 次迭代），如图 4-9 所示。

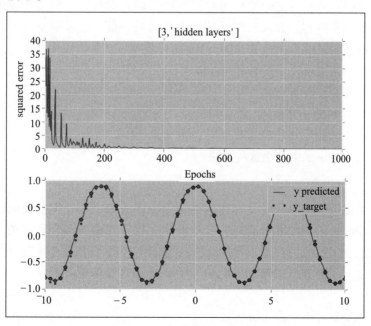

图 4-9　3 个隐藏层时的预测余弦

图 4-8 中的橙色线表示每个时间点的误差如何下降（通过训练集的一个完整传递）。它表明，需要对训练集走完一定数量的训练过程，才能到达一个全局最小值。如果更仔细观察此误差曲线，将看到误差曲线对每个架构的行为各有不同。下图（虚线）显示预测值如何开始接近目标值。在没有隐藏层时，神经网络无法检测非线性函数，但是一旦增加隐藏层，网络就开始学习非线性函数和越来越复杂的函数。事实上，神经网络可以学习任何可能的函数。这种学习任何可能函数的能力被称为"普遍逼近定理"。通过向神经网络添加隐藏的神经元（单元和层）可以修改这个近似。然而，确实需要谨慎，以防止过拟合。添加大量层和单元将导致对训练数据的记忆，而不是拟合一个可归纳的函数。通常，网络中太多的层会对预测精度造成损害。

4.1.2　选择正确的架构

正如前面所见，可能的神经网络架构的组合空间几乎是无限的。那么如何提前知道哪些架构适合我们的项目呢？我们需要某种启发式或经验法则来设计一个特定任务的架构。在上一节中，使用了一个简单示例，只有一个输出和一个特征。然而最近，我们称为深度学习的神经网络架构浪潮非常复杂，对于任何给定的任务，能够构建正确的神经网络架构至关重要。正如前面所提到，典型的神经网络由输入层、一个或多个隐藏层和一个输出层组成。我们需要详细地了解架构的每一层，才能为任何给定的任务设置正确的架构。

输入层

提到输入层时，主要讨论的是作为神经网络的输入的特征。所需的预处理步骤高度依赖于数据的形状和内容。如果有以不同尺度衡量的特征，就需要重新缩放和规范化数据。在有大量特征的情况下，像 PCA 或 SVD 这样的降维技术将被推荐。

以下的预处理技术可应用于学习前的输入：

❑ 标准化、缩放和异常检测。

❑ 降维（SVD 和因子分析）

❑ 预培训（自动编码器和玻尔兹曼机）

我们将在后面的例子中介绍这些方法。

隐藏层

如何选择隐藏层中的单元数量？在网络中添加多少隐藏层？在前面的示例中已经看到，一个没有隐藏层的神经网络不能学习非线性函数（在曲线拟合和分类的决策边界上也如此）。因此，如果项目有一个非线性模式或决策边界，就需要隐藏层。当涉及选择隐藏层的单元数量时，通常希望隐藏层的单元数量比输入层的单元数量少，而比输出层单元数量多：

❑ 隐藏单元数最好少于输入特征数。

❑ 比输出单元（用于分类的类）数多

有时，当目标函数的形状非常复杂时，就会出现例外。在添加的单元数比输入维度多时，需要进行特征空间的扩展。具有这种层的网络通常称为"宽网络"。

复杂网络可以学习更复杂的函数，但这并不意味着可以简单地不断叠加更多层。由于过多的层会导致过拟合、更高 CPU 负载甚至是欠拟合等问题，所以要随时检查层的数量，通常一到四个隐藏层就足够了。

 最好使用 1~4 层作为起始点。

输出层

每个神经网络都有一个输出层，就像输入层一样，它高度依赖于目标问题的数据结构。对于分类问题，通常使用 softmax 函数。在这种情况下，应该使用与预测的类相同数量的单元。

4.1.3 使用神经网络

让我们从训练分类神经网络中获得一些实际经验。我们将使用 sknn，它是 lasagne 和 Pylearn2 的 Scikit-learn 包装器。可以在 https://github.com/aigamedev/scikit-neuralnetwork/ 上找到更多关于这个包的信息。

之所以使用这个工具，是因为它的实用性和 Python 接口。它对像 Keras 这样更复杂的框架是一个很好工具。

sknn 库在 CPU 或 GPU 上都能运行。请注意，如果选择使用 GPU，sknn 将操作 Theano：

```
For CPU (most stable) :
# Use the GPU in 32-bit mode,  from sknn.platform import gpu32

from sknn.platform import cpu32, threading
# Use the CPU in 64-bit mode. from sknn.platform import cpu64

from sknn.platform import cpu64, threading

GPU:
# Use the GPU in 32-bit mode,
from sknn.platform import gpu32
# Use the CPU in 64-bit mode.
from sknn.platform import cpu64
```

4.1.4 sknn 并行化

可以按照以下方式使用并行处理，但有一个警告，它不是最稳定的方法：

```
from sknn.platform import cpu64, threading
```

指定 Sciki-learn 使用特定数量的线程：

```
from sknn.platform import cpu64, threads2 #any desired amount of
threads
```

在指定适当数量的线程后，可以通过在交叉验证中实现 n_jobs = nthreadsin 并行化代码。现在已经讨论了最重要的概念并准备了环境，让我们来实现一个神经网络。在本例中，将使用方便而又相当乏味的 Iris 数据集。在此之后，将以规范化和缩放的形式进行预处理，并开始构建模型：

```
import numpy as np
from sklearn.datasets import load_iris
from sknn.mlp import Classifier, Layer
from sklearn import preprocessing
from sklearn.cross_validation import train_test_split
from sklearn import cross_validation
from sklearn import datasets


# import the familiar Iris data-set
iris = datasets.load_iris()
X_train, X_test, y_train, y_test = train_test_split(iris.data,
iris.target, test_size=0.2, random_state=0)
```

下面对输入应用预处理、标准化和缩放：

```
X_trainn = preprocessing.normalize(X_train, norm='l2')
X_testn = preprocessing.normalize(X_test, norm='l2')

X_trainn = preprocessing.scale(X_trainn)
X_testn = preprocessing.scale(X_testn)
```

下面建立神经网络架构和参数，从一个有两层的神经网络开始。在层部分，分别指定每一层的设置（将在 Tensorflow 和 Keras 中再次看到这种方法）。Iris 数据集由四个特征组成，但由于在这个特殊情况下，"宽"神经网络工作得很好，因此在每个隐藏层中使用13 个单元。请注意，sknn 在默认情况下应用 SGD：

```
clf = Classifier(
    layers=[
    Layer("Rectifier", units=13),
    Layer("Rectifier", units=13),
    Layer("Softmax")],    learning_rate=0.001,
    n_iter=200)

model1=clf.fit(X_trainn, y_train)
```

```
y_hat=clf.predict(X_testn)
scores = cross_validation.cross_val_score(clf, X_trainn, y_train,
cv=5)
print 'train mean accuracy %s' % np.mean(scores)
print 'vanilla sgd test %s' % accuracy_score(y_hat,y_test)


OUTPUT:]
train sgd mean accuracy 0.949909090909
sgd test 0.933333333333
```

在这个训练集上得到了一个不错结果，但是也许能做得更好。

我们讨论过 Nesterov 动量如何向全局最小值方向缩短长度；让我们用 nesterov 运行此算法，看看是否能提高准确性和改进收敛性：

```
clf = Classifier(
    layers=[
    Layer("Rectifier", units=13),
    Layer("Rectifier", units=13),
    Layer("Softmax")],          learning_rate=0.001,learning_
rule='nesterov',random_state=101,
    n_iter=1000)

model1=clf.fit(X_trainn, y_train)
y_hat=clf.predict(X_testn)
scores = cross_validation.cross_val_score(clf, X_trainn, y_train,
cv=5)
print 'Nesterov train mean accuracy %s' % np.mean(scores)
print 'Nesterov  test %s' % accuracy_score(y_hat,y_test)


OUTPUT]
Nesterov train mean accuracy 0.966575757576
Nesterov  test 0.966666666667
```

在这里，通过采用 Nesterov 动量，我们的模型得到了改进。

4.2　神经网络和正则化

即使最后一个示例中没有过度训练我们的模型，但是仍然有必要考虑神经网络的正则化策略。

将正则化应用于神经网络的三种最广泛使用的方法是：

❏ L1 和 L2 正则化用加权衰减作为正则化强度的参数。

❑ 丢弃（dropout）意味着通过在神经网络中随机地停用单元，可以迫使网络中的其他单元接管，如图 4-10 所示。

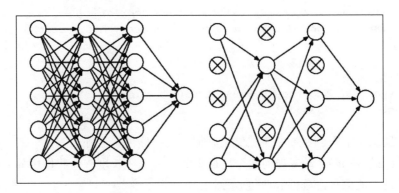

图 4-10 在右边，可以看到一种应用丢弃的架构，在网络中随机地停用单元
（用 X 标记）。左边是一个普通的神经网络

❑ 平均或组合多个神经网络（每一个都有不同的设置）

让我们对这个模型尝试丢弃，看看是否可行：

```
clf = Classifier(
    layers=[
    Layer("Rectifier", units=13),
    Layer("Rectifier", units=13),
    Layer("Softmax")],
    learning_rate=0.01,
    n_iter=2000,
    learning_rule='nesterov',
    regularize='dropout', #here we specify dropout
    dropout_rate=.1,#dropout fraction of neural units in entire
network
    random_state=0)
model1=clf.fit(X_trainn, y_train)

scores = cross_validation.cross_val_score(clf, X_trainn, y_train,
cv=5)
print np.mean(scores)
y_hat=clf.predict(X_testn)
print accuracy_score(y_hat,y_test)



OUTPUT]
dropout train score 0.933151515152
dropout test score 0.866666666667
```

在这种情况下，丢弃并没有取得令人满意的结果，所以应该完全放弃。也可以任意尝试其他方法，只需更改 learning_rule 参数，并查看它对整体精度的影响。你可以尝试的模型是 sgd、momentum、nesterov、adagrad 和 rmsprop。从这个例子中，你已经了解到 Nesterov 动量能提高整体的准确性，而丢弃并不是最好的正则化方法，不利于模型的性能。考虑到大量参数将相互作用，并产生不可预测结果，我们确实需要一个调优方法，这正是接下来要介绍的内容。

4.3　神经网络和超参数优化

由于神经网络和深度学习模型的参数空间如此广泛，使得优化成为一项艰巨任务，而且其计算成本非常昂贵。错误的神经网络架构可能会导致失败。如果应用正确参数并为我们的问题选择合适的架构，这些模型就会准确。不幸的是，只有少数应用程序提供调优方法。我们发现，目前最好的参数优化方法是随机化搜索，它是一种在随机分散的计算资源上迭代参数空间的算法。sknn 库实际上是唯一具有此选项的库。下面以葡萄酒质量数据集为例，逐一介绍参数调优方法。

本例中，首先加载葡萄酒数据集，然后对数据应用转换，并在这里基于所选参数对模型进行调优。注意，该数据集有 13 个特征，我们指定每一层的单元数在 4~20 之间。在这里，不使用微批量，数据集实在太小：

```
import numpy as np
import scipy as sp
import pandas as pd
from sklearn.grid_search import RandomizedSearchCV
from sklearn.grid_search import GridSearchCV, RandomizedSearchCV
from scipy import stats
from sklearn.cross_validation import train_test_split
from sknn.mlp import Layer, Regressor, Classifier as skClassifier


# Load data
df = pd.read_csv('http://archive.ics.uci.edu/ml/machine-learning-
databases/wine-quality/winequality-red.csv ' , sep = ';')
X = df.drop('quality' , 1).values # drop target variable


y1 = df['quality'].values # original target variable
y = y1 <= 5 # new target variable: is the rating <= 5?

# Split the data into a test set and a training set
```

```
X_train, X_test, y_train, y_test = train_test_split(X, y, test_
size=0.2, random_state=42)

print X_train.shape


max_net = skClassifier(layers= [Layer("Rectifier",units=10),
                                Layer("Rectifier",units=10),
                                Layer("Rectifier",units=10),
                                Layer("Softmax")])
params={'learning_rate': sp.stats.uniform(0.001, 0.05,.1),
'hidden0__units': sp.stats.randint(4, 20),
'hidden0__type': ["Rectifier"],
'hidden1__units': sp.stats.randint(4, 20),
'hidden1__type': ["Rectifier"],
'hidden2__units': sp.stats.randint(4, 20),
'hidden2__type': ["Rectifier"],
'batch_size':sp.stats.randint(10,1000),
'learning_rule':["adagrad","rmsprop","sgd"]}
max_net2 = RandomizedSearchCV(max_net,param_distributions=params,n_ite
r=25,cv=3,scoring='accuracy',verbose=100,n_jobs=1,\
                              pre_dispatch=None)
model_tuning=max_net2.fit(X_train,y_train)



print "best score %s" % model_tuning.best_score_
print "best parameters %s" % model_tuning.best_params_



OUTPUT:]
[CV]  hidden0__units=11, learning_rate=0.100932183167, hidden2__
units=4, hidden2__type=Rectifier, batch_size=30, hidden1__
units=11, learning_rule=adagrad, hidden1__type=Rectifier, hidden0__
type=Rectifier, score=0.655914 -   3.0s
[Parallel(n_jobs=1)]: Done  74 tasks       | elapsed:  3.0min
[CV] hidden0__units=11, learning_rate=0.100932183167, hidden2__
units=4, hidden2__type=Rectifier, batch_size=30, hidden1__
units=11, learning_rule=adagrad, hidden1__type=Rectifier, hidden0__
type=Rectifier
[CV]  hidden0__units=11, learning_rate=0.100932183167, hidden2__
units=4, hidden2__type=Rectifier, batch_size=30, hidden1__
units=11, learning_rule=adagrad, hidden1__type=Rectifier, hidden0__
type=Rectifier, score=0.750000 -   3.3s
```

```
[Parallel(n_jobs=1)]: Done   75 tasks      | elapsed:  3.0min
[Parallel(n_jobs=1)]: Done   75 out of  75 | elapsed:  3.0min finished
best score 0.721366278222

best parameters {'hidden0__units': 14, 'learning_rate':
0.03202394348494512, 'hidden2__units': 19, 'hidden2__type':
'Rectifier', 'batch_size': 30, 'hidden1__units': 17, 'learning_rule':
'adagrad', 'hidden1__type': 'Rectifier', 'hidden0__type': 'Rectifier'}
```

 警告：当参数空间被随机搜索时，结果可能不一致。

不难看出，模型的最佳参数非常重要，第一层包含 14 个单元，第二层包含 17 个单元，第三层包含 19 个单元。这是一个相当复杂的架构，我们自己可能永远无法推导出结果，这说明了超参数优化的重要性。

4.4　神经网络和决策边界

上一节已经讨论过，通过将隐藏单元添加到神经网络中，可以更好地接近目标函数。但是，我们还没有把它应用到分类问题上。要这样做，需要生成具有非线性目标值的数据，并观察当我们将隐藏单元添加到架构中时，决策表面会如何变化。让我们看看在工作中普遍的逼近定理！首先，让我们生成一些具有两个特征的非线性可分离数据，并建立神经网络架构，然后看看决策边界如何随每一个架构变化，代码运行结果如图 4-11 所示。

```
%matplotlib inline
from sknn.mlp import Classifier, Layer
from sklearn import preprocessing
import numpy as np
import matplotlib.pyplot as plt
from sklearn import datasets
from itertools import product


X,y= datasets.make_moons(n_samples=500, noise=.2, random_state=222)
from sklearn.datasets import make_blobs

net1 = Classifier(
    layers=[
```

```
            Layer("Softmax")],random_state=222,
        learning_rate=0.01,
        n_iter=100)
net2 = Classifier(
    layers=[
        Layer("Rectifier", units=4),
        Layer("Softmax")],random_state=12,
    learning_rate=0.01,
    n_iter=100)
net3 =Classifier(
    layers=[
        Layer("Rectifier", units=4),
        Layer("Rectifier", units=4),
        Layer("Softmax")],random_state=22,
    learning_rate=0.01,
    n_iter=100)
net4 =Classifier(
    layers=[
        Layer("Rectifier", units=4),
        Layer("Rectifier", units=4),
        Layer("Rectifier", units=4),
        Layer("Rectifier", units=4),
        Layer("Rectifier", units=4),
        Layer("Rectifier", units=4),
        Layer("Softmax")],random_state=62,
    learning_rate=0.01,
    n_iter=100)


net1.fit(X, y)
net2.fit(X, y)
net3.fit(X, y)
net4.fit(X, y)



# Plotting decision regions
x_min, x_max = X[:, 0].min() - 1, X[:, 0].max() + 1
y_min, y_max = X[:, 1].min() - 1, X[:, 1].max() + 1
xx, yy = np.meshgrid(np.arange(x_min, x_max, 0.1),
                     np.arange(y_min, y_max, 0.1))

f, arxxx = plt.subplots(2, 2, sharey='row',sharex='col', figsize=(8,
8))
plt.suptitle('Neural Network - Decision Boundary')
for idx, clf, ti in zip(product([0, 1], [0, 1]),
```

```
                    [net1, net2, net3,net4],
                    ['0 hidden layer', '1 hidden layer',
                     '2 hidden layers','6 hidden layers']):

        Z = clf.predict(np.c_[xx.ravel(), yy.ravel()])
        Z = Z.reshape(xx.shape)

        arxxx[idx[0], idx[1]].contourf(xx, yy, Z, alpha=0.5)
        arxxx[idx[0], idx[1]].scatter(X[:, 0], X[:, 1], c=y, alpha=0.5)
        arxxx[idx[0], idx[1]].set_title(ti)

plt.show()
```

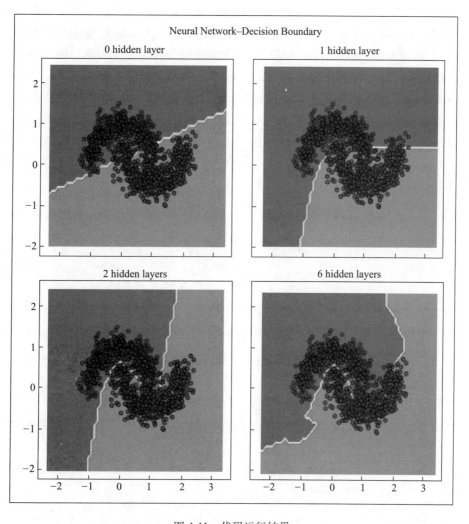

图 4-11　代码运行结果

从运行结果不难看出，当向神经网络添加隐藏层时，可以学习到越来越复杂的决策边界。有趣的是，有两个层的网络会产生最准确的预测。

 注意，每次运行时结果可能各不相同。

4.5 用 H2O 进行规模化深度学习

前几节讨论了神经网络和在本地计算机上运行的深层架构，我们发现神经网络已经高度矢量化，但计算成本仍然昂贵。若要使算法在桌面计算机上具有更大可扩展性，除使用 Theano 和 GPU 计算之外，我们已经无能为力了。因此，如果想要更大幅度地扩展深度学习算法，我们需要找到一种工具，它可以按非核心的方式运行算法，而不是在本地 CPU/GPU 上运行算法。目前，H2O 是唯一一个能快速运行深度学习算法的开源非核心平台。它也是跨平台的，除了 Python 之外，还有用于 R、Scala 和 Java 的 API。

H2O 是在基于 Java 的平台上编译的，广泛用于各种与数据科学相关的任务，如数据处理和机器学习。H2O 以分布式和并行 CPU 运行在内存中，以便数据存储在 H2O 集群中。而且，H2O 平台可应用于一般线性模型（GLM）、随机森林、梯度增强机（GBM）、K 方法、朴素贝叶斯方法、主成分分析、主成分回归，当然，本章主要讨论深度学习。

现在准备运行第一个 H2O 非核心分析。

启动 H2O 实例，并在 H2O 的分布式内存系统中加载一个文件：

```
import sys
sys.prefix = "/usr/local"
import h2o

h2o.init(start_h2o=True)

Type this to get interesting information about the specifications of
your cluster.
Look at the memory that is allowed and the number of cores.

h2o.cluster_info()
```

运行结果如下，由于具体情况，结果可能各不相同。

```
OUTPUT:]

Java Version: java version "1.8.0_60"
Java(TM) SE Runtime Environment (build 1.8.0_60-b27)
Java HotSpot(TM) 64-Bit Server VM (build 25.60-b23, mixed mode)
```

```
Starting H2O JVM and connecting: ................. Connection
successful!
------------------------------  ------------------------------------
--
H2O cluster uptime:             2 seconds 346 milliseconds
H2O cluster version:            3.8.2.3
H2O cluster name:               H2O_started_from_
                                python**********nzb520
H2O cluster total nodes:        1
H2O cluster total free memory:  3.56 GB
H2O cluster total cores:        8
H2O cluster allowed cores:      8
H2O cluster healthy:            True
H2O Connection ip:              1**.***.***.***
H2O Connection port:            54321
H2O Connection proxy:
Python Version:                 2.7.10
------------------------------  ------------------------------------
--
------------------------------  ------------------------------------
--
H2O cluster uptime:             2 seconds 484 milliseconds
H2O cluster version:            3.8.2.3
H2O cluster name:               H2O_started_from_python_quandbee_
nzb520
H2O cluster total nodes:        1
H2O cluster total free memory:  3.56 GB
H2O cluster total cores:        8
H2O cluster allowed cores:      8
H2O cluster healthy:            True
H2O Connection ip:              1**.***.***.***
H2O Connection port:            54321
H2O Connection proxy:
Python Version:                 2.7.10
------------------------------  ------------------------------------
--
Sucessfully closed the H2O Session.
Successfully stopped H2O JVM started by the h2o python module.
```

4.5.1　用 H2O 进行大规模深度学习

在 H2O 深度学习中，我们将使用的训练数据集是著名的 MNIST 数据集。它由 28×28 分辨率的手写数字图像组成，有 70 000 个训练项和 784 个特征，每个记录都有一个标签，其中包含目标标签数字。由于我们更熟悉在 H2O 中管理数据，让我们执行一个深度学习示例。

在 H2O 中，不需要转换或标准化输入数据，它会在内部自动进行标准化。每个特征都转换为 N（0，1）空间。让我们从 Amazon 服务器将著名的手写数字图像数据集 MNIST 导入到 H2O 集群：

```
import h2o
h2o.init(start_h2o=True)
train_url ="https://h2o-public-test-data.s3.amazonaws.com/bigdata/
laptop/mnist/train.csv.gz"
test_url="https://h2o-public-test-data.s3.amazonaws.com/bigdata/
laptop/mnist/test.csv.gz"


train=h2o.import_file(train_url)
test=h2o.import_file(test_url)

train.describe()
test.describe()


y='C785'
x=train.names[0:784]
train[y]=train[y].asfactor()
test[y]=test[y].asfactor()

from h2o.estimators.deeplearning import H2ODeepLearningEstimator

model_cv=H2ODeepLearningEstimator(distribution='multinomial'
                                  ,activation='RectifierWithDropout',hi
dden=[32,32,32],
                                        input_dropout_ratio=.2,
                                        sparse=True,
                                        l1=.0005,
                                            epochs=5)
```

这个打印模型输出将提供大量详细信息，我们将看到的第一个表是下面这个表，它提供了关于神经网络架构的所有细节。可以看到神经网络的输入维数为 717，有三个隐藏层（每层由 32 个单元组成），将 softmax 激励应用于输出层，并将 ReLU 应用于隐藏层，如图 4-12 所示。

```
model_cv.train(x=x,y=y,training_frame=train,nfolds=3)
print model_cv

OUTPUT]
```

```
Model Details
=============
H2ODeepLearningEstimator :  Deep Learning
Model Key:  DeepLearning_model_python_1463889677812_3

Status of Neuron Layers: predicting C785, 10-class classification, multinomial distribution, CrossEntropy loss, 25,418
weights/biases, 371.3 KB, 300,525 training samples, mini-batch size 1
```

	layer	units	type	dropout	l1	l2	mean_rate	rate_RMS	momentum	mean_weight	weight_RMS	mean_bias	bias_RMS
	1	717	Input	20.0									
	2	32	RectifierDropout	50.0	0.0005	0.0	0.0370441	0.1916480	0.0	-0.0061157	0.0612413	0.4243763	0.0918573
	3	32	RectifierDropout	50.0	0.0005	0.0	0.0004112	0.0002142	0.0	-0.0279839	0.1946866	0.7527754	0.2369041
	4	32	RectifierDropout	50.0	0.0005	0.0	0.0006548	0.0002914	0.0	-0.0397208	0.2000279	0.6407341	0.3597416
	5	10	Softmax		0.0005	0.0	0.0025825	0.0024549	0.0	-0.2988227	0.8903637	-1.0314634	0.8309324

```
ModelMetricsMultinomial: deeplearning
** Reported on train data. **

MSE: 0.142497867237
R^2: 0.982924289006
LogLoss: 0.455262748035
```

图 4-12　打印 H2O 模型输出

如需一个模型性能的简要概述，这是一个非常实用的方法。

如图 4-13 所示的表中，每一页都有一个训练分类误差和验证分类误差。如果想验证你的模型，可以很容易进行比较：

```
print model_cv.scoring_history()
```

```
            timestamp   duration  training_speed    epochs  iterations  \
0  2016-05-22 06:09:35  0.000 sec            None  0.000000           0
1  2016-05-22 06:09:36  3.161 sec  30039 rows/sec  0.500650           1
2  2016-05-22 06:09:41  8.279 sec  40768 rows/sec  4.008217           8
3  2016-05-22 06:09:43 10.002 sec  40360 rows/sec  5.008750          10

   samples  training_MSE  training_r2  training_logloss  \
0        0           NaN          NaN               NaN
1    30039      0.434316     0.947955          1.154869
2   240493      0.163368     0.980423          0.507394
3   300525      0.142498     0.982924          0.455263

   training_classification_error
0                            NaN
1                       0.327284
2                       0.114081
3                       0.096430
```

图 4-13　打印分类误差

我们的训练分类误差为 0.096430，在 MNIST 数据集上 0.907 范围内的准确性相当不错，它几乎与 Yann LeCun 的卷积神经网络提交的结果一样好。

H2O 也提供了一个方便方法来获取验证指标，可以通过将验证数据框架传递给交叉验证函数来获取它，结果如图 4-14 所示。

```
model_cv.train(x=x,y=y,training_frame=train,validation_
frame=test,nfolds=3)
print model_cv
```

Scoring History:

training_r2	training_logloss	training_classification_error	validation_MSE	validation_r2	validation_logloss	validation_classification_error
nan	nan	nan	nan	nan	nan	nan
0.9412354	1.2943441	0.3213827	0.4909360	0.9414521	1.2906389	0.3221
0.9857803	0.4101554	0.0889877	0.1234898	0.9852729	0.4234574	0.0954

图 4-14 获取验证指标

在这种情况下，很容易将 training_classification_error（0.089）与 validation_classification_error（0.0954）进行比较。

也许使用超参数优化模型可以进一步提高得分。

4.5.2 H2O 上的网格搜索

考虑到我们以前的模型执行得非常不错，我们将把调优工作集中在网络架构上。H2O 的网格搜索函数与 Scikit-learn 的随机搜索非常相似，也就是说，它不是搜索完整的参数空间，而是遍历一个随机的参数列表。首先，我们将设置一个将传递给网格搜索函数的参数列表。H2O 将为我们提供每个模型的输出和参数搜索的相应得分：

```
hidden_opt = [[18,18],[32,32],[32,32,32],[100,100,100]]
# l1_opt = [s/1e6 for s in range(1,1001)]

# hyper_parameters = {"hidden":hidden_opt, "l1":l1_opt}
hyper_parameters = {"hidden":hidden_opt}

#important: here we specify the search parameters
#be careful with these, training time can explode (see max_models)
search_c = {"strategy":"RandomDiscrete",

"max_models":10, "max_runtime_secs":100,

"seed":222}
```

```
from h2o.grid.grid_search import H2OGridSearch

model_grid = H2OGridSearch(H2ODeepLearningEstimator, hyper_
params=hyper_parameters)

#We have added a validation set to the gridsearch method in order to
have a better #estimate of the model performance.


model_grid.train(x=x, y=y, distribution="multinomial", epochs=1000,
training_frame=train, validation_frame=test,
    score_interval=2, stopping_rounds=3, stopping_
tolerance=0.05,search_criteria=search_c)
print model_grid


# Grid Search Results for H2ODeepLearningEstimator:


OUTPUT]

deeplearning Grid Build Progress: [################################
###############] 100%
    hidden  \
0   [100, 100, 100]
1     [32, 32, 32]
2         [32, 32]
3         [18, 18]


    model_ids     logloss
0  Grid_DeepLearning_py_1_model_python_1464790287811_3_model_3
0.148162  ←------
1  Grid_DeepLearning_py_1_model_python_1464790287811_3_model_2
0.173675
2  Grid_DeepLearning_py_1_model_python_1464790287811_3_model_1
0.212246
3  Grid_DeepLearning_py_1_model_python_1464790287811_3_model_0
0.227706
```

可以看到，最好的架构是一个有三层并且每层都有 100 个单元的架构。还可以清楚地看到，即使是在像运行 H2O 的一个强大计算集群上，网格搜索也大幅增加了训练时间。因此，即使在 H2O 上，也应该谨慎地使用网格搜索，并保守地看待模型中解析的参数。

现在，在继续之前先关闭 H2O 实例：

```
h2o.shutdown(prompt=False)
```

4.6 深度学习和无监督预训练

这一节将介绍深度学习中最重要的概念：如何通过无监督的预训练来提高学习能力。在无监督预训练的情况下，可以使用神经网络来发现数据中潜在的特征和因素，然后将其传递给神经网络。这种方法具有强大的训练网络的能力，可以学习其他机器学习方法无法完成的任务，而无须手工操作。我们将详细介绍并引入一个新的强大的库。

4.7 使用 theanets 进行深度学习

Scikit-learn 的神经网络应用对于参数调优目的来说尤其有趣。不幸的是，它对无监督的神经网络应用的能力有限。对于下一个主题，即更复杂的深度学习方法，我们需要另一个库。在这一章中，我们将集中讨论 theanets。我们喜欢 theanets，是因为它更稳定并且易于使用。它是一个非常流畅且维护良好的包，由 Lief Johnson 在德克萨斯大学开发。通过它，设置一个神经网络架构与 sklearn 一样简单，就是说，只需实例化一个学习目标（分类或回归），然后指定层并训练它。

有关更多信息，请访问 http://theanets. readthedocs. org/en/stable/。

唯一要做的就是用 pip 安装 theanets：

```
$ pip install theanets
```

由于 theanets 在 Theano 之上运行，所以还需要正确地安装 Theano。让我们运行一个基本的神经网络模型，看看 theanets 是如何工作的。它与 Scikit-learn 的相似之处是显而易见的。注意，在这个例子中我们使用了动量，并且在默认情况下在 theanets 中会使用 soft-max，所以不必指定它：

```
import climate # This package provides the reporting of iterations
from sklearn.metrics import confusion_matrix
import numpy as np
from sklearn import datasets
from sklearn.cross_validation import train_test_split
from sklearn.metrics import mean_squared_error
import theanets
import theano
import numpy as np
import matplotlib.pyplot as plt
import climate
from sklearn.cross_validation import train_test_split
import theanets
from sklearn.metrics import confusion_matrix
```

```
from sklearn import preprocessing
from sklearn.metrics import accuracy_score
from sklearn import datasets
climate.enable_default_logging()

digits = datasets.load_digits()
digits = datasets.load_digits()
X = np.asarray(digits.data, 'float32')

Y = digits.target

Y=np.array(Y, dtype=np.int32)
#X = (X - np.min(X, 0)) / (np.max(X, 0) + 0.0001)  # 0-1 scaling

X_train, X_test, y_train, y_test = train_test_split(X, Y,
                                            test_size=0.2,
                                            random_state=0)



# Build a classifier model with 64 inputs, 1 hidden layer with 100
units  and 10 outputs.
net = theanets.Classifier([64,100,10])

# Train the model using Resilient backpropagation and momentum.
net.train([X_train,y_train], algo='sgd', learning_rate=.001,
momentum=0.9,patience=0,
validate_every=N,
min_improvement=0.8)

# Show confusion matrices on the training/validation splits.
print(confusion_matrix(y_test, net.predict(X_test)))
print (accuracy_score(y_test, net.predict(X_test)))

OUTPUT ]

[[27  0  0  0  0  0  0  0  0  0]
 [ 0 32  0  0  0  1  0  0  0  2]
 [ 0  1 34  0  0  0  0  1  0  0]
 [ 0  0  0 29  0  0  0  0  0  0]
 [ 0  0  0  0 29  0  0  1  0  0]
 [ 0  0  0  0  0 38  0  0  0  2]
 [ 0  1  0  0  0  0 43  0  0  0]
 [ 0  0  0  0  1  0  0 38  0  0]
 [ 0  2  1  0  0  0  0  0 36  0]
 [ 0  0  0  0  0  1  0  0  0 40]]
 0.961111111111
```

4.8 自动编码器和无监督学习

到目前为止，我们讨论了具有多个层的神经网络和各种各样的优化参数。我们通常称为深度学习的这一代神经网络具有更强的能力，它们能够自动地学习新特征，因此需要很少的特征工程和专门领域的知识。这些特征是由无监督方法在未标记的数据上创建的，这些数据稍后将被输入神经网络的后续层。这种方法称为（无监督）预训练，它已经被证明在图像识别、语言学习甚至是机器学习项目中都非常成功。近年来最重要和最主要的技术是基于玻尔兹曼技术的自动编码器和算法。Boltzmann 机器是 Deep Belief Networks（DBN）的基石，它最近在深度学习社区中不再受欢迎，因为它们被证明很难训练和优化。因此，我们只关注自动编码器，下面详细讨论这个重要的话题。

自动编码器

我们试图找到这样一个函数（F）：它的输出可以作为它的输入，并具有最少的可能误差 $F(x) \approx 'x$。这个函数通常称为恒等函数，我们尽量优化它，使得 x 尽可能接近 $'x$，x 与 $'x$ 之间的差异被称为重建误差。

让我们来看一个简单的单层架构，以直观地了解正在发生的事情。我们将看到这些架构非常灵活，需要仔细调整，如图 4-15 所示。

请重点理解，当隐藏层中的单元数比输入空间少的时候，我们会强制设置权重来压缩输入数据。在本例中，有一个包含五个特征的数据集。中间是一个隐藏层，它包含三个单元（Wij）。这些单元与我们在神经网络中看到的权向量具有相同的性质，也就是说，它们是由可以通过反向传播进行训练的权重组成的。在隐藏层的输出中，我们通过与神经网络相同的前馈向量操作，得到作为输出的特征表示。

计算向量 $'x$ 的过程与正向传播非常相似，需要计算每一层的权向量的点积：

W = 权重

$h_i = \text{sigmoid}((W_1 . x * x) + b_1(i, 1))$

$'x = \text{sigmoid}((W_2 . x * h_i) + b_2(i, 1))$

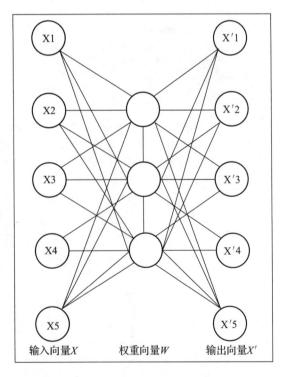

输入向量 X　　　权重向量 W　　　输出向量 X'

图 4-15　单层自动编码器架构

重构误差可以用平方误差或交叉熵的形式来衡量，在很多其他方法中都看到过。在这里，$\hat{y}$ 代表重建的输出，而 y 是真正的输入：

交叉熵　　　$L(x,y) = -\dfrac{1}{m} \sum_{i=1}^{m} \left[y_n \log \hat{y}_n + (1 - y_n) \log(1 - \hat{y}_n) \right]$

一个重要的概念是，只有一个隐藏层的情况下，由自动编码器模型捕获的数据的维数近似于主成分分析（PCA）的结果。然而，如果涉及非线性，自动编码器的行为会有很大的不同。自动编码器将检测到 PCA 永远无法检测到的不同潜在因素。现在，我们已经了解了自动编码器的架构，以及如何从它的恒等逼近中计算错误，让我们来看看用于压缩输入的这些稀疏参数。读者可能会问：为什么需要这些稀缺参数？我们不能只运行算法来找到恒等函数然后继续吗？不幸的是，事情并没有那么简单。有些情况下，恒等函数几乎完美地将输入调入项目，但仍然无法提取输入特征的潜在维度。这种情况下，函数只是记住输入数据，而不会提取有意义的特征。我们可以做两件事。首先，故意给信号添加噪声（去噪自动编码器），其次，引入稀疏参数，迫使弱激励单元停用。下面，先看看稀疏参数如何工作。

我们讨论过生物神经元的激励阈值，如果神经元的电位接近于 1，我们就认为它是活跃的，如果其输出值接近 0，那么该神经元就是不活跃的。通过增加激励阈值，我们可以使神经元在大部分时间内不活动，我们可以通过降低每个神经元/单元的平均激励概率来做到这一点。看看下面公式，我们就能知道怎么最小化激励阈值：

$$\hat{p}_j = \frac{1}{m} \sum_{i=1}^{m} \left[a_j^{(2)}(x^{(i)}) \right]$$

其中：

$\hat{p}_j$：隐藏层中每个神经元的平均激励阈值。

ρ：网络的期望激励阈值，预先指定。在大多数情况下，该值设置为 0.05。

a：隐藏层的权向量。

在这里，我们看到了一个优化机会，即在一轮训练中对 $\hat{p}_j$ 和 ρ 之间的错误率进行惩罚。

在本章中，不用过多担心这个优化目标的技术细节。在大多数包中，可以使用非常简单的指令来完成这个操作（在下一个示例中我们将看到）。应当重点明白的是，对于自动编码器，我们有两个主要学习目标：最小化输入向量，x 和输出向量 $'x$ 之间的误差，方法是优化恒等函数，并使所需的激励阈值与网络中每个神经元的平均激励值之间的差异最小化。

第二种方法是通过引入噪声模型来强制自动编码器检测潜在特征，这是去噪自动编码器的名称来源。其思想是，通过腐蚀输入，迫使自动编码器学习更健壮的数据表示。在接下来例子中，将简单地将高斯噪声引入自动编码器模型中。

下面介绍真正深度学习的堆叠去噪自动编码器——预训练分类。有了这个练习，你就能让自己在深度学习中上一个台阶。现在，我们会将一个自动编码器应用于一个微版本的著名 MNIST 数据集，可以从 Scikit-learn 内部方便地加载它。该数据集包含 28×28 像素强度的图像，内容为手写数字。该训练集有 1797 个训练项目，有 64 个特征，每个记录都有一个标签，包含从 0~9 的目标标签数字。所以我们有 64 个特征，目标变量由要预测的 10 个类组成（数字 0~9）。首先，对堆叠去噪的自动编码器模型进行训练，其稀疏性为 0.9，然后检查重建误差。可以使用深度学习研究论文的结果作为设置指南（http://arxiv. org/pdf/1312. 5663. pdf）。然而，也存在限制，因为这些类型的模型有巨大计算负荷。因此，对于这个自动编码器，我们使用 5 层的 ReLU 激励，将数据从 64 个特征压缩到 45 个特征：

```
model = theanets.Autoencoder([64,(45,'relu'),(45,'relu'),(45,'relu'),(
45,'relu'),(45,'relu'),64])
dAE_model=model.train([X_train],algo='rmsprop',input_noise=0.1,hidden_
l1=.001,sparsity=0.9,num_updates=1000)
X_dAE=model.encode(X_train)
X_dAE=np.asarray(X_dAE, 'float32')
:OUTPUT:
I 2016-04-20 05:13:37 downhill.base:232 RMSProp 2639 loss=0.660185
err=0.645118
I 2016-04-20 05:13:37 downhill.base:232 RMSProp 2640 loss=0.660031
err=0.644968
I 2016-04-20 05:13:37 downhill.base:232 validation 264 loss=0.660188
err=0.645123
I 2016-04-20 05:13:37 downhill.base:414 patience elapsed!
I 2016-04-20 05:13:37 theanets.graph:447 building computation graph
I 2016-04-20 05:13:37 theanets.losses:67 using loss: 1.0 *
MeanSquaredError (output out:out)
I 2016-04-20 05:13:37 theanets.graph:551 compiling feed_forward
function
```

现在，我们有了来自自动编码器的输出，它是从一组新的压缩特征中创建的。让我们仔细观察这个新数据集：

```
X_dAE.shape
Output: (1437, 45)
```

在这里，可以看到我们已经将数据从 64 个特征压缩到 45 个。新数据集不那么稀疏（也就是更少的零），数字更连续。有了来自自动编码器的预训练数据之后，即可应用深度神经网络来进行监督学习：

```
#By default, hidden layers use the relu transfer function so we don't
need to specify #them. Relu is the best option for auto-encoders.
# Theanets classifier also uses softmax by default so we don't need to
specify them.
net = theanets.Classifier(layers=(45,45,45,10))
```

```
autoe=net.train([X_dAE, y_train], algo='rmsprop',learning_
rate=.0001,batch_size=110,min_improvement=.0001,momentum=.9,
nesterov=True,num_updates=1000)
## Enjoy the rare pleasure of 100% accuracy on the training set.
OUTPUT:
I 2016-04-19 10:33:07 downhill.base:232 RMSProp 14074 loss=0.000000
err=0.000000 acc=1.000000
I 2016-04-19 10:33:07 downhill.base:232 RMSProp 14075 loss=0.000000
err=0.000000 acc=1.000000
I 2016-04-19 10:33:07 downhill.base:232 RMSProp 14076 loss=0.000000
err=0.000000 acc=1.000000
```

在这个测试集上预测该神经网络之前，重要的是要将我们训练过的自动编码器模型应用于这个测试集：

```
dAE_model=model.train([X_test],algo='rmsprop',input_noise=0.1,hidden_
l1=.001,sparsity=0.9,num_updates=100)
X_dAE2=model.encode(X_test)
X_dAE2=np.asarray(X_dAE2, 'float32')
```

现在检查在该测试集上的性能：

```
final=net.predict(X_dAE2)
from sklearn.metrics import accuracy_score
print accuracy_score(final,y_test)
OUTPUT: 0.972222222222
```

可以看到，带有自动编码特征的模型的最终准确度（0.9722）优于没有它的模型（0.9611）。

4.9　小结

本章讨论了深度学习背后最重要的概念和可扩展解决方案。

我们学习了如何为任何给定的任务构建正确的架构，以及前向传播和反向传播的机制。更新神经网络的权值是一项艰巨的任务，常规的随机梯度下降会导致在全局最小中陷入困境，或发生超调。更复杂的算法（如动量、ADAGRAD、RPROP 和 RMSProp）都能提供解决方法。尽管神经网络比其他机器学习方法更难训练，但它具有转换特征表示的能力，并且能学习任何给定的函数（通用逼近定理）。我们还利用 H2O 进行了大规模深度学习，甚至探讨了非常热门的深度学习的参数优化话题。无监督的自动编码器预训练可以提高任何深度网络的准确性，并且我们通过 theanets 框架完成了一个这方面的实例。

这一章主要使用构建在 Theano 框架之上的包。下一章将介绍用新的开源框架 Tensorflow 构建的深度学习技术。

用TensorFlow进行深度学习

本章重点介绍 TensorFlow，包括以下主题：

❑ TensorFlow 基础操作

❑ 零起点开始用 TensorFlow 进行机器学习：回归、SGD 分类器和神经网络

❑ 用 SkFlow 进行深度学习

❑ 大文件的增量深度学习

❑ 用 Keras 实现卷积神经网络

撰写本书时 TensorFlow 框架已公开发布，并且被证明是机器学习领域的一大亮点。

TensorFlow 最早由谷歌大脑团队（Geoffrey Hinton、Samy Bengio 等人）基于谷歌内部的第一代深度学习系统 DistBelief 改进而来，它的大多数研究人员在最近 10 年为深度学习的重要进展做出了巨大贡献。与 TensorFlow 相反，DistBelief 不是开源代码。DistBelief 在谷歌内部取得了巨大成功，比如反向图像搜索引擎、谷歌深度梦想以及谷歌语音识别功能。DistBelief 使得谷歌开发者能够使用数千个内核（CPU 和 GPU）进行分布式训练。

TensorFlow 的改进在于完全开源以及它的编程语言更少抽象。TensorFlow 声称自己更加通用、更加灵活。正如本章后面即将看到的，编写本书时（2015 年年末），TensorFlow 框架正处于初级阶段，而且建立在 Tensorflow 平台上的简化包已出现。

与 Theano 相似，TensorFlow 也采用张量进行符号计算，这意味着其大部分计算方式均基于向量及矩阵乘法。

常规编程语言定义的变量包含可以操作的值或字符。

而在诸如 Theano 或 TensorFlow 等符号编程语言中，操作针对图形而不是变量。由于它们能跨单元（GPU 和 CPU）进行分布式及并行计算，使其在计算上具有优势，如图 5-1 所示。

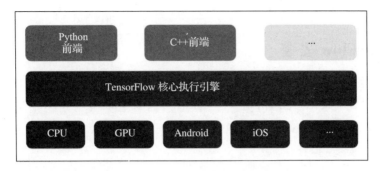

图 5-1　2015 年 11 月的 TensorFlow 架构

TensorFlow 的特点及应用：

❑ TensorFlow 支持多 GPU 并行（横向）；

❑ 为移动开发提供开发框架；

❑ TensorBoard 实现仪表盘的可视化显示（早期阶段）；

❑ 前端支持多种编程语言（Python Go、Java、Lua、JavaScript、R、C++和 Julia 等）；

❑ 提供对大规模解决方案的集成，如 Spark 和谷歌云平台（https://cloud.google.com/ml/）。

从图 5-2 可以清晰看到，图形化结构中的张量运算为并行计算提供了新方法（正如谷歌所声称的）。

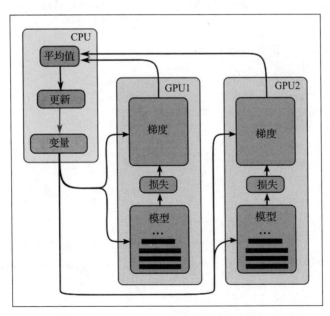

图 5-2　TensorFlow 的分布式处理架构

可以看到，每个模型都被分配给不同 GPU，之后，从每个模型计算平均预测值。在其他方法中，该方法一直是在 GPU 集群上训练超大规模分布式神经网络的核心思想。

5.1 TensorFlow 安装

本章中使用的 TensorFlow 版本为 0.8，因此请确保你安装此版本。由于 TensorFlow 发展很快，所以会有小变化。使用 pip install 很容易安装 TensorFlow，该安装方法与所使用的操作系统无关：

```
pip install tensorflow
```

如果已安装旧版本，请根据操作系统进行升级：

```
# Ubuntu/Linux 64-bit, CPU only:
$ sudo pip install --upgrade https://storage.googleapis.com/
tensorflow/linux/cpu/tensorflow-0.8.1-cp27-none-linux_x86_64.whl

# Ubuntu/Linux 64-bit, GPU enabled:
$ sudo pip install --upgrade https://storage.googleapis.com/
tensorflow/linux/gpu/tensorflow-0.8.1-cp27-none-linux_x86_64.whl

# Mac OS X, CPU only:
$ sudo easy_install --upgrade six
$ sudo pip install --upgrade https://storage.googleapis.com/
tensorflow/mac/tensorflow-0.8.1-cp27-none-any.whl
```

安装 TensorFlow 后，可在终端测试它：

```
$python
import tensorflow as tf
hello = tf.constant('Hello, TensorFlow!')
sess = tf.Session()
print(sess.run(hello))
Output Hello, TensorFlow!
```

TensorFlow 操作

下面通过一个简单示例了解其工作过程。

TensorFlow 的一个重要特点是，首先需要初始化变量，然后才能操作它。TensorFlow 在 C++后端运行并执行计算，因此，若要与此后端连接，需要首先实例化一个会话：

```
x = tf.constant([22,21,32], name='x')
d=tf.constant([12,23,43],name='x')
y = tf.Variable(x * d, name='y')
print(y)
```

这时不显示 $x * d$ 的输出向量，却显示如下内容：

```
OUTPUT ]
<tensorflow.python.ops.variables.Variable object at 0x114a95710>
```

若要从 C++后端实际生成计算结果，需要按下面方式实例化会话：

```
x = tf.constant([22,21,32], name='x')
d=tf.constant([12,23,43],name='d')
y = tf.Variable(x * d, name='y')

model = tf.initialize_all_variables()

with tf.Session() as session:
    session.run(model)
    print(session.run(y))
```

```
Output [ 264  483 1376]
```

到目前为止，我们直接使用变量，但若要更灵活地操作张量，最好把数据分配给预先指定的容器。这样，就可以在计算图上执行操作，而无须事先在内存中加载数据。用 TensorFlow 术语说，就是通过所谓的占位符将数据输入计算图中。这正是与 Theano 语言的相似性变得清晰的地方（参见附录）。

这些 TensorFlow 占位符只是具有预指定的设置和类的对象的简单容器。所以，为了操作对象，首先要为该对象创建一个占位符以及对应的类（在这里是整数）：

```
a = tf.placeholder(tf.int8)
b = tf.placeholder(tf.int8)
sess = tf.Session()
sess.run(a+b, feed_dict={a: 111, b: 222})
```

```
Output   77
```

矩阵乘法运算过程如下：

```
matrix1 = tf.constant([[1, 2,32], [3, 4,2],[3,2,11]])

matrix2 = tf.constant([[21,3,12], [3, 56,2],[35,21,61]])

product = tf.matmul(matrix1, matrix2)

with tf.Session() as sess:

    result = sess.run(product)
    print result
```

```
OUTPUT
```

```
[[1147   787 1968]
 [ 145   275  166]
 [ 454   352  711]]
```

有趣的是，对象 result 的输出是一个可以在 TensorFlow 之外对其进行操作的 NumPyndaray 对象。

(1) GPU 计算

只需指定某个设备就可在 GPU 上执行 TensorFlow 操作。警告：这只适用于正确安装并兼容 CUDA 的 NVIDIAGPU 单元：

```
with tf.device('/gpu:0'):
    product = tf.matmul(matrix1, matrix2)
with tf.Session() as sess:
    result = sess.run(product)
    print result
```

如果想要使用多个 GPU，需要为指定任务分配 GPU 设备：

```
matrix3 = tf.constant([[13, 21,53], [4, 3,6],[3,1,61]])
matrix4 = tf.constant([[13,23,32], [23, 16,2],[35,51,31]])

with tf.device('/gpu:0'):
    product = tf.matmul(matrix1, matrix2)
with tf.Session() as sess:
    result = sess.run(product)
    print result


with tf.device('/gpu:1'):
    product = tf.matmul(matrix3, matrix4)
with tf.Session() as sess:
    result = sess.run(product)
    print result
```

(2) 使用 SGD 实现线性回归

介绍完基础知识，现在可以在 TensorFlow 框架内从头开始编写我们的第一个机器学习算法。随后，将在 TensorFlow 之上的更高抽象中使用更实用的轻量应用程序。

我们将使用随机梯度下降法执行一个非常简单的线性回归，以了解 TensorFlow 中训练和评估的工作原理。首先，我们创建一些要使用的变量，以便在占位符中对其所包含的变量进行解析。然后，将 x 和 y 输入到 cost 函数，并用梯度下降训练模型：

```
import tensorflow as tf
import numpy as np


X = tf.placeholder("float") # create symbolic variables
Y = tf.placeholder("float")
X_train = np.asarray([1,2.2,3.3,4.1,5.2])
Y_train =  np.asarray([2,3,3.3,4.1,3.9,1.6])

def model(X, w):
    return tf.mul(X, w)


w = tf.Variable(0.0, name="weights")
y_model = model(X, w) # our predicted values

cost = (tf.pow(Y-y_model, 2)) # squared error cost

train_op = tf.train.GradientDescentOptimizer(0.01).minimize(cost) #sgd
optimization
sess = tf.Session()
init = tf.initialize_all_variables()
sess.run(init)

for trials in range(50):  #
    for (x, y) in zip(X_train, Y_train):
        sess.run(train_op, feed_dict={X: x, Y: y})

print(sess.run(w))

OUTPUT ]
0.844732
```

　　总之，按照下述方式用 SGD 执行线性回归：首先，初始化回归权重（系数），然后在第二步中，设置 cost 函数，以便随后使用梯度下降来训练和优化函数。最后，编写 for 循环指定训练次数，并计算最终预测结果。神经网络中相同的基本结构将变得很明显。

（3）在 TensorFlow 中执行神经网络

　　下面用 TensorFlow 语言执行神经网络并剖析其过程。

　　本示例继续使用 Iris 数据集和某些 Scikit-learn 应用程序执行预处理：

```
import tensorflow as tf
import numpy as np
from sklearn import cross_validation
from sklearn.cross_validation import train_test_split
```

```
from sklearn.preprocessing import OneHotEncoder
from sklearn.utils import shuffle
from sklearn import preprocessing
import os
import pandas as pd
from datetime import datetime as dt
import logging

iris = datasets.load_iris()
X = np.asarray(iris.data, 'float32')

Y = iris.target

from sklearn import preprocessing
X= preprocessing.scale(X)
min_max_scaler = preprocessing.MinMaxScaler()
X = min_max_scaler.fit_transform(X)

lb = preprocessing.LabelBinarizer()
Y=lb.fit_transform(iris.target)
```

这一步非常重要，TensorFlow 中的神经网络不能处理奇异向量内的目标标签。目标标签需要转换为二进制特征（有人将其视为虚拟变量），以便神经网络能够进行一对多输出：

```
X_train, x_test, y_train, y_test = train_test_split(X,Y,test_
size=0.3,random_state=22)


def init_weights(shape):
    return tf.Variable(tf.random_normal(shape, stddev=0.01))
```

这里为前馈传递：

```
def model(X, w_h, w_o):
    h = tf.nn.sigmoid(tf.matmul(X, w_h))
    return tf.matmul(h, w_o)



X = tf.placeholder("float", [None, 4])
Y = tf.placeholder("float", [None, 3])
```

这里建立具有单隐藏层的层架构：

```
w_h = init_weights([4, 4])
w_o = init_weights([4, 3])
py_x = model(X, w_h, w_o)


cost = tf.reduce_mean(tf.nn.softmax_cross_entropy_with_logits(py_x,
Y)) # compute costs
train_op = tf.train.GradientDescentOptimizer(learning_rate=0.01).
minimize(cost) # construct an optimizer

predict_op = tf.argmax(py_x, 1)

sess = tf.Session()
init = tf.initialize_all_variables()
sess.run(init)


for i in range(500):
    for start, end in zip(range(0, len(X_train),1 ), range(1, len(X_
train),1)):
        sess.run(train_op, feed_dict={X: X_train[start:end], Y: y_
train[start:end]})
    if i % 100 == 0:
        print i, np.mean(np.argmax(y_test, axis=1) ==
                    sess.run(predict_op, feed_dict={X: x_test, Y: y_
test}))


OUTPUT:]
0  0.288888888889
100 0.666666666667
200 0.933333333333
300 0.977777777778
400 0.977777777778
```

这个神经网络的准确度约为 0.977%，但每次运行后结果略有不同。它或多或少是具有单隐藏层和 vanilla SGD 的神经网络的基准。

如同前面的示例，与在 NumPy 中相比，实现优化方法和设置张量更直观（请参见第 4 章）。此时的缺点是，评估和预测有时需要烦琐的 for 循环，而 Scikit-learn 等软件包通过简单脚本提供这些方法。幸运的是，TensorFlow 平台上开发的更高级软件包会使训练和评估变得更加简单。其中一个包是 SkFlow，顾名思义，它是一个基于脚本风格的包装器，类似于 Scikit-learn。

5.2　在 TensorFlow 上使用 SkFlow 进行机器学习

学习 TensorFlow 基本操作之后，让我们深入了解在 TensorFlow 上构建的更高级别的应用程序，以便让机器学习变得更加实用。SkFlow 是要介绍的第一个应用程序。在 SkFlow 中，不必指定类型和占位符。我们可以像使用 Scikit-learn 和 NumPy 一样加载和管理数据。

最安全的方法是直接从 GitHub 用 pip 安装该软件包：

```
$ pip install git+git://github.com/tensorflow/skflow.git
```

SkFlow 有三类主要的学习算法：线性分类器、线性回归和神经网络。线性分类器基本上是简单的 SGD（多）分类器，神经网络是 SkFlow 擅长的地方。它提供相对易于使用的包装器，适应于非常深的神经网络、循环网络和卷积神经网络。不幸的是，其他算法（如随机森林、梯度增强、SVM 和 Naïve Bayes）尚未实现。可是在 GitHub 上有一个关于在 SkFlow 中实现随机森林算法的讨论，它可能会命名为 tf_forest，这是一个令人兴奋的发展。

下面在 SkFlow 中应用我们的第一个多类分类算法。该示例将使用葡萄酒数据集，这是一个最初来自 UCI 机器学习库的数据集。它由 13 个连续的化学指标特征组成，如镁、酒精、苹果酸等。这是一个仅有 178 个实例和 3 个类的目标特征的轻量数据集。目标变量由三个不同品种组成。使用十三种化学指标进行化学分析，葡萄酒根据其各自品种（所用葡萄的类型）进行分类。不难看出，从 URL 中加载数据的方式与在 Scikit-learn 环境中相同：

```
import numpy as np
from sklearn.metrics import accuracy_score
import skflow
import urllib2
url = 'https://www.csie.ntu.edu.tw/~cjlin/libsvmtools/datasets/
multiclass/wine.scale'
set1 = urllib2.Request(url)
wine = urllib2.urlopen(set1)


from sklearn.datasets import load_svmlight_file
X_train, y_train = load_svmlight_file(wine)
X_train=X_train.toarray()

from sklearn.cross_validation import train_test_split
X_train, X_test, y_train, y_test = train_test_split(X_train,
y_train, test_size=0.30, random_state=4)
```

```
classifier = skflow.TensorFlowLinearClassifier(n_classes=4,learning_
rate=0.01, optimizer='SGD',continue_training=True, steps=1000)
classifier.fit(X_train, y_train)
score = accuracy_score(y_train, classifier.predict(X_train))
d=classifier.predict(X_test)
print("Accuracy: %f" % score)


c=accuracy_score(d,y_test)
print('validation/test accuracy: %f' % c)



OUTPUT:
Step #1, avg. loss: 1.58672
Step #101, epoch #25, avg. loss: 1.45840
Step #201, epoch #50, avg. loss: 1.09080
Step #301, epoch #75, avg. loss: 0.84564
Step #401, epoch #100, avg. loss: 0.68503
Step #501, epoch #125, avg. loss: 0.57680
Step #601, epoch #150, avg. loss: 0.50120
Step #701, epoch #175, avg. loss: 0.44486
Step #801, epoch #200, avg. loss: 0.40151
Step #901, epoch #225, avg. loss: 0.36760
Accuracy: 0.967742
validation/test accuracy: 0.981481
```

到现在为止，我们已经非常熟悉这种方法，它与 Scikit-learn 中的分类器工作原理基本相同。但是，有两件重要事情需要注意。使用 SkFlow 时，NumPy 和 TensorFlow 对象可以进行互换，这样就不必合并和转换张量框架内外的对象。这使得通过 SkFlow 这样的更高级别的方法来操作 TensorFlow 变得更加灵活。第二件注意事项是，我们将 toarray 方法应用于主数据对象。这是因为数据集非常稀疏（大量零元素），而且 TensorFlow 无法很好地处理稀疏数据。

神经网络是 TensorFlow 擅长的领域，而在 SkFlow 中，训练多层神经网络相当容易。下面通过神经网络处理糖尿病数据集。该数据集包含在皮马遗产保护区内超过 21 岁的怀孕女性的糖尿病指标的诊断特征（二分类）。亚利桑那州的匹马印第安人的糖尿病患病率最高，因此该族群一直是糖尿病研究的主要对象。该数据集包含下特征：

- 怀孕次数
- 口服葡萄糖耐量试验中 2 小时血糖浓度
- 舒张压（mm Hg）
- 三头肌皮褶厚度（mm）
- 2 小时血清胰岛素（mu U/ml）

❑ 体重指数（体重（kg）/（身高(m)）^2）

❑ 糖尿病谱系功能

❑ 年龄（岁）

❑ 类变量（0 或 1）

示例中首先加载和缩放数据：

```
import tensorflow
import tensorflow as tf
import numpy as np
import urllib
import skflow
from sklearn.preprocessing import Normalizer
from sklearn import datasets, metrics, cross_validation
from sklearn.cross_validation import train_test_split
# Pima Indians Diabetes dataset (UCI Machine Learning Repository)
url = "http://archive.ics.uci.edu/ml/machine-learning-databases/pima-
indians-diabetes/pima-indians-diabetes.data"
# download the file
raw_data = urllib.urlopen(url)
dataset = np.loadtxt(raw_data, delimiter=",")
print(dataset.shape)
X = dataset[:,0:7]
y = dataset[:,8]
X_train, X_test, y_train, y_test = train_test_split(X, y,
                                                    test_size=0.2,
                                                    random_state=0)


from sklearn import preprocessing
X= preprocessing.scale(X)
min_max_scaler = preprocessing.MinMaxScaler()
X = min_max_scaler.fit_transform(X)
```

这一步非常有趣：使用更灵活的衰减率可以使神经网络更好收敛。训练多层神经网络时，通常随着时间推移降低学习率会很有帮助。一般来说，学习率太高时会超调最优。另一方面，学习率太低时，会浪费计算资源，并陷入局部最小值。指数衰减是一种随时间推移抑制学习速的方法，以便使其在开始接近最小值时变得更加敏感。有三种实现学习率衰减的常用方法：逐步衰减、$1/t$ 衰减和指数衰减：

指数衰减：$a = a_0 e^{-kt}$

在这里，a 为学习率，k 为超参数，t 为迭代。

我们的示例中使用指数衰减，因为它很适合该数据集。实现指数衰减函数的方法如下（使用 TensotFlow 内置的 tf. train. e xponential_decay 函数）：

```
def exp_decay(global_step):
    return tf.train.exponential_decay(
        learning_rate=0.01, global_step=global_step,
        decay_steps=steps, decay_rate=0.01)
```

现在可以在 TensorFlow 神经网络模型中传递衰减函数。该神经网络为 2 层网络，第 1 层有 5 个单元，第 2 层有 4 个单元。默认情况下，SkFlow 实现 ReLU 激活功能，因为相比于 tanh、sigmoid 等其他函数我们更喜欢它，所以我坚持使用它。

在此示例之后，我们也可以实现除随机梯度下降以外的其他优化算法。我们将根据 Diederik Kingma 和 Jimy Ba 的论文实现一个名为 Adam 的自适应算法（http://arxiv.org/abs/1412.6980）。

Adam 由阿姆斯特丹大学开发，代表自适应动量估计。在前一章中，我们学习了自适应梯度的工作原理：当梯度逼近（期望）全局最小值时随时间降低梯度。Adam 也使用自适应方法，但在考虑以前的梯度更新时会结合动量训练的思想：

```
steps = 5000
classifier = skflow.TensorFlowDNNClassifier(
    hidden_units=[5,4],
    n_classes=2,
    batch_size=300,
    steps=steps,
    optimizer='Adam',#SGD   #RMSProp
    learning_rate=exp_decay #here is the decay function
    )
classifier.fit(X_train,y_train)
score1a = metrics.accuracy_score(y_train, classifier.predict(X_train))
print("Accuracy: %f" % score1a)
score1b = metrics.accuracy_score(y_test, classifier.predict(X_test))
print("Validation Accuracy: %f" % score1b)


OUTPUT
(768, 9)
Step #1, avg. loss: 12.83679
Step #501, epoch #167, avg. loss: 0.69306
Step #1001, epoch #333, avg. loss: 0.56356
Step #1501, epoch #500, avg. loss: 0.54453
Step #2001, epoch #667, avg. loss: 0.54554
Step #2501, epoch #833, avg. loss: 0.53300
Step #3001, epoch #1000, avg. loss: 0.53266
Step #3501, epoch #1167, avg. loss: 0.52815
Step #4001, epoch #1333, avg. loss: 0.52639
Step #4501, epoch #1500, avg. loss: 0.52721
Accuracy: 0.754072
Validation Accuracy: 0.740260
```

这个准确性不那么令人信服，可以通过对输入进行成分分析（PCA）来提高准确度。1999 年 Stavros J. P 和 Vassilis V 在一篇文章中（http://rexa. info/paper/dc4f2babc5ca4534b435280ec32f5816ddb530）就提出：使用神经网络处理该糖尿病数据集之前，进行 PCA 降维非常有必要。下面对该数据集使用 Scikit-learn 管道方法：

```
from sklearn.decomposition import PCA
from sklearn import linear_model, decomposition, datasets
from sklearn.pipeline import Pipeline
from sklearn.metrics import accuracy_score

pca = PCA(n_components=4,whiten=True)

lr = pca.fit(X)
classifier = skflow.TensorFlowDNNClassifier(
    hidden_units=[5,4],
    n_classes=2,
    batch_size=300,
    steps=steps,
    optimizer='Adam',#SGD  #RMSProp
    learning_rate=exp_decay
     )


pipe = Pipeline(steps=[('pca', pca), ('NNET', classifier)])

X_train, X_test, Y_train, Y_test = train_test_split(X, y,
                                                    test_size=0.2,
                                                    random_state=0)

 pipe.fit(X_train, Y_train)


score2 = metrics.accuracy_score(Y_test, pipe.predict(X_test))
print("Accuracy Validation, with pca: %f" % score2)


OUTPUT:
Step #1, avg. loss: 1.07512
Step #501, epoch #167, avg. loss: 0.54236
Step #1001, epoch #333, avg. loss: 0.50186
Step #1501, epoch #500, avg. loss: 0.49243
Step #2001, epoch #667, avg. loss: 0.48541
Step #2501, epoch #833, avg. loss: 0.46982
Step #3001, epoch #1000, avg. loss: 0.47928
Step #3501, epoch #1167, avg. loss: 0.47598
Step #4001, epoch #1333, avg. loss: 0.47464
Step #4501, epoch #1500, avg. loss: 0.47712
Accuracy Validation, with pca: 0.805195
```

通过使用这个简单的 PCA 预处理步骤，已经能较明显地提高神经网络的性能。我们从 7 个特征减少到 4 维，得到 4 个特征。PCA 通常使用特征零中心来平滑信号，从而仅使用包含最高特征值的向量来减少特征空间。白化可以确保特征被转换为零相关的特征。这会产生更平滑的信号和更小的特征集，从而使神经网络更快收敛。请参阅第 7 章以获取 PCA 的更详细解释。

大文件深度学习——增量学习

到目前为止，我们已经介绍了在 SkFlow 上使用 TensorFlow 和机器学习技术处理相对较小的数据集。然而，本书主要关注大规模和可扩展的机器学习，那么，TensorFlow 框架在这方面能为我们提供什么？

直至最近，并行计算还处于起步阶段，不够稳定，不在本书中进行介绍。在没有兼容 CUDA 的 NVIDIA 卡的情况下，多 GPU 计算对读者无意义。使用大规模云服务（https://cloud. google. com/products/machine-learning/）或 Amazon EC2 需要不菲费用。这让我们只能通过增量学习来扩展我们的项目。一般而言，任何其大小超过计算机可用内存 25% 的文件都会导致内存过载问题。因此，如果有一台 2GB 计算机，并且希望用机器学习解决方法来处理 500MB 文件，那么就需要开始思考如何绕过内存限制。

为防止内存过载，建议采用非核心学习方法，将数据分解为更小块，以增量方式训练和更新模型。第 2 章提到的 Scikit-learn 中的部分拟合方法就是这样的例子。

SkFlow 也为其所有机器学习模型提供了一种很好的增量学习方法，就像 Scikit-learn 中的部分拟合方法一样。本节中，我们将逐渐使用深度学习分类器，因为我们认为它是最令人兴奋的分类。我们将为可扩展和非核心深度学习项目使用两种策略：即增量学习和随机子采样。

首先，我们会生成数据，然后建立子采样函数，以便从该数据集中抽取随机子样本，并在这些子集上增量训练深度学习模型：

```
import numpy as np
import pandas as pd
import skflow
from sklearn.datasets import make_classification
import random
from sklearn.cross_validation import train_test_split
import gc
import tensorflow as tf
from sklearn.metrics import accuracy_score
```

之后，生成一些示例数据并将其写入磁盘：

```
X, y = make_classification(n_samples=5000000,n_features=10, n_
classes=4,n_informative=6,random_state=222,n_clusters_per_class=1)
```

```
X_train, X_test, y_train, y_test = train_test_split(X,y, test_
size=0.2, random_state=22)

Big_trainm=pd.DataFrame(X_train,y_train)
Big_testm = pd.DataFrame(X_test,y_test)


Big_trainm.to_csv('lsml-Bigtrainm', sep=',')
Big_testm.to_csv('lsml-Bigtestm', sep=',')
```

通过删除所有已创建的对象来释放内存。使用 gc.collect，强制 Python 的垃圾收集器清空内存：

```
del(X,y,X_train,y_train,X_test)
gc.collect
```

在这里，我们创建一个从磁盘中抽取随机子样本的函数。请注意，使用样本的 1/3。如果使用更小分数，还需要调整两个重要设置。首先，需要匹配深度学习模型的批量大小，以便批量大小永远不超过样本大小。其次，需要调整 for 循环中 epochs 数量，以确保训练数据的最大部分能用于训练模型：

```
import pandas as pd
import random
def sample_file():
    global skip_idx
    global train_data
    global X_train
    global y_train
    big_train='lsml-Bigtrainm'
```

计算整个数据集的行数：

```
num_lines = sum(1 for i in open(big_train))
```

使用训练集的三分之一：

```
size = int(num_lines / 3)
```

跳过索引并保持指标：

```
skip_idx = random.sample(range(1, num_lines), num_lines - size)
train_data = pd.read_csv(big_train, skiprows=skip_idx)
X_train=train_data.drop(train_data.columns[[0]], axis=1)
y_train = train_data.ix[:,0]
```

前一节用到权重衰减，这里再次使用：

```
def exp_decay(global_step):
    return tf.train.exponential_decay(
        learning_rate=0.01, global_step=global_step,
        decay_steps=steps, decay_rate=0.01)
```

这里，我们建立分别具有 5 个、4 个和 4 个单元的三隐藏层神经网络 DNN 分类器。请注意，批大小设置为 300，这意味着在每个时期（epoch）使用 300 个训练实例。这也有助于防止内存过载：

```
steps = 5000
clf = skflow.TensorFlowDNNClassifier(
    hidden_units=[5,4,4],
    n_classes=4,
    batch_size=300,
    steps=steps,
    optimizer='Adam',
    learning_rate=exp_decay
      )
```

这里，子样本数量设置为 3（epochs = 3）。这意味着在三个连续子样本上增量训练我们的深度学习模型：

```
epochs=3
for i in range(epochs):
    sample_file()
    clf.partial_fit(X_train,y_train)


test_data = pd.read_csv('lsml-Bigtestm',sep=',')
X_test=test_data.drop(test_data.columns[[0]], axis=1)
y_test = test_data.ix[:,0]
score = accuracy_score(y_test, clf.predict(X_test))
print score

OUTPUT

Step #501, avg. loss: 0.55220
Step #1001, avg. loss: 0.31165
Step #1501, avg. loss: 0.27033
Step #2001, avg. loss: 0.25250
Step #2501, avg. loss: 0.24156
Step #3001, avg. loss: 0.23438
Step #3501, avg. loss: 0.23113
Step #4001, avg. loss: 0.23335
```

```
Step #4501, epoch #1, avg. loss: 0.23303
Step #1, avg. loss: 2.57968
Step #501, avg. loss: 0.57755
Step #1001, avg. loss: 0.33215
Step #1501, avg. loss: 0.27509
Step #2001, avg. loss: 0.26172
Step #2501, avg. loss: 0.24883
Step #3001, avg. loss: 0.24343
Step #3501, avg. loss: 0.24265
Step #4001, avg. loss: 0.23686
Step #4501, epoch #1, avg. loss: 0.23681
0.929022
```

我们设法在一个非常易于管理的训练时间内，在测试集上获得 0.929 的准确度，并且没有使内存超载，这比一次性在整个数据集上训练相同模型的速度快得多。

5.3 安装 Keras 和 TensorFlow

我们已经看到 TensorFlow 应用程序的 SkFlow 包装器的实例。如果需要使用对参数有更多控制的更复杂的神经网络和深度学习方法，推荐使用 Keras（HTTP://keras.io/）。该软件包最初是在 Theano 框架内开发，但最近也适用于 TensorFlow。这样，可以使用 Keras 作为 TensorFlow 之上的更高级抽象包。请记住，Keras 的方法比 SkFlow 略显复杂。Keras 在 GPU 和 CPU 上都能运行，这使得该软件包在移植到不同环境时非常灵活。下面首先安装 Keras，并确保它使用 TensorFlow 后端，只需在命令行中使用 pip 即可安装。

```
$pip install Keras
```

Keras 最初是建立在 Theano 之上，因此需要指定 Keras 使用 TensorFlow。为此，首先需要在其默认平台 Theano 上运行一次 Keras。

首先，需要运行 Keras 代码来确保正确安装所有库。让我们训练一个基本神经网络，并介绍一些关键概念。

出于方便，我们利用 Scikit-learn 生成的数据，其中包含 4 个特征和 1 个由 3 个类组成的目标变量。这些维数非常重要，因为需要它们来指定神经网络的架构：

```
import numpy as np
import keras
from sklearn.datasets import make_classification
from sklearn.cross_validation import train_test_split
from sklearn.preprocessing import OneHotEncoder
from keras.utils import np_utils, generic_utils
from keras.models import Sequential
from keras.layers import Dense, Dropout, Activation
```

```
from keras.optimizers import SGD

nb_classes=3
X, y = make_classification(n_samples=1000, n_features=4, n_classes=nb_
classes,n_informative=3, n_redundant=0, random_state=101)
```

指定变量后，一定要将目标变量转换为独热编码数组（就像在 TensorFlow 中那样）。否则，Keras 无法计算一对多的目标输出。对于 Keras，我们希望使用 np_utils 代替 sklearn 的独热编码器，其用法如下：

```
y=np_utils.to_categorical(y,nb_classes)
print y
```

y 数组的打印结果：

```
OUTPUT]
array([[ 1.,   0.,   0.],
       [ 0.,   0.,   1.],
       [ 0.,   0.,   1.],
       ...,
```

现在将数据拆分成测试集和训练集：

```
x_train, x_test, y_train, y_test = train_test_split(X, y,test_
size=0.30, random_state=222)
```

下面开始构建的神经网络架构，起点采用一个带有 relu 激活的双隐层神经网络，每个隐藏层有 3 个单元。第 1 层有 4 个输入，因为在该例中有 4 个特征，之后，添加有 3 个单元的隐藏层，即 model. add(dense(3))。

就像之前看到的那样，我们将使用 softmax 函数将网络传递到输出层：

```
model = Sequential()
model.add(Dense(4, input_shape=(4,)))
model.add(Activation('relu'))
model.add(Dense(3))
model.add(Activation('relu'))
model.add(Dense(3))
model.add(Activation('softmax'))
```

首先，指定 SGD 函数，在这里我们设置已很熟悉的最重要参数：

❏ lr：学习率。

❏ decay：使学习率衰减的衰减函数。不要将它与权重衰减混淆，后者是正则化参数。

❏ momentum：使用它防止陷入局部最小值。

❏ nesterov：这是一个布尔值，用于指定是否使用 nesterov 动量，并且仅在已为动量参数指定整数时才适用（更详细说明，请参阅第 4 章）。

❑ optimizer：指定所选择的优化算法（由 SGD、RMSProp、ADAGRAD、Adadelta 和 Adam 组成）。

具体实现请参看以下代码：

```
#We use this for reproducibility
seed = 22
np.random.seed(seed)

model = Sequential()
model.add(Dense(4, input_shape=(4,)))
model.add(Activation('relu'))
model.add(Dense(3))
model.add(Activation('relu'))
model.add(Dense(3))
model.add(Activation('softmax'))

sgd = SGD(lr=0.01, decay=1e-6, momentum=0.9, nesterov=True)
model.compile(loss='categorical_crossentropy', optimizer=sgd)
model.fit(x_train, y_train, verbose=1, batch_size=100, nb_
epoch=50,show_accuracy=True,validation_data=(x_test, y_test))
time.sleep(0.1)
```

在这里，将 batch_size 设置为 100，这意味着在每个时期（epoch）使用微批量梯度下降来处理 100 个训练样例。在这个模型中，使用了 50 个训练时期。这会得到以下输出：

```
OUTPUT:

acc: 0.8129 - val_loss: 0.5391 - val_acc: 0.8000
Train on 700 samples, validate on 300 samples
```

在最后一个使用 SGD 和 nesterov 的模型中，无论训练多少时期，都无法提高分数。

为提高准确度，建议尝试其他优化算法。之前我们已经成功使用过 Adam 优化方法，所以在这里再次使用它，看看是否能提高准确度。由于像 Adam 这样的自适应学习率会随时间推移而降低学习率，因此需要更多时期才能达到最佳解决方案。因此，在示例中，我们将训练时期数设置为 200：

```
adam=keras.optimizers.Adam(lr=0.01)
model.compile(loss='categorical_crossentropy', optimizer=adam)
model.fit(x_train, y_train, verbose=1, batch_size=100, nb_
epoch=200,show_accuracy=True,validation_data=(x_test, y_test))
time.sleep(0.1)
```

```
OUTPUT:
Epoch 200/200
700/700 [==============================] - 0s - loss: 0.3755 - acc:
0.8657 - val_loss: 0.4725 - val_acc: 0.8200
```

现在，通过 Adam 优化算法我们已设法实现了从 0.8 到 0.82 的令人信服的改进。

至此，我们已经介绍了 Keras 神经网络最重要的元素。下面继续设置 Keras，以便让它能使用 TensorFlow 框架。默认情况下，Keras 使用 Theano 后端。为了指示 Keras 在 TensorFlow 上工作，需要首先在软件包文件夹中找到 Keras 文件夹：

```
import os
print keras.__file__
```

具体路径可能与此不同：

```
Output: /Library/Python/2.7/site-packages/keras/__init__.pyc
```

在找到 Keras 包文件夹后，需要查找 ~/. keras/keras. json 文件。

这个文件中有一段脚本如下所示：

```
{"epsilon": 1e-07, "floatx": "float32", "backend": "theano"}
```

你只需将"backend": "theano"更改为"backend": "tensorflow"，结果如下：

```
{"epsilon": 1e-07, "floatx": "float32", "backend": "tensorflow"}
```

如果出于某种原因，Keras 文件夹（即/Library/Python/2.7/site-packages/keras/）中没有 .json 文件，那么请将下面的代码粘贴到文本编译器中：

```
{"epsilon": 1e-07, "floatx": "float32", "backend": "tensorflow"}
```

将其另存为 .json 文件并放入 Keras 文件夹中。

要在 TensorFlow 中测试是否正确使用 TensorFlow 环境，可以输入以下代码：

```
from keras import backend as K
input = K.placeholder(shape=(4, 4, 5))
# also works:
input = K.placeholder(shape=(None, 2, 5))
# also works:
input = K.placeholder(ndim=2)

OUTPUT:

Using Theano backend.
```

有些用户可能根本没有输出，这是正常的。这样，TensorFlow 后端可以使用了。

5.4 在 TensorFlow 中通过 Keras 实现卷积神经网络

在本章和前一章，我们已经用很多篇幅介绍了深度学习中最重要的主题。我们已经了解如何通过在神经网络中堆叠多个层来构建架构，以及如何识别和利用反向传播方法。我们还介绍了使用堆叠和去噪自动编码器进行无监督预训练的概念。深度学习的令人兴奋的下一步是卷积神经网络（CNN），这是一种构建多层本地连接网络的方法。CNN（通常称为 ConvNets）发展很快，在编写本书时，我们必须在一个月内重写和更新本章。在本章中，我们将介绍 CNN 背后最基本和最重要的概念，以便我们能够运行一些基本示例，而不会被其极大的复杂性所淹没。但是，我们无法全面讨论大量的理论和计算背景，因此本段只提供一个实际起点。

从概念上理解 CNN 的最好方法是回顾历史，了解一点认知神经科学，然后看一看 Huber 和 Wiesel 对猫视觉皮层的研究。当 Huber 和 Wiesel 将微电极插入大脑视觉皮层来测量神经活动时，他们在猫的视觉皮层中记录到神经激活。当猫观看投射在屏幕上的原始图像形状时，他们这样做了观测试验。有趣的是，他们发现某些神经元只对特定方向或形状的轮廓做出反应，这导致了视觉皮层由局部和特定于方向的神经元组成的理论，这也意味着，特定神经元只对具有特定方向和形状的图像（三角形、圆形或正方形）有反应。考虑到猫和其他哺乳动物可以将复杂和变化的形状感知为连贯的整体，我们假设感知是所有这些局部和分层组织的神经元的集合。至此，第一个多层感知器的概念已经完全形成，因此，不久便出现了在感知器架构中模拟神经元中的局部性和特定敏感性这一思想。从计算神经科学的角度来看，这个想法被发展成大脑局部感受区域图，并增加了选择性连接层。这也被已在发展中的神经网络和人工智能领域所采用。第一个将这种局部特定计算方法应用于多层感知器概念的科学家是福岛，他将其称为 neocognitron（1982）。

Yann LeCun 将 neocognitron 的思想发展成 LeNet，它增加了梯度下降反向传播算法。这个 LeNet 架构仍然是最近推出的许多进化后的 CNN 架构的基础。像 LeNet 这样的基本 CNN 会学习检测第 1 层中原始像素的边缘，然后使用这些边缘检测第 2 层中的简单形状，接着在此过程中使用这些形状来检测更高级别的特征，例如，更高层中环境内的对象。然后，沿神经序列的下一层成为使用这些更高级特征的最终分类器。我们可以在 CNN 中看到这样的前馈传递：从矩阵输入转到像素，从像素中检测边缘，然后从边缘检测形状，最后从形状中检测越来越独特、更抽象、更复杂的特征。

网络中的每个卷积或层都可以接受特定的特征（例如形状、角度或颜色）。更深层会将这些特征组合成更复杂的聚合。这样，就能处理完整图像，而不会一次处理全部图像输入空间而加重网络负担。

到目前为止，我们只使用每层都连接到每个相邻层的全连接神经网络，这些网络被证明非常有效，但却存在会显著增加必须训练的参数数量的缺点。由此，我们可能想象当训练小图像（28×28）时，可以摆脱全连接网络。但是，在跨越整个图像的较大图像上训练全连接网络，将需要巨大的计算成本。

总而言之，全连接神经网络 CNN 具有以下优点：

❑ 减少参数空间，从而防止过度训练和计算负荷。

❑ CNN 对于物体方向保持不变（比如对不同位置的面部进行分类的人脸识别）

❑ CNN 能够学习和泛化复杂的多维特征

❑ CNN 能用于语音识别、图像分类和复杂的推荐引擎

CNN 利用所谓的感受域来将输入连接到特征图。了解 CNN 的最好方法是深入认识其架构，当然还要依靠实践经验。让我们来疏理一下构成 CNN 的各种类型的层。

CNN 架构由 3 种类型层组成：即卷积层、池化层和全连接层，其中每层都可接受输入 3D 卷（h，w，d），并通过可微函数将其转换为 3D 输出。

5.4.1　卷积层

我们可以通过想象在输入（像素值和 RGB 值）的上方滑动一个有一定大小的聚光灯来理解卷积的概念，之后方便地计算过滤值（也称为补丁）与真实输入的点积。这里有两个重要事情：首先，它会压缩输入，更重要的是第二，网络会学习过滤器，仅当它们在输入中看到某些特定类型的特征空间位置时才激活。请参看图 5-3，理解其工作原理。

从图 5-3 可以看到，有 2 个级别的过滤器（W0 和 W1）和 3 个维度（数组形式）的输入，所有这些的结果是在输入矩阵上滑动聚光灯/窗口形成的点积。我们将聚光灯的大小称为步幅，这就意味着步幅越大，输出越小。

正如你所见，使用一个 3×3 过滤器时，会在矩阵的中心处理过滤器的全部有效范围，但是一旦靠近或越过边缘时就会在输入的边缘失效。在这种情况下，我们使用所谓零填充的方法，这时所有超出输入范围的元素都设置为零。最近，零填充或多或少已成为大多数 CNN 应用程序的默认设置。

5.4.2　池化层

通常放在过滤器层之间的下一个层类型被称为池化层或子采样层。它所做的是沿着空间维度（宽度和高度）执行下采样操作，这反过来有助于处理过拟合并减少计算负担。有几种方法能执行此下采样，但最近最大池化被证明是最有效的方法。最大池化是一种简单方法，它通过获取一批相邻特征的最大值来压缩特征。图 5-4 将阐述该想法，矩阵内的每个颜色框表示步幅为 2 的子样本。

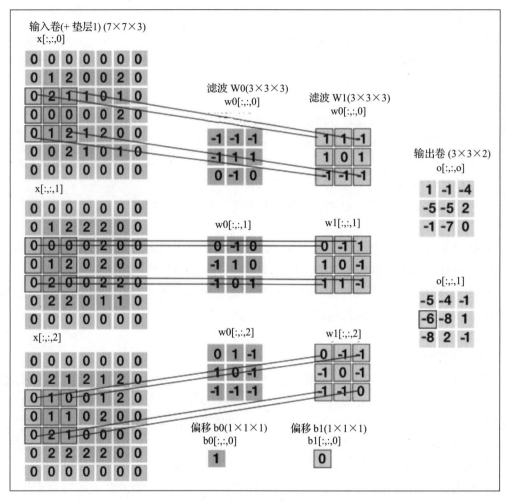

图 5-3　两个卷积层处理图像输入［7×7×3］

输入卷：宽度为 7、高度为 7 以及 RGB 三颜色通道的图像

池化层主要用于以下目的：

❑ 减少参数量，从而减少计算负担

❑ 正则化

有趣的是，最新研究结果表明，完全省略汇聚层会带来更好的准确性（尽管是以更大的 CPU 或 GPU 开销为代价）。

5.4.3　全连接层

图 5-4　步幅为 2 的最大池化层

这种层类型没有太多解释，负责计算分类（主要使用 softmax）的最终输出层就是全连接层。然而，在卷积层之间（尽管很少）也是全连接层。

在应用 CNN 前，先来回顾迄今为止的所学内容，并检查 CNN 架构，以验证我们的理解。在图 5-5 中看到 ConvNet 架构时，我们已经了解 ConvNet 将对输入做什么。该该示例是一个名为 AlexNet 的有效卷积神经网络，其目标是将 120 万张图像分为 1000 个类。2012 年 ImageNet 竞赛将其作为比赛数据集，ImageNet 是世界上最重要的图像分类和局部识别竞赛，每年举办一次。AlexNet 是指 Alex Krizhevsky（以及 Vinod Nair 和 Geoffrey Hintonation）。

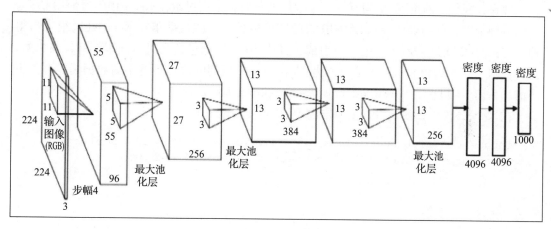

图 5-5　AlexNet 架构

从架构中不难看到，输入维度是 224×224，为 3 维深度，步幅大小为 4（其中最大池化层被堆叠）使输入维度降低。接下来是卷积层，两个密度大小为 4096 的层是全连接层，它们产生之前提到的最终输出。

在前面段落中提到过，TensorFlow 的图形计算允许跨 GPU 并行化。AlexNet 做了同样事情，通过图 5-6 可以了解它们如何跨 GPU 并行运行。

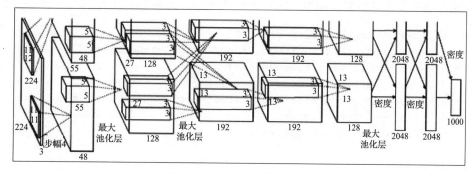

图 5-6　AlexNet 的并行化架构

图 5-6 来自 http://www.cs.toronto.edu/~fritz/absps/imagenet.pdf。

通过垂直分割架构，之后再合并到最终分类输出，AlexNet 让不同模型得以利用 GPU。CNN 更适合分布式处理，这是局部连接网络相对于全连接网络的最大优势之一。

该模型训练了一组 120 万张图像,并花五天时间在两个 NVIDIA GTX 580 3GB GPU 上完成,项目使用两组多 GPU 单元(总共六个 GPU)。

5.5 增量 CNN 方法

现在,我们已对 CNN 架构有了一个很好的理解,下面讨论在 Keras 中学习使用 CNN。

示例子中,使用著名的 CIFAR-10 人脸图像数据集,该数据集在 Keras 社区很容易得到。它由 60 000 张 32×32 彩色图像组成,其中 10 个目标包括飞机、汽车、鸟、猫、鹿、狗、青蛙、马、船和卡车。这是一个比 AlexNet 示例用到的数据集更小的数据集。有关更多信息,请参阅 https://www.cs.toronto.edu/~kriz/cifar.html。

在这个 CNN 中,我们将根据指定的 10 个类使用以下架构对图像进行分类:

```
input->convolution 1 (32,3,3)->convolution 2(32,3,3)->pooling-
>dropout -> Output (Fully connected layer and softmax)
```

5.6 GPU 计算

如果你安装了兼容 CUDA 的图形卡,则可以通过将以下代码放在 IDE 的顶部,从而将 GPU 用于此 CNN 示例:

```
import os
os.environ['THEANO_FLAGS'] = 'device=gpu0, assert_no_cpu_op=raise, on_
unused_input=ignore, floatX=float32'
```

但建议你首先在普通 CPU 上实验此示例。

下面先导入并准备数据。使用 32×32 的输入大小,即图像实际大小:

```
from keras.datasets import cifar10
from keras.preprocessing.image import ImageDataGenerator
from keras.models import Sequential
from keras.layers.core import Dense, Dropout, Activation, Flatten
from keras.layers.convolutional import Convolution2D, MaxPooling2D
from keras.optimizers import SGD
from keras.utils import np_utils

batch_size = 32
nb_classes = 10
nb_epoch = 5 #these are the number of epochs, watch out because it
might set your #cpu/gpu on fire.
```

```
# input image dimensions
img_rows, img_cols = 32, 32
# the CIFAR10 images are RGB
img_channels = 3

# the data, shuffled and split between train and test sets
(X_train, y_train), (X_test, y_test) = cifar10.load_data()
print('X_train shape:', X_train.shape)
print(X_train.shape[0], 'train samples')
print(X_test.shape[0], 'test samples')

#remember we need to encode the target variable
Y_train = np_utils.to_categorical(y_train, nb_classes)
Y_test = np_utils.to_categorical(y_test, nb_classes)
```

现在根据我们设想的架构来构建模型并设置 CNN 架构。

在示例中，我们用 vanilla SGD 和 Nesterov 动量训练 CNN 模型：

```
model = Sequential()

#this is the first convolutional layer, we set the filter size
model.add(Convolution2D(32, 3, 3, border_mode='same',
                        input_shape=(img_channels, img_rows, img_
cols)))
model.add(Activation('relu'))
#the second convolutional layer
model.add(Convolution2D(32, 3, 3))
model.add(Activation('relu'))
#here we specify the pooling layer
model.add(MaxPooling2D(pool_size=(2, 2)))
model.add(Dropout(0.25))


#first we flatten the input towards the fully connected layer into the
softmax function
model.add(Flatten())
model.add(Dense(512))
model.add(Activation('relu'))
model.add(Dropout(0.2))
model.add(Dense(nb_classes))
model.add(Activation('softmax'))

# let's train the model using SGD + momentum like we have done before.
sgd = SGD(lr=0.01, decay=1e-6, momentum=0.9, nesterov=True)
model.compile(loss='categorical_crossentropy', optimizer=sgd)
```

```
X_train = X_train.astype('float32')
X_test = X_test.astype('float32')

#Here we apply scaling to the features
X_train /= 255
X_test /= 255
```

这一步非常重要，因为这里指定 CNN 进行增量训练。在第 2 章和上一段中我们看到，在线和增量学习具有很好的计算效率。我们可以模仿其某些属性，并在 CNN 使用非常小的 batch_size（每次为训练集的一小部分）和非常小的时期（epoch）大小，并在 for 循环中逐步训练它们。这样，我们可以给出相同数量的时期（epoch），并且在更短时间内训练我们的 CNN，同时减轻主内存的负担。通过简单 for 循环实现这个非常强大的想法，如下所示：

```
for epoch in xrange(nb_epoch):
    model.fit(X_train, Y_train, batch_size=batch_size, nb_
epoch=1,show_accuracy=True
            ,validation_data=(X_test, Y_test), shuffle=True)

OUTPUT:]

X_train shape: (50000, 3, 32, 32)
50000 train samples
10000 test samples
Train on 50000 samples, validate on 10000 samples
Epoch 1/1
50000/50000 [==============================] - 1480s - loss: 1.4464 -
acc: 0.4803 - val_loss: 1.1774 - val_acc: 0.5785
Train on 50000 samples, validate on 10000 samples
Epoch 1/1
50000/50000 [==============================] - 1475s - loss: 1.0701 -
acc: 0.6212 - val_loss: 0.9959 - val_acc: 0.6525
Train on 50000 samples, validate on 10000 samples
Epoch 1/1
50000/50000 [==============================] - 1502s - loss: 0.8841 -
acc: 0.6883 - val_loss: 0.9395 - val_acc: 0.6750
Train on 50000 samples, validate on 10000 samples
Epoch 1/1
50000/50000 [==============================] - 1555s - loss: 0.7308 -
acc: 0.7447 - val_loss: 0.9138 - val_acc: 0.6920
Train on 50000 samples, validate on 10000 samples
Epoch 1/1
50000/50000 [==============================] - 1587s - loss: 0.5972 -
acc: 0.7925 - val_loss: 0.9351 - val_acc: 0.6820
```

我们看到，CNN 训练最后终于达到接近 0.7 的验证准确度。考虑到已经在一个具有

60 000 个训练样例和 10 个目标类的高维数据集上训练了复杂模型，这已经令人满意。CNN 在该数据集上实现最大可能分数需要至少 200 个时期（epoch）。本例子中提出的方法并不是最终的，这是帮你掌握 CNN 入门知识的一个基本实现。你可以随意尝试添加或删除层、调整批量大小等进行实验，并使用参数了解其工作原理。

如果想了解更多有关卷积层的最新发展，请查看 ResNet，这是 CNN 架构的最新改进之一。Kaiming He 等人是 ImageNet 2015 的获奖者。他们的 ResNet 具有一个有趣的架构，使用称为批量规范化的方法，这种方法可以规范化各层之间的特征转换。Keras 中有批量规范化函数（http://keras. io/layers/normalization/）可用于实验。

为了让你了解最新一代 ConvNets，你需要熟悉以下更有效的 CNN 参数设置：
- ❏ 小步幅
- ❏ 权重衰减（正常化而不是丢弃）
- ❏ 无丢弃
- ❏ 中级层之间的批量规范化
- ❏ 少到无预训练（用自动编码器和波尔兹曼机器进行图像分类逐渐过时）

另一个有趣概念是最近卷积网络用于除图像检测之外的应用，比如语言和文本分类、完成句子甚至推荐系统。一个有趣示例就是 Spotify 的音乐推荐引擎，它基于卷积神经网络。

在这里能查看更多信息：
- ❏ http://benanne. github. io/2014/08/05/spotify-cnns. html
- ❏ http://machinelearning. wustl. edu/mlpapers/paper_files/ NIPS2013_5004. pdf

目前，卷积网络用于以下方面：
- ❏ 人脸检测（Facebook）
- ❏ 电影分类（YouTube）
- ❏ 语音和文字
- ❏ 生成艺术（例如 Google DeepDream）
- ❏ 推荐引擎（音乐推荐：Spotify）

5. 7 小结

本章花大量篇幅介绍 TensorFlow 结构及其相应方法。我们介绍了如何设置基本的回归量、分类器和单隐藏层神经网络。尽管 TensorFlow 编程操作相对简单，但对于现成的机器学习任务，TensorFlow 可能有些乏味。这正是 SkFlow 的用武之地，它是一个更高级别的库，其界面与 Scikit-learn 非常相似。对于增量甚至是非核心解决方法，SkFlow 提供了一种可以很容易设置的部分拟合方法。其他大规模解决方案要么局限于 GPU 应用，要么处于早期阶段。所以，现在涉及可扩展解决方案时，必须借助增量学习策略。

我们还介绍了卷积神经网络，以及如何在 Keras 中建立它们。

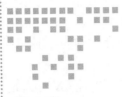

大规模分类和回归树

本章重点讨论大规模分类和回归树方法，主要包含以下主题：

❑ Scikit-learn 中快速随机森林使用技巧和小窍门

❑ 添加随机森林模型和子采样

❑ GBM 梯度提升法

❑ XGBoost 与流方法

❑ H2O 中非常快速的 GBM 和随机森林

决策树的目的是学习一系列决策规则，以便根据训练数据推断目标标签。使用递归算法时，该过程从树根开始，并在特征上分割导致最低不纯度的数据。目前，最广泛适用的基于可扩展树的应用均基于 CART。它由 Breiman、Friedman Stone 和 Ohlson 于 1984 年引入，CART 是分类和回归树（Classification and Regression Trees）的缩写。CART 在两个方面与其他决策树模型（如 ID3、C4.5/C5.0、CHAID 和 MARS）不同。

首先，CART 对分类和回归问题均适用。其次，它构建二叉树（每次拆分时都产生二叉拆分）。这使得 CART 树能对给定特征执行递归操作，并以不纯度的形式对错误指标进行贪婪优化。这些二叉树和可扩展解决方法是本章重点。

让我们仔细观察这些树如何构造。可以将决策树看作带有节点的图，并从上到下传递信息。树中的每个决策都通过对类（布尔型）或连续变量（阈值）进行二叉拆分得到。

可以通过以下过程构造和学习树：

❑ 从根到终端节点递归查找可最佳拆分目标标签的变量，其衡量依据是目标结果所最小化的每个特征的不纯度。本章中，不纯度的度量方式是基尼不纯度和交叉熵。

基尼不纯度

$$Gini(S) = 1 - \sum_{i=1}^{k} p_i^2$$

作为一项指标，基尼不纯度用于度量目标类（k）的概率 p_i 之间的散度，以便概率值平均分布在目标类上以产生高的基尼不纯度。

交叉熵

$$D = - \sum_{k=1}^{k} \hat{p}_{mk} \log \hat{p}_{mk}$$

使用交叉熵可以查看误分类的对数概率。事实证明这两个指标都会得到非常相似的结果。然而，基尼不纯度计算效率更高，因为不需要计算对数。

我们这样做直到满足停止标准。这个标准大致意味着两件事：首先，增加新变量不再改善目标结果；其次，已达到最大树深度或树复杂度的阈值。请注意，有许多节点的非常深且复杂的树很容易导致过拟合。为防止这种情况发生，我们通常通过限制树深度来修剪树。

为了直观地了解这个过程的工作原理，下面用 Scikit-learn 构建一个决策树，并用 graphviz 对其可视化。首先，创建简单数据集，看看是否能预测谁吸烟，谁不基于 IQ（数字）、年龄（数字）、年收入（数字）、企业主（布尔）和学历（布尔）。这需要从 http://www. graphviz. org 下载该软件，以便加载Scikit-learn创建的 tree. dot 的可视化结果。

```
import numpy as np
from sklearn import tree
iq=[90,110,100,140,110,100]
age=[42,20,50,40,70,50]
anincome=[40,20,46,28,100,20]
businessowner=[0,1,0,1,0,0]
univdegree=[0,1,0,1,0,0]
smoking=[1,0,0,1,1,0]
ids=np.column_stack((iq, age, anincome,businessowner,univdegree))
names=['iq','age','income','univdegree']
dt = tree.DecisionTreeClassifier(random_state=99)
dt.fit(ids,smoking)
dt.predict(ids)
tree.export_graphviz(dt,out_file='tree2.dot',feature_
names=names,label=all,max_depth=5,class_names=True)
```

之后可以在工作目录中找到 tree. dot 文件。一旦找到，就用 graphviz 软件打开，如图 6-1 所示。

❏ 根节点（income）：有最高信息增益和最低不纯度（Gini = 0. 5）的起始节点。

❑ 内节点（age 和 IQ）：根节点与终端之间的所有节点。父节点将决策规则传递给接收端，即子节点（左和右）。

❑ 终端节点（叶节点）：由树结构划分的目标标签。

树深度是从根节点到终端节点的边数，在此例中，树深度是 3。

现在，我们可以看到生成树所产生的所有二叉拆分。在根节点顶部，收入低于 24k 的人不吸烟（income<24）。还可以看到每个节点上该拆分的相应的基尼不纯度（0.5）。因为是最终决定，所以无左子节点。路径直接在那里结束，因为它完全划分了目标类。然而，在收入正确的子节点（age）中，出现树分支。在这里，如果年龄小于或等于 46，那么此人不吸烟，但年龄超过 46 并且 IQ 低于 105，则该人吸烟。同样重要的是，我们创建了几个不属于树的特征，即学历和企业主。这是因为，在没有这些特征时，树中变量也能对目标标签进行分类。这些省略的特征根本不会帮助降低树的不纯度。

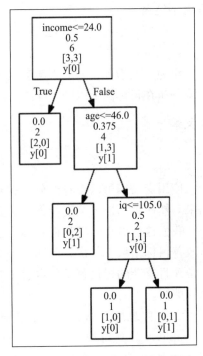

图 6-1　free. dot 文件的可视化结果

单树有其缺点，因为容易过度训练，所以不能很好地归纳未见过的数据。目前的这一代技术通过集成方法进行训练，其中单个树被聚合成更强大的模型。这种 CART 集成技术是机器学习最常用的方法之一，因为具有准确性、易用性和处理异构数据的能力。这些技术已成功地应用于最近的数据科学竞赛，如 Kaggle 和 KDD-cup。由于分类和回归树的集成方法在人工智能和数据科学领域应用广泛，因此本章主要讨论 CART 集成方法的可扩展解决方案。

一般来说，我们可以归纳出使用 CART 模型的两种集成方法，即 bagging 和 boost。下面疏理一下这些概念，以便更好理解集成工作原理。

6.1　bootstrap 聚合

Bagging 是"bootstrap aggregation"的缩写。bootstrap 技术源自分析师必须处理数据的稀缺性。利用这种统计方法，当无法事先计算出统计分布时，可以使用子样本来估计总体参数。bootstrap 的目标是，在随机子集样通过替换将更大的易变性引入较小数据集的情况下，为总体参数提供更稳健的估计。

通常，bootstrap 遵循以下基本步骤：

1. 从给定数据集中随机采样一批大小为 x 的样本进行替换。

2. 计算每个样本的指标或参数以估计总体参数。

3. 聚合结果。

近年来，bootstrap 方法也被用于机器学习模型的参数。当集合体的分类器提供高度多样化的决策边界时，集成是最有效的。集合体的多样性可以通过其底层模型的多样性和这些模型所训练的数据来实现。树非常适合分类器之间的这种多样性，因为树的结构可以是高度可变的。但是，最常用的集成方法是使用不同训练数据集来训练单个分类器。通常，这些数据集是通过子采样技术获得的，例如 bootstrap 和 bagging。一切都源于这种观点：通过利用更多数据，减少估计的方差。如果无法获得更多数据，则重新采样能有显著改进，因为它允在许多版本的训练样本上重新训练算法。这就是 bagging 的思想；使用 bagging，我们将原始 bootstrap 思想向前推进一步，其方法是将许多重新采样的结果聚合（例如，平均）起来，以便得出最终预测，在最终预测中，由于样本内过拟合而导致的误差可以相互抵消。

在将集成技术（例如 bagging）用于树模型时，我们会在原始数据集的每个独立的 bootstrap 处理（或使用无替换采样进行子采样）的样本上构建多个树，然后聚合结果（通常通过算术、几何平均或投票）。

在这种情况下，标准 bagging 算法如下：

1. 从完整数据集（$S1$，$S2$，$\cdots$，Sn）中抽取 n 个大小为 K 的随机样本。

2. 在（$S1$，$S2$，$\cdots$，Sn）上训练不同的树。

3. 在新数据上计算样本（$S1$，$S2$，$\cdots$，Sn）的预测并聚合其结果。

从 bagging 方法引入的随机性和多样性可以很好地帮助构建 CART 模型。

6.2　随机森林和极端随机森林

除了 bagging，基于训练示例，还可以根据特征提取随机子样本。这种方法称为随机子空间。随机子空间对于高维数据（有大量特征的数据）尤其有用，它是随机森林方法的基础。撰写本书时，随机森林是最常用的机器学习算法，因为它易于使用，对杂乱数据有很强鲁棒性并且可并行化。各种各样应用程序都用到它，比如定位程序、游戏和医疗保健程序的筛选方法。例如，Xbox Kinect 使用随机森林模型进行运动检测。考虑到随机森林算法基于 bagging 方法，算法相对简单：

1. 从可用样本中 bootstrap 大小为 N 的 m 个样本。

2. 在每个节点分割处使用特征集 G（无替换）的不同部分在每个子集（$S1$，$S2$，$\cdots$，Sn）上独立构造树。

3. 使节点拆分错误最小化（基于基尼指数或熵指标）。

4. 让每棵树做出预测并聚合结果，在此过程中使用投票进行分类并用求平均进行回归。

由于 bagging 依赖于多个子样本，因此它是并行化的理想选择，从而让每个 CPU 单元专用于计算单独的模型。通过这种方式，利用多核的广泛可用性来加快学习速度。作为这种扩展策略的一个限制，我们必须意识到 Python 是单线程的，我们将不得不复制许多 Python 实例，而且每个实例都要将必须部署的样本内示例复制到内存空间中。因此，为了适应训练矩阵和进程数，我们需要大量 RAM 内存。如果可用 RAM 不够，那么即使在我们的计算机上设置并行树计算的数量，也不会帮助扩展算法的处理容量。在这种情况下，CPU 和 RAM 内存是重要的瓶颈。

随机森林模型很容易用于机器学习，因为它们不需要大量超参数调优就能运行良好。最重要的参数是树的数量和深度，它们对模型性能影响最大。在操作这两个超参数时，它会导致精度与性能的权衡，在这种情况下，更多的树和更深的深度会导致更高的计算负载。根据从业者的经验，我们建议不要把树的数量设置太高，因为最终模型会在性能上达到稳定水平，并且在增加更多树时不会再提高，而是只会给 CPU 内核带来负担。基于这种考虑，尽管带有默认参数的随机森林模型能开箱即用，但我们仍然应当通过调整树的数量来提高性能。有关随机森林的超参数的概述，请参见表 6-1。

表 6-1 两种方法的计算速度

样 本 大 小	额 外 树	随 机 森 林
100 000	25.9s	164s
50 000	9.95s	35.1s
10 000	2.11s	6.3s

随机森林中实现 bagging 的最重要参数：

❑ n_estimators：模型中树的数量。

❑ max_features：用于构建树的特征数量。

❑ min_sample_leaf：如果终端节点包含的样本数小于最小值，则删除节点拆分。

❑ max_depth：从根节点到终端节点从上到下所经过的节点数。

❑ criterion：用于计算最佳拆分（基尼或熵）的方法。

❑ min_samples_split：拆分内节点需要的最小样本数。

Scikit-learn 提供了广泛而强大的 CART 集成应用程序，其中一些程序的计算效率很高。当涉及随机森林时，有一种名为额外树的算法常被忽略，其更恰当的名称为极端随机森林。在 CPU 效率方面，额外树能提供比常规随机森林高很多的加速，有时甚至是数十倍。

表 6-1 中有两种方法的计算速度。当增加样本大小时，额外树的速度会显著加快。

对额外树和随机森林的模型训练均使用了 50 个特征和 100 个估计器。这个例子使用 16GB 内存的四核 MacBook Pro，以秒为单位测量训练时间。

在本段中，我们将使用极端森林而不是 Scikit-learn 中的 vanilla 随机森林方法。你可能会问：它们有什么不同？两者差别并不十分复杂。随机森林中，节点拆分的决策规则基于每次迭代中随机选择的特征所产生的最佳分数。而在极端随机森林中，随机分组中的每个特征都会产生一个随机拆分（因此，不需要通过计算来寻找每个特征的最佳拆分），然后选择最佳得分阈值。这种方法会带来一些有利的属性，因为即使每棵树继续生长直到在终端节点上有最大可能的准确度，该方法也能获得低方差的模型。随着更多随机性添加到分支拆分中，树学习器会产生错误，因此在集合体中树的相关性就会降低。这导致集合体中更多不相关估计，并且取决于学习问题（毕竟无免费午餐），会导致比标准随机森林集合体有更低的泛化误差。然而，实践中，常规随机森林模型可以提供稍高的准确度。

　　考虑到这些学习属性，以及更有效的节点拆分计算和可用于随机森林的相同并行性，如果想要加快核心学习速度，那么极端随机森林在集成树算法的范围内是个非常不错的选择。

　　要阅读极端随机森林算法的详细描述，请参考下面文章：p. Geurts、d. Ernst 和 l. Wehenkel 的 "Exlremely randomized frees，Machine Learning，63（1），3-42，2006"。该文章也可以在网址 https://www. semanticscholar. org/paper/Extremely-randomized-trees-Geurts-Ernst/336 a165c17c9c56160d332b9f4a2b403fccbdbfb/pdf 下载。

　　下面通过举例来具体说明，该示例将高效的随机森林方法用来处理信用数据，该数据集用于预测信用卡客户的默认费率。数据集包含 18 个特征和 3 万个训练实例。由于需要导入 XLS 格式的文件，所以需要安装 xlrd 软件包，可通过在命令行终端输入以下代码安装它：

```
$ pip install xlrd
import pandas as pd
import numpy as np
import os

import xlrd
import urllib
#set your path here
os.chdir('/your-path-here')

url = 'http://archive.ics.uci.edu/ml/machine-learning-databases/00350/
default%20of%20credit%20card%20clients.xls'
filename='creditdefault.xls'
urllib.urlretrieve(url, filename)

target = 'default payment next month'
data = pd.read_excel('creditdefault.xls', skiprows=1)
```

```
target = 'default payment next month'
y = np.asarray(data[target])
features = data.columns.drop(['ID', target])
X = np.asarray(data[features])

from sklearn.ensemble import ExtraTreesClassifier
from sklearn.cross_validation import cross_val_score
from sklearn.datasets import make_classification
from sklearn.cross_validation import train_test_split

X_train, X_test, y_train, y_test = train_test_split(X, y,test_size=0.30,
random_state=101)

clf = ExtraTreesClassifier(n_estimators=500, random_state=101)
clf.fit(X_train,y_train)
scores = cross_val_score(clf, X_train, y_train, cv=3,scoring='accuracy',
n_jobs=-1)
print "ExtraTreesClassifier -> cross validation accuracy: mean = %0.3f
std = %0.3f" % (np.mean(scores), np.std(scores))

Output]

ExtraTreesClassifier -> cross validation accuracy: mean = 0.812 std =
0.003
```

现在我们对训练集的准确性进行了一些基本估计，让我们看看它在测试集上的表现如何。在这种情况下，我们希望监控误报和漏报，并检查是否有目标变量的类不平衡：

```
y_pred=clf.predict(X_test)
from sklearn.metrics import confusion_matrix
confusionMatrix = confusion_matrix(y_test, y_pred)
print confusionMatrix
from sklearn.metrics import accuracy_score
accuracy_score(y_test, y_pred)

OUTPUT:
[[6610  448]
[1238  704]]

Our overall test accuracy:
0.8126666666666665
```

有趣的是，测试集的准确性等于我们的训练结果。由于我们的基线模型只使用默认设置，因此可以通过调优超参数来提高性能，这一任务的计算成本非常高。最近，人们为超参数优化开发了很多计算效率更高的方法，我们将在下一节讨论它。

6.3　随机搜索实现快速参数优化

读者已经熟悉 Scikit-learn 的网格搜索功能，它是一个很好的工具，但是处理大型文件时，取决于参数空间，它会大幅增加训练时间。对于极端随机森林，使用一个名为"随机搜索"的参数搜索方法也可以加快参数优化的计算时间。通过系统测试超参数设置的所有可能组合，普通网格搜索会同时给 CPU 和内存带来负担，而随机搜索则随机选择超参数的组合。当测试超过 30 种组合时，这种方法会大幅加快计算速度（对于更小搜索空间，网格搜索仍然有竞争力）。所获优点与从随机森林转向极度随机森林时看到的情况相同（想想两者之间性能相差 10 倍，具体取决于硬件规格、超参数空间和数据集大小）。

通过 n_iter 参数可以指定随机计算的超参数设置的数量：

```
from sklearn.grid_search import GridSearchCV, RandomizedSearchCV


param_dist = {"max_depth": [1,3, 7,8,12,None],
    "max_features": [8,9,10,11,16,22],
    "min_samples_split": [8,10,11,14,16,19],
    "min_samples_leaf": [1,2,3,4,5,6,7],
    "bootstrap": [True, False]}

#here we specify the search settings, we use only 25 random parameter
#valuations but we manage to keep training times in check.
rsearch = RandomizedSearchCV(clf, param_distributions=param_dist,
    n_iter=25)

rsearch.fit(X_train,y_train)
rsearch.grid_scores_

bestclf=rsearch.best_estimator_
print bestclf
```

在这里，能看到模型的最佳参数设置的列表。
现在使用这个模型对测试集进行预测：

```
OUTPUT:
ExtraTreesClassifier(bootstrap=False, class_weight=None,
```

```
criterion='gini',
    max_depth=12, max_features=11, max_leaf_nodes=None,
    min_samples_leaf=4, min_samples_split=10,
    min_weight_fraction_leaf=0.0, n_estimators=500, n_jobs=1,
    oob_score=False, random_state=101, verbose=0, warm_start=False)

y_pred=bestclf.predict(X_test)
confusionMatrix = confusion_matrix(y_test, y_pred)
print confusionMatrix
accuracy=accuracy_score(y_test, y_pred)
print accuracy

OUT
[[6733  325]
 [1244  698]]

Out[152]:
0.82566666666666666
```

我们设法在可管理的训练时间范围内提高了模型性能，同时提高了准确性。

极端随机树和大数据集

到目前为止，我们已经研究了对利用多核 CPU 和随机化的方法进行扩展的解决方案，这都归因于于随机森林的具体特征及其更有效的替代——极端随机森林。但是，如果必须处理不适合放入内存或者对 CPU 太苛刻的大数据集，则非核心解决方案可能是不错的选择。H2O 中有用于集成的最好的非核心方法，本章稍后会详细介绍。但是，我们可以运用另一个实用技巧，让随机森林或额外树在大型数据集上平稳运行。这个次最佳解决方案是先在数据的子样本上训练模型，然后将建立在不同数据子样本上的每个模型的结果集成在一起（毕竟，必须对结果进行平均或分组）。第 3 章已经介绍过用蓄水池采样来处理数据流采样。本章再次使用采样，并采用更大的采样算法。首先，安装一个由 Paul Butler 开 发 的 名 为 "subsample" 的 非 常 方 便 的 工 具 （http://github. com/paulgb/ subsample），这个命令行工具可以从大型换行符分割的数据集（类似 CSV 文件）中对数据进行采样。该工具提供快速简便的采样方法，如蓄水池采样。在第 3 章中介绍过，蓄水池采样是一种采样算法，可以从数据流中采样固定大小的样本。概念上很简单（见第 3 章公式），只需要一个简单数据传递即可产生样本，并将其存储在磁盘上新文件中（第 3 章脚本将其存储在内存中）。

下一个示例将使用 subsample 工具和蓄水池算法集成在这些子样本上训练的模型。

综上所述，本节将执行以下操作：

1. 创建数据集并将其拆分成测试和训练数据。

2. 抽取训练数据的子样本, 并将其单独保存为硬盘文件。

3. 加载这些子样本, 并在其上训练极端随机森林模型。

4. 聚合模型。

5. 检查结果。

下面让我们使用 pip 安装 subsample 工具:

```
$pip install subsample
```

在命令行中, 设置要采样的文件所在的工作目录:

```
$ cd /yourpath-here
```

这里使用 cd 命令指定用于存储下一步所创建的文件的工作目录。

按照以下方式执行此操作:

```
from sklearn.datasets import fetch_covtype
import numpy as np
from sklearn.cross_validation import train_test_split
dataset = fetch_covtype(random_state=111, shuffle=True)
dataset = fetch_covtype()
X, y = dataset.data, dataset.target
X_train, X_test, y_train, y_test = train_test_split(X,y, test_
size=0.3, random_state=0)
del(X,y)
covtrain=np.c_[X_train,y_train]
covtest=np.c_[X_test,y_test]
np.savetxt('covtrain.csv', covtrain, delimiter=",")
np.savetxt('covtest.csv', covtest, delimiter=",")
```

在将数据集折分成测试集和训练集之后, 下面对训练集进行子采样, 以便获得上传到内存中的数据块。考虑到完整训练数据集的大小为 30 000 个实例, 我们将对 3 个较小的数据集进行子采样, 每个数据集由 10 000 项组成。如果有一台配置低于 2GB 内存的计算机, 你会发现将初始训练集拆分成更小文件后更容易管理, 尽管你获得的建模结果可能会不同于我们基于 3 个子样本的示例。一般来说, 子样本中实例越少, 模型偏差越大。实际上, 进行子采样时, 是利用更易于管理的数据量优势来克服估计偏差增加的问题。

```
$ subsample --reservoir -n 10000 covtrain.csv > cov1.csv

$ subsample --reservoir -n 10000 covtrain.csv > cov2.csv

$ subsample --reservoir -n 10000 covtrain.csv>cov3.csv
```

现在可以从在命令行中指定的文件夹内找到这些子集。请确保在 IDE 或 notebook 中设置相同路径。让我们逐个加载样本，并在其上训练随机森林模型。若要在稍后将其组合起来进行最终预测，请注意保持逐行方法，以便于密切关注连续的步骤。为保证示例成功，请确保在 IDE 或 Jupyter Notebook 中设置相同路径：

```
import os
os.chdir('/your-path-here')
```

在这里，我们已经开始从数据学习，并且可以在内存中逐一加载样本，然后在其上训练树的集合体。

```
import numpy as np
from sklearn.ensemble import ExtraTreesClassifier
from sklearn.cross_validation import cross_val_score
from sklearn.cross_validation import train_test_split
import pandas as pd
import os
```

在报告验证得分后，代码将继续在所有数据块上训练我们的模型，一次一个。由于是从不同数据部分逐数据块分别进行学习，因此使用 warm_start = Trueparameter 和 set_ params 方法来初始化集成学习器（本例中是 ExtraTreeClassifier），该方法会让学习器随着拟合方法被多次调用而从之前的训练会话以增量方式添加树：

```
#here we load sample 1
df = pd.read_csv('/yourpath/cov1.csv')
y=df[df.columns[54]]
X=df[df.columns[0:54]]




clf1=ExtraTreesClassifier(n_estimators=100, random_state=101,warm_
start=True)
clf1.fit(X,y)
scores = cross_val_score(clf1, X, y, cv=3,scoring='accuracy', n_jobs=-
1)
print "ExtraTreesClassifier -> cross validation accuracy: mean = %0.3f
std = %0.3f" % (np.mean(scores), np.std(scores))
print scores
print 'amount of trees in the model: %s' % len(clf1.estimators_)

#sample 2
df = pd.read_csv('/yourpath/cov2.csv')
y=df[df.columns[54]]
X=df[df.columns[0:54]]
```

```
clf1.set_params(n_estimators=150, random_state=101,warm_start=True)
clf1.fit(X,y)
scores = cross_val_score(clf1, X, y, cv=3,scoring='accuracy', n_jobs=-
1)
print "ExtraTreesClassifier after params -> cross validation accuracy:
mean = %0.3f std = %0.3f" % (np.mean(scores), np.std(scores))
print scores
print 'amount of trees in the model: %s' % len(clf1.estimators_)

#sample 3
df = pd.read_csv('/yourpath/cov3.csv')
y=df[df.columns[54]]
X=df[df.columns[0:54]]
clf1.set_params(n_estimators=200, random_state=101,warm_start=True)
clf1.fit(X,y)
scores = cross_val_score(clf1, X, y, cv=3,scoring='accuracy', n_jobs=-
1)
print "ExtraTreesClassifier after params -> cross validation accuracy:
mean = %0.3f std = %0.3f" % (np.mean(scores), np.std(scores))
print scores
print 'amount of trees in the model: %s' % len(clf1.estimators_)

# Now let's predict our combined model on the test set and check our
score.

df = pd.read_csv('/yourpath/covtest.csv')
X=df[df.columns[0:54]]
y=df[df.columns[54]]
pred2=clf1.predict(X)
scores = cross_val_score(clf1, X, y, cv=3,scoring='accuracy', n_jobs=-
1)
print "final test score %r" % np.mean(scores)

OUTPUT:]
ExtraTreesClassifier -> cross validation accuracy: mean = 0.803 std =
0.003
[ 0.805997    0.79964007  0.8021021 ]
amount of trees in the model: 100
ExtraTreesClassifier after params -> cross validation accuracy: mean =
0.798 std = 0.003
[ 0.80155875  0.79651861  0.79465626]
amount of trees in the model: 150
ExtraTreesClassifier after params -> cross validation accuracy: mean =
0.798 std = 0.006
[ 0.8005997   0.78974205  0.8033033 ]
```

```
amount of trees in the model: 200
final test score 0.92185447181058278
```

 警告：该方法看起来不像 Python 风格，但非常有效。

现在已经提高最终预测得分，测试集上的准确度从大约 0.8 提高到 0.922。这是因为有一个最终组合模型包含了前 3 个随机森林模型的所有树信息。在代码输出中，应注意到添加到初始模型中的树数量。

从现在开始，我们希望使用这种方法在更大的数据集上利用更多子样本，或将随机搜索应用到子样本中，以便更好地进行调优。

6.4 CART 和 boosting

这一章从 bagging 开始，现在介绍 boosting，这是一种不同的集成方法。如同 bagging，boosting 能用于回归和分类，并且由于更高准确度，最近风头超过随机森林。

在优化过程中，boosting 基于在其他地方已看到的随机梯度下降原则，即通过按梯度使误差最小化来优化模型。目前最熟悉的 boosting 方法是 AdaBoost 和梯度 boosting。AdaBoost 算法归结为使那些预测有轻微错误的实例的误差最小化，以便使更难分类的实例能得到更多关注。最近，AdaBoost 失宠，因为人们发现其他 boosting 方法更准确。

本章介绍 Python 用户使用的两种最有效的 boosting 算法：Scikit-learn 包中的梯度增强机器（GBM）和极端梯度增强（XGBoost）。GBM 算法本质上是顺序性的，所以很难并行化，因此比随机森林更难扩展，但有些技巧帮助完成这项工作。某些加速算法的技巧和窍门为 H2O 提供了一个非常不错的非内存解决方案。

梯度增强机器（GBM）

正如前面章节所述，随机森林和极端树是高效算法，并且二者都只需最少的工作量就能很好工作。虽然 GBM 是更准确的方法，但难以使用，而且总是需要调整许多超参数才能达到最好结果。另一方面，随机森林使用起来很简单，只考虑几个参数（主要是树深度和树数量）。另一个需要注意的是过度训练。与 GBM 相比，随机森林对过度训练更不敏感。因此，对于 GBM 我们还需要考虑正则化策略。最重要的是，随机森林更容易执行并行操作，而 GBM 是顺序性的，因此计算速度较慢。

在本章中，我们将应用 Scikit-learn 中的 GBM，并了解名为 XGBoost 的下一代树 boosting 算法，然后在 H2O 上实现更大规模的 boosting。

在 Scikit-learn 和 H2O 中使用的 GBM 算法需要两个重要概念：由最陡下降算法提供的加法展开和梯度优化。前者的基本思想是产生一系列相对简单的树（弱学习器），其中沿梯度添加每个连续树。可以假设我们有 M 个树来聚合集合体中的最终预测。每个迭代 f_k 中的树都是模型（ϕ）中所有可能树的更广阔空间的一部分（在 Scikit-learn 中，该参数就是广为人知的 n_estimators）：

$$\hat{y} = \sum_{m=1}^{M} f_k(x_i), \ f_k \in \phi$$

加法展开就是以逐阶段方式向先前的树添加新树：

$$\hat{y}_i^{(0)} = 0$$

$$\hat{y}_i^{(1)} = f_1(x_i) = \hat{y}_i^{(0)} + f_1(x_i) \quad （这是第一个树）$$

$$\hat{y}_i^{(2)} = f_1(x_i) + f_2(x_i) = \hat{y}_i^{(1)} + f_2(x_1) \quad （将第二个树添加到第一个树）$$

如此重复，直到达到停止条件

对梯度 boosting 集成的预测就是所有先前树和新添加树的预测总和（$\hat{y}_i^{(t-1)}$）$+ f_1(x_i)$，更正式的表达如下：

$$\hat{y}_i^{(t)} = \sum_{m=1}^{M} f_k(x_i) = \hat{y}_i^{(t-1)} + f_i(x_i)$$

GBM 算法的第二个重要且非常棘手的部分是通过最陡下降法进行梯度优化。这意味着需要向加法模型添加更多强大的树，这可以通过将梯度优化应用于新树来实现。如何像传统学习算法那样在没有参数的情况下对树进行梯度更新？首先，对树进行参数化，这需要在以向量表示节点的地方沿梯度递归升级节点拆分值。这样，最陡下降方向就是损失函数的负梯度，并且节点拆分将被升级和学习，从而导致：

❏ λ：收缩参数（也称为"学习率"），它会导致随着树增加集合体缓慢学习。

❏ γ_{mi}：梯度升级参数，也称为步长。

因此，每个叶子的预测分数是新树的最终分数，然后可以简单对每个叶子求总和：

$$\hat{y}_i^{(t)} = \sum_{m=1}^{M} f_k(x_i) = \hat{y}_i^{(t-1)} + \lambda \gamma_{mi} f_i(x_i)$$

综上所述，GBM 的工作方式是逐步添加沿梯度学习的更精确的树。

了解核心概念后，让我们运行一个 GBM 示例并查看其最重要的参数。对于 GBM，这些参数非常重要，因为将树的数量设置太高时，必然会使计算资源以指数级增长而变得紧张，所以要小心处理这些参数。Scikit-learn 的 GBM 应用中的大多数参数与在前一段中介绍的随机森林相同，但需要特别注意下面三个参数：

max_depth

随机森林在构建树结构至其最大扩展限度（从而构建和集成预测器具有高方差的预测因子）时表现更好，与之相比，GBM 在处理小树时性能更好（利用有较高偏差的预测因子，即弱学习器）。使用较小决策树或仅用树干（仅有一个分支的决策树）能减少训练时间，从而导致执行快但偏差较大（因为较小树几乎不能拦截数据中更复杂的关系）。

learning_rate

也称为收缩率 λ，它是与梯度下降优化以及每棵树对集成的贡献度相关的参数。如果该参数值较小，则能改善训练过程中的优化效果，但需要更多估计器以便进行收敛，从而导致更多计算时间。由于它会影响集合体中每棵树的权重，因此较小的值意味着每棵树都将为优化过程贡献一小部分，并且在达到最优解前需要更多树。因此，当优化该参数以提高性能时，应该避免会导致次优模型的太大值；还必须避免使用太小的值，因为这会严重影响计算时间（集成时需要更多树来收敛到最优）。根据经验，学习率最好在 0.001~0.1 范围内。

subsample

让我们回顾 bagging 和 pasting 的原理，其中采用了随机采样并在这些样本上构造树。如果将子采样应用于 GBM，就可以随机构造树，防止过拟合，减少内存负载，甚至有时能提高准确性。我们也可以在 GBM 中应用此过程，使其更随机化，从而充分发挥 bagging 的优点。通过将 subsample 参数设置为 0.5，可以随机构造 GBM 中的树。

用 warm_start 实现快速 GBM

此参数允许在每次将迭代添加到前一个树之后存储新树信息，而不生成新树。这样可以节省内存并大幅加快计算速度。

使用 Scikit-learn 提供的 GBM，可以采取两项操作来提高内存和 CPU 效率：

❑（半）增量学习的热启动

❑ 在交叉验证过程中使用并行处理

下面运行一个 GBM 分类示例，其中使用来自 UCI 机器学习库的 spam 数据集。首先加载数据，然后对其进行预处理，之后查看每个特征的变量重要性：

```
import pandas
import urllib2
import urllib2
from sklearn import ensemble


columnNames1_url = 'https://archive.ics.uci.edu/ml/machine-learning-
databases/spambase/spambase.names'
columnNames1 = [
    line.strip().split(':')[0]
    for line in urllib2.urlopen(columnNames1_url).readlines()[33:]]

columnNames1
n = 0
for i in columnNames1:
    columnNames1[n] = i.replace('word_freq_','')
    n += 1
print columnNames1
```

```python
spamdata = pandas.read_csv(
    'https://archive.ics.uci.edu/ml/machine-learning-databases/
spambase/spambase.data',
    header=None, names=(columnNames1 + ['spam'])
)

X = spamdata.values[:,:57]
y=spamdata['spam']

spamdata.head()

import numpy as np
from sklearn import cross_validation
from sklearn.metrics import classification_report
from sklearn.cross_validation import cross_val_score
from sklearn.cross_validation import cross_val_predict
from sklearn.cross_validation import train_test_split
from sklearn.metrics  import recall_score, f1_score
from sklearn.cross_validation import cross_val_predict
import matplotlib.pyplot as plt
from sklearn.metrics import confusion_matrix
from sklearn.metrics import accuracy_score
from sklearn.ensemble import GradientBoostingClassifier

X_train, X_test, y_train, y_test = train_test_split(X,y, test_
size=0.3, random_state=22)

clf = ensemble.GradientBoostingClassifier(n_estimators=300,random_
state=222,max_depth=16,learning_rate=.1,subsample=.5)
scores=clf.fit(X_train,y_train)
scores2 = cross_val_score(clf, X_train, y_train, cv=3,
scoring='accuracy',n_jobs=-1)
print scores2.mean()

y_pred = cross_val_predict(clf, X_test, y_test, cv=10)
print 'validation accuracy %s' % accuracy_score(y_test, y_pred)

OUTPUT:]
validation accuracy 0.928312816799

confusionMatrix = confusion_matrix(y_test, y_pred)
print confusionMatrix

from sklearn.metrics import accuracy_score
accuracy_score(y_test, y_pred)
```

```
clf.feature_importances_

def featureImp_order(clf, X, k=5):
    return X[:,clf.feature_importances_.argsort()[::-1][:k]]
newX = featureImp_order(clf,X,2)
print newX

# let's order the features in amount of importance

print sorted(zip(map(lambda x: round(x, 4), clf.feature_importances_),
columnNames1),
    reverse=True)
OUTPUT]

0.945030177548
```

	precision	recall	f1-score	support
0	0.93	0.96	0.94	835
1	0.93	0.88	0.91	546
avg / total	0.93	0.93	0.93	1381

```
[[799  36]
 [ 63 483]]


Feature importance:

[(0.2262, 'char_freq_;'),
(0.0945, 'report'),
(0.0637, 'capital_run_length_average'),
(0.0467, 'you'),
(0.0461, 'capital_run_length_total')
(0.0403, 'business')
(0.0397, 'char_freq_!')
(0.0333, 'will')
(0.0295, 'capital_run_length_longest')
(0.0275, 'your')
(0.0259, '000')
(0.0257, 'char_freq_(')
(0.0235, 'char_freq_$')
(0.0207, 'internet')
```

不难看出，对 spam 分类时，字符"；"是最重要的区分特征。

变量重要性展示了对每个特征的拆分会在多大程度上减少树中所有拆分的相对
不纯度。

用 warm_start 加速 GBM

不幸的是，Scikit-learn 中的 GBM 没有并行处理能力。只有交叉验证和网格搜索能并
行化。那么如何才能使它更快？GBM 的工作原理是加法展开，即树逐渐递增，因此可以
在 Scikit-learn 中通过 warm_start 参数来利用这个思想。我们可以使用 Scikit-learn 的 GBM
功能以循环方式逐步建立树模型。下面按照这种方法处理同一个数据集，看看表现如何：

```
gbc = GradientBoostingClassifier(warm_start=True, learning_rate=.05,
max_depth=20,random_state=0)
for n_estimators in range(1, 1500, 100):
    gbc.set_params(n_estimators=n_estimators)
    gbc.fit(X_train, y_train)
y_pred = gbc.predict(X_test)
print(classification_report(y_test, y_pred))
print(gbc.set_params)
OUTPUT:
 precision    recall   f1-score    support

    0        0.93      0.95       0.94        835
    1        0.92      0.89       0.91        546

avg / total    0.93       0.93       0.93       1381

<bound method GradientBoostingClassifier.set_params of GradientBoostin
gClassifier(init=None, learning_rate=0.05, loss='deviance',
    max_depth=20, max_features=None, max_leaf_nodes=None,
    min_samples_leaf=1, min_samples_split=2,
    min_weight_fraction_leaf=0.0, n_estimators=1401,
    presort='auto', random_state=0, subsample=1.0, verbose=0,
    warm_start=True)>
```

请特别注意树的设置的输出（n_estimators＝14011）。可以看到所用树的大小为 1401。
这个技巧有助于减少训练时间（一半甚至更少），在将它与类似的 GBM 模型比较时这一
点很明显，后者可同时训练 1401 棵树。请注意，随机森林和极端随机森林都可使用该方
法，尽管如此，它仍然对 GBM 特别有用。

图 6-2 显示常规 GBM 与采用 warm_start 方法两者的训练时间，对比二者后可以发现
计算速度加快，但准确度保持相对一致：

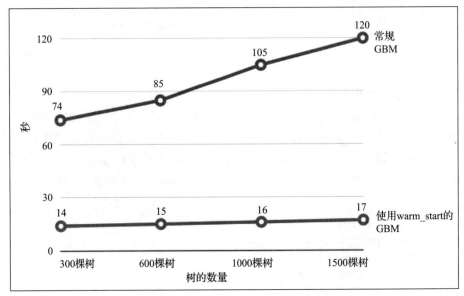

图 6-2　常规 GBM 与 warm_start 比较

训练与存储 GBM 模型

有没有想过同时在 3 台电脑上训练模型？或者在 EC2 实例上训练 GBM 模型？你可能在训练一个模型后，想保存它便于以后再使用。当你经过两天时间才完成一轮训练时，肯定不想再经历此过程。如果在 Amazon EC2 云实例上训练模型，就可以存储此模型，之后再在另一台计算机使用 Scikit-learn 的 jolib 来重用它。因此，下面通过 Scikit-learn 提供的便捷工具来走一遍这个过程。

先导入正确库，并为文件位置设置目录：

```
import errno
import os
#set your path here
path='/yourpath/clfs'
clfm=os.makedirs(path)
os.chdir(path)
```

现在将模型导出到硬盘指定位置：

```
from sklearn.externals import joblib
joblib.dump( gbc,'clf_gbc.pkl')
```

现在加载模型用于其他用途：

```
model_clone = joblib.load('clf_gbc.pkl')
zpred=model_clone.predict(X_test)
print zpred
```

6.5　XGBoost

刚刚讨论过在 Scikit-learn 中使用 GBM 时没有并行处理选项，这正是 XGBoost 的用武之地。作为对 GBM 的扩展，XGBoost 引入了更多可扩展方法，从而能在单机上使用多线程，并在多服务器集群上进行并行处理（使用分片技术）。XGBoost 对 GBM 的最重要的改进体现在管理稀疏数据的能力上。XGBoost 自动接受稀疏数据作为输入，而不会将零值存储在内存中。XGBoost 的第二个好处是，在拆分树并计算最佳节点拆分值时采用了名为 quantile sketch 的方法。该方法通过加权算法对数据进行转换，以便根据某个准确率对候选拆分进行排序。有关更多信息，请参阅 http://arxiv.org/pdf/1603.02754v3.pdf。

XGBoost 表示极端梯度增强（Extreme Gradient Boosting），这是一种开源梯度增强算法，它在诸如 Kaggle（https://www.kaggle.com/）和 KDD-cup 2015 这类数据科学竞赛中表现出色。（如第 1 章中所描述，有关它的 GitHub 代码，请访问 https://github.com/dmlc/XGBoost）。据其作者 Tianqui Chen、Tong He 和 Carlos Guestrin 所发表的论文表明，在 2015 年 Kaggle 举办的 29 项挑战中，有 17 个获奖方法采用 XGBoost，作为独立模型或某种多个模型的集成。在其论文 "XGBoost：AScalable Tree Boosting System"（下载地址：http://learningsys.org/papers/LearningSys_2015_paper_32.pdf）中，作者提到在 KDD-cup 2015 中，前 10 名的团队都使用 XGBoost。除了在准确性和计算效率方面的成功表现外，本书主要关注其可扩展性，而从另一个角度来看，XGBoost 确实是一种可扩展的解决方案。XGBoost 是新一代 GBM 算法，它对最初的 GBM 算法进行了重要调整。XGBoost 可以提供并行处理；该算法的可扩展性源于其作者对其所做的调整和增加：

❑ 可接受稀疏数据的算法，因此可以利用稀疏矩阵，从而能同时节省内存（不需要稠密矩阵）和计算时间（以特殊方式处理零值）。

❑ 近似树学习（分布式加权直方图），与经典的完全探索可能的分支切割方法具有相似结果，但时间更短。

❑ 单机上并行计算（寻找最佳拆分时使用多线程），在多机上采用类似的分布式计算。

❑ 利用称为列块的数据存储方法在单机上进行非核心计算，它可以按列排列磁盘数据，因此可以按处理列向量的优化算法的要求从磁盘中读取数据，有助于节省时间。

从实际角度来看，XGBoost 具有与 GBM 大部分相同的参数。XGBoost 还能够处理丢失的数据。基于标准决策树的其他树集合体需要首先用偏离值（比如大的负数）来估算丢失数据，然后开发树的适当分支以处理丢失值。相反，XGBoost 首先拟合所有非缺失值，并在为变量创建分支后，决定哪个分支更适合缺失值，以便使预测误差最小化。这种方法让树更紧凑，并能产生有更强预测能力的有效插补策略。

最重要的 XGBoost 参数如下：

❑ eta（默认为 0.3）：相当于 Scikit-learn 的 GBM 中的学习率。

❑ min_child_weight（默认为 1）：较高值可防止过拟合和树复杂度。

❑ max_depth（默认为 6）：树中的交互数。

❑ subsample（默认为 1）：每次迭代中训练数据的一小部分样本。

❑ colsample_bytree（默认为 1）：这是每次迭代中的一小部分特征。

❑ lambda（默认为 1）：L2 正则化（布尔）。

❑ seed（默认为 0）：相当于 Scikit-learn 的 random_state 参数，允许跨多个测试和不同机器的学习过程实现可重复性。

　　了解 XGBoost 的最重要参数后，下面在同一个数据集上运行一个 XGBoost 示例，使用与 GBM 相同的参数设置（尽可能多）。使用 XGBoost 不如使用 Scikit-learn 包方便，因此，我们将提供一些基本示例用作更复杂模型的起点。深入 XGBoost 应用之前，将其在 spam 数据集上与 sklearn 中的 GBM 方法进行比较，此时，数据已经加载到内存中：

```
import xgboost as xgb
import numpy as np
from sklearn.metrics import classification_report
from sklearn import cross_validation

clf = xgb.XGBClassifier(n_estimators=100,max_depth=8,
    learning_rate=.1,subsample=.5)

clf1 = GradientBoostingClassifier(n_estimators=100,max_depth=8,
    learning_rate=.1,subsample=.5)

%timeit xgm=clf.fit(X_train,y_train)
%timeit gbmf=clf1.fit(X_train,y_train)

y_pred = xgm.predict(X_test)
y_pred2 = gbmf.predict(X_test)

print 'XGBoost results %r' % (classification_report(y_test, y_pred))
print 'gbm results %r' % (classification_report(y_test, y_pred2))

OUTPUT:
1 loop, best of 3: 1.71 s per loop
1 loop, best of 3: 2.91 s per loop
XGBoost results '                precision    recall  f1-score    support\
n\n          0      0.95      0.97      0.96       835\n          1
0.95      0.93      0.94       546\n\navg / total       0.95      0.95
0.95      1381\n'
gbm results '                precision    recall  f1-score    support\n\n
0       0.95      0.97      0.96       835\n          1        0.95
0.92      0.93       546\n\navg / total       0.95      0.95      0.95
1381\n
```

不难看出，尽管 XGBoost 没有使用并行化，但 XGBoost 比 GBM 的速度更快（1.71s 和 2.91s）。后来，当 XGBoost 使用并行化和非核心方法时，甚至可以实现更大加速。在某些情况下，XGBoost 模型准确度比 GBM 更高，但（几乎）从不相反。

6.5.1 XGBoost 回归

Boosting 方法常用于分类，但对于回归任务它也非常强大。由于回归经常被忽略，下面运行一个回归示例并介绍关键问题。以网格搜索为例，在加利福尼亚州住房数据集上用网格搜索拟合 boosting 模型。最近 Scikit-learn 中增加了加州住房数据集，这为我们节省了预处理步骤：

```
import numpy as np
import scipy.sparse
import xgboost as xgb
import os
import pandas as pd
from sklearn.cross_validation import train_test_split
import numpy as np
from sklearn.datasets import fetch_california_housing
from sklearn.metrics import mean_squared_error
pd=fetch_california_housing()

#because the y  variable is highly skewed we apply the log
transformation
y=np.log(pd.target)
X_train, X_test, y_train, y_test = train_test_split(pd.data,
    y,
    test_size=0.15,
    random_state=111)
names = pd.feature_names
print names

import xgboost as xgb
from xgboost.sklearn import XGBClassifier
from sklearn.grid_search import GridSearchCV

clf=xgb.XGBRegressor(gamma=0,objective= "reg:linear",nthread=-1)


clf.fit(X_train,y_train)
y_pred = clf.predict(X_test)
print 'score before gridsearch %r' % mean_squared_error(y_test, y_
pred)

params = {
  'max_depth':[4,6,8],
```

```
    'n_estimators':[1000],
 'min_child_weight':range(1,3),
 'learning_rate':[.1,.01,.001],
 'colsample_bytree':[.8,.9,1]
 ,'gamma':[0,1]}

#with the parameter nthread we specify XGBoost for parallelisation
cvx = xgb.XGBRegressor(objective= "reg:linear",nthread=-1)
clf=GridSearchCV(estimator=cvx,param_grid=params,n_jobs=-
1,scoring='mean_absolute_error',verbose=True)

clf.fit(X_train,y_train)
print clf.best_params_
y_pred = clf.predict(X_test)
print 'score after gridsearch %r' %mean_squared_error(y_test, y_pred)


#Your output might look a little different based on your hardware.

OUTPUT
['MedInc', 'HouseAge', 'AveRooms', 'AveBedrms', 'Population',
'AveOccup', 'Latitude', 'Longitude']
score before gridsearch 0.07110580252173157
Fitting 3 folds for each of 108 candidates, totalling 324 fits
[Parallel(n_jobs=-1)]: Done  34 tasks      | elapsed:  1.9min

[Parallel(n_jobs=-1)]: Done 184 tasks      | elapsed: 11.3min
[Parallel(n_jobs=-1)]: Done 324 out of 324 | elapsed: 22.3min finished
{'colsample_bytree': 0.8, 'learning_rate': 0.1, 'min_child_weight': 1,
'n_estimators': 1000, 'max_depth': 8, 'gamma': 0}
score after gridsearch 0.049878294113796254
```

我们已经能通过网格搜索提高得分，你可以查看网格搜索的最优参数，你会发现它与 sklearn 中的常则 boosting 方法有相似之处。但是，XGBoost 算法默认情况下会在所有可用核心上并行运行算法。通过将 n_estimators 参数增加到大约 2500 或 3000，可以改善模型的性能。然而我们发现，对配置较低的计算机来说，训练时间太长。

XGBoost 和变量重要性

XGBoost 有非常实用的内置功能来绘制变量重要性。首先，相对于现有模型，要有一个方便的特征选择工具。你可能知道，变量重要性基于树结构中每个特征的相对影响。它为特征选择和洞察预测模型的本质提供了实用方法。让我们看看如何用 XGBoost 来绘制重要性，结果如图 6-3 所示。

```
import numpy as np
import os
```

```
from matplotlib import pylab as plt
# %matplotlib inline   <- this only works in jupyter notebook

#our best parameter set
# {'colsample_bytree': 1, 'learning_rate': 0.1, 'min_child_weight': 1,
'n_estimators': 500, #'max_depth': 8, 'gamma': 0}

params={'objective': "reg:linear",
        'eval_metric': 'rmse',
        'eta': 0.1,
      'max_depth':8,
      'min_samples_leaf':4,
        'subsample':.5,
        'gamma':0
        }

dm = xgb.DMatrix(X_train, label=y_train,
                 feature_names=names)
regbgb = xgb.train(params, dm, num_boost_round=100)
np.random.seed(1)
regbgb.get_fscore()

regbgb.feature_names
regbgb.get_fscore()
xgb.plot_importance(regbgb,color='magenta',title='california-
housing|variable importance')
```

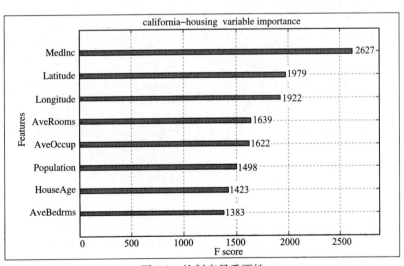

图 6-3　绘制变量重要性

　　应当慎重使用特征重要性（同样适用于 GBM 和随机森林）。特征重要性指标纯粹基于使用该模型的参数所训练的特定模型上构建的树结构。这意味着，如果改变模型参数，重要性指标和某些排名也会发生变化。因此，重要的是要注意，对于任何重要性指标，都不应将其归结为跨模型普适的通用变量。

6.5.2 XGBoost 流化大型数据集

在准确性与性能的权衡方面，这只是最好的桌面解决方法。在之前的随机森林示例中，我们看到需要执行子采样以防止内存过载。

XGBoost 的一项经常被忽视的功能是使数据以流的形式通过内存。该方法使数据以逐阶段的方式通过主内存进行解析，然后将其送入 XGBoost 模型训练过程。这种方法是在大数据集上训练模型的先决条件。使用 XGBoost 的流式处理仅适用于 LIBSVM 文件，这意味着首先必须将数据集解析为 LIBSVM 格式，并将其导入为 XGBoos 保留的内存缓存中。需要注意的另一点是，我们使用不同方法实例化 XGBoost 模型。用于 XGBoost 的 Scikit-learn 式的接口在常规 NumPy 对象上才有效。让我们看一看其工作原理。首先，需要以 LIBSVM 格式加载数据集，并在进行预处理和训练之前将其拆分为训练集和测试集。遗憾的是，这个 XGBoost 方法无法通过网格搜索进行参数调整。如果想要调优参数，需要将 LIBSVM 文件转换为 Numpy 对象，而这需要将数据从内存缓存中转储到主存。不幸的是，这是不可扩展的，所以，如果想要对大型数据集进行调优，建议使用之前介绍的蓄水池采样工具，并将调优应用于子样本：

```
import urllib
from sklearn.datasets import dump_svmlight_file
from sklearn.datasets import load_svmlight_file
trainfile = urllib.URLopener()
trainfile.retrieve("http://www.csie.ntu.edu.tw/~cjlin/libsvmtools/
datasets/multiclass/poker.bz2", "pokertrain.bz2")
X,y = load_svmlight_file('pokertrain.bz2')
dump_svmlight_file(X, y,'pokertrain', zero_based=True,query_id=None,
multilabel=False)
testfile = urllib.URLopener()
testfile.retrieve("http://www.csie.ntu.edu.tw/~cjlin/libsvmtools/
datasets/multiclass/poker.t.bz2", "pokertest.bz2")
X,y = load_svmlight_file('pokertest.bz2')
dump_svmlight_file(X, y,'pokertest', zero_based=True,query_id=None,
multilabel=False)
del(X,y)
from sklearn.metrics import classification_report
import numpy as np
import xgboost as xgb
dtrain = xgb.DMatrix('/yourpath/pokertrain#dtrain.cache')
dtest = xgb.DMatrix('/yourpath/pokertest#dtestin.cache')

# For parallelisation it is better to instruct "nthread" to match the
exact amount of cpu cores you want #to use.
param = {'max_depth':8,'objective':'multi:softmax','nthread':2,'num_
class':10,'verbose':True}
```

```
num_round=100
watchlist = [(dtest,'eval'), (dtrain,'train')]
bst = xgb.train(param, dtrain, num_round,watchlist)
print bst
OUTPUT:
[89]    eval-merror:0.228659    train-merror:0.016913
[90]    eval-merror:0.228599    train-merror:0.015954
[91]    eval-merror:0.227671    train-merror:0.015354
[92]    eval-merror:0.227777    train-merror:0.014914
[93]    eval-merror:0.226247    train-merror:0.013355
[94]    eval-merror:0.225397    train-merror:0.012155
[95]    eval-merror:0.224070    train-merror:0.011875
[96]    eval-merror:0.222421    train-merror:0.010676
[97]    eval-merror:0.221881    train-merror:0.010116
[98]    eval-merror:0.221922    train-merror:0.009676
[99]    eval-merror:0.221733    train-merror:0.009316
```

从内存运行 XGBoost 可以体验到极大的加速。如果已使用内存版，则需要更多训练时间。在本例中，已将测试集作为验证回合包含在 watchlist 中。但是，如果想要预测未见数据中的值，可以简单地使用与 Scikit-learn 和 XGBoost 中的其他模型一样的预测过程：

```
bst.predict(dtest)
OUTPUT:
array([ 0.,  0.,  1., ...,  0.,  0.,  1.], dtype=float32)
```

6.5.3　XGBoost 模型存储

前一章讨论了如何将 GBM 模型存储到磁盘，以便以后导入并用于预测。XGBoost 提供了相同的功能。我们来看看如何存储和导入模型：

```
import pickle
bst.save_model('xgb.model')
```

从先前指定的目录导入已保存的模型：

```
imported_model = xgb.Booster(model_file='xgb.model')
```

现在可以使用这个模型进行预测：

```
imported_model.predict(dtest)
OUTPUT array([ 9.,  9.,  9., ...,  1.,  1.,  1.], dtype=float32)
```

6.6　用 H2O 实现非核心 CART

到目前为止，我们只处理了 CART 模型的桌面解决方案。第 4 章引入的 H2O 内存外深度学习可提供强大的可扩展方法。幸运的是，利用其强大的并行 Hadoop 生态系统，H2O 也能提供树集成方法。前面的几节概述了 GBM 和随机森林，下面开始介绍 H2O 的实现。本练习使用以前用过的 spam 数据集。

6.6.1　H2O 上的随机森林和网格搜索

下面用网格搜索超参数优化实现一个随机森林，首先从 URL 源加载 spam 数据集：

```python
import pandas as pd
import numpy as np
import os
import xlrd
import urllib
import h2o

#set your path here
os.chdir('/yourpath/')

url = 'https://archive.ics.uci.edu/ml/machine-learning-databases/
spambase/spambase.data'
filename='spamdata.data'
urllib.urlretrieve(url, filename)
```

加载数据之后可以初始化 H2O 会话：

```python
h2o.init(max_mem_size_GB = 2)
```

OUTPUT:

H2O cluster uptime:	1 days 1 hours 33 minutes 47 seconds 112 milliseconds
H2O cluster version:	
H2O cluster name:	H2O_started_from_python
H2O cluster total nodes:	1
H2O cluster total memory:	1.78 GB
H2O cluster total cores:	4
H2O cluster allowed cores:	4
H2O cluster healthy:	True
H2O Connection ip:	
H2O Connection port:	54321

　　在这里，预处理数据时将数据拆分为训练、验证和测试集，在该过程中使用 H2O 函数（.split_frame）执行此操作。还要注意的重要一步是将目标向量 C58 转换为因子变量：

```
spamdata = h2o.import_file(os.path.realpath("/yourpath/"))
spamdata['C58']=spamdata['C58'].asfactor()
train, valid, test= spamdata.split_frame([0.6,.2], seed=1234)
spam_X = spamdata.col_names[:-1]
spam_Y = spamdata.col_names[-1]
```

　　这部分中将设置几个使用网格搜索优化的参数。首先，我们将模型中树的数量设置为单一值 300。使用网格搜索迭代的参数如下：

❑ max_depth：树的最大深度。

❑ balance_classes：每次迭代使用平衡类作为目标结果。

❑ sample_rate：每次迭代被采样的行的比率。

现在将这些参数传递到 Python 列表中，用在 H2O 网格搜索模型中：

```
hyper_parameters={'ntrees':[300], 'max_depth':[3,6,10,12,50],'balance_
classes':['True','False'],'sample_rate':[.5,.6,.8,.9]}
grid_search = H2OGridSearch(H2ORandomForestEstimator, hyper_
params=hyper_parameters)
grid_search.train(x=spam_X, y=spam_Y,training_frame=train)
print 'this is the optimum solution for hyper parameters search %s' %
grid_search.show()
OUTPUT:
```

```
drf Grid Build Progress: [##############################################] 100%

Grid Search Results for H2ORandomForestEstimator:
```

Model Id	Hyperparameters: [ntrees, sample_rate, max_depth, balance_classes]	mse
Grid_DRF_py_87_model_python_1466382079157_49_model_19	[300, 0.9, 50, True]	0.0249340
Grid_DRF_py_87_model_python_1466382079157_49_model_18	[300, 0.8, 50, True]	0.0258412
Grid_DRF_py_87_model_python_1466382079157_49_model_17	[300, 0.6, 50, True]	0.0289790
Grid_DRF_py_87_model_python_1466382079157_49_model_16	[300, 0.5, 50, True]	0.0314358
Grid_DRF_py_87_model_python_1466382079157_49_model_38	[300, 0.8, 50, False]	0.0417964
---	---	---
Grid_DRF_py_87_model_python_1466382079157_49_model_23	[300, 0.9, 3, False]	0.0914980
Grid_DRF_py_87_model_python_1466382079157_49_model_1	[300, 0.6, 3, True]	0.1040888

Model Id	Hyperparameters: [ntrees, sample_rate, max_depth, balance_classes]	mse
Grid_DRF_py_87_model_python_1466382079157_49_model_0	[300, 0.5, 3, True]	0.1042337
Grid_DRF_py_87_model_python_1466382079157_49_model_2	[300, 0.8, 3, True]	0.1042843
Grid_DRF_py_87_model_python_1466382079157_49_model_3	[300, 0.9, 3, True]	0.1060737

在所有可能的组合中，模型的行采样率为 0.9，树深度为 50，平衡类得到最高准确性。现在训练一个新的随机森林模型，其优化参数通过网格搜索产生，用来预测测试集的结果：

```
final = H2ORandomForestEstimator(ntrees=300, max_depth=50,balance_
classes=True,sample_rate=.9)
final.train(x=spam_X, y=spam_Y,training_frame=train)
print final.predict(test)
```

在 H2O 中进行预测的最终输出结果是一个数组，其第一列包含实际预测的类，其他列包含每个目标标签的类概率：

OUTPUT:

predict	p0	p1
1	0.531042	0.468958
1	0.510856	0.489144
1	0.51637	0.48363
1	0.542997	0.457003
1	0.544576	0.455424
1	0.560277	0.439723
1	0.544576	0.455424
1	0.5408	0.4592
1	0.535741	0.464259
1	0.498822	0.501178

6.6.2　H2O 上的随机梯度增强和网格搜索

在前面的示例中已看到，大多数时候，经过良好调整的 GBM 模型胜过随机森林。所以，现在让我们用 H2O 的网格搜索来执行一个 GBM，看看是否能提高得分。在这里，我们引入与 H2O 中用于随机森林模型的相同子抽样方法（sample_rate）。Jerome Friedman 的论文（https://statweb. stanford. edu/~jhf/ftp/stobst. pdf）介绍了一种名为随机梯度增强的方法。该方法向模型添加的随机性在利用随机子采样时，不需要在每次树迭代时对数据进行替换，从而避免过拟合，并能提高整体准确性。本示例进一步借鉴了这个随机性想法，方法是在每次迭代时在特征的基础上引入随机子抽样。

这种对特征随机子采样的方法也称为随机子空间法，已经在本章 6.2 节中讨论过，我们使用 col_sample_rate 参数来实现它。综上所述，在这个 GBM 模型中将对以下参数进行网格搜索优化：

❑ max_depth：最大树深度

❑ sample_rate：每次迭代使用的行比率

❑ col_sample_rate：每次迭代使用的特征的比率

数据集使用与前一节完全相同的 spam：

```
hyper_parameters={'ntrees':[300],'max_depth':[12,30,50],'sample_
rate':[.5,.7,1],'col_sample_rate':[.9,1],
'learn_rate':[.01,.1,.3],}
grid_search = H2OGridSearch(H2OGradientBoostingEstimator, hyper_
params=hyper_parameters)
grid_search.train(x=spam_X, y=spam_Y, training_frame=train)
print 'this is the optimum solution for hyper parameters search %s' %
grid_search.show()
```

```
gbm Grid Build Progress: [################################################] 100%

Grid Search Results for H2OGradientBoostingEstimator:
```

Model Id	Hyperparameters: [learn_rate, col_sample_rate, ntrees, sample_rate, max_depth]	mse
Grid_GBM_py_87_model_python_1466382079157_52_model_23	[0.3, 0.9, 300, 1.0, 30]	0.0001859
Grid_GBM_py_87_model_python_1466382079157_52_model_20	[0.3, 0.9, 300, 1.0, 12]	0.0001859
Grid_GBM_py_87_model_python_1466382079157_52_model_47	[0.3, 1.0, 300, 1.0, 12]	0.0001859
Grid_GBM_py_87_model_python_1466382079157_52_model_26	[0.3, 0.9, 300, 1.0, 50]	0.0001859
Grid_GBM_py_87_model_python_1466382079157_52_model_53	[0.3, 1.0, 300, 1.0, 50]	0.0001859
---	---	---
Grid_GBM_py_87_model_python_1466382079157_52_model_33	[0.01, 1.0, 300, 0.5, 50]	0.0196867
Grid_GBM_py_87_model_python_1466382079157_52_model_6	[0.01, 0.9, 300, 0.5, 50]	0.0197013

```
gbm Grid Build Progress: [#############################################
#######] 100%
```

网格搜索输出的上面部分显示我们使用的学习率高达 0.3，列采样率为 0.9，树的最大深度为 30。基于行的随机子采样并没有提高性能，但是基于特征的子采样（采样率为 0.9）在这种情况下相当有效。现在使用通过网格搜索优化所产生的最优参数来训练新的 GBM 模型，并在测试集上预测结果：

```
spam_gbm2 = H2OGradientBoostingEstimator(
  ntrees=300,
  learn_rate=0.3,
  max_depth=30,
  sample_rate=1,
  col_sample_rate=0.9,
  score_each_iteration=True,
  seed=2000000
)
spam_gbm2.train(spam_X, spam_Y, training_frame=train, validation_
frame=valid)

confusion_matrix = spam_gbm2.confusion_matrix(metrics="accuracy")
print confusion_matrix
OUTPUT:
```

gbm Model Build Progress: [###] 100%

Confusion Matrix (Act/Pred) for max accuracy @ threshold = 0.99983413575:

	0	1	Error	Rate
0	1639.0	0.0	0.0	(0.0/1639.0)
1	1.0	1050.0	0.001	(1.0/1051.0)
Total	1640.0	1050.0	0.0004	(1.0/2690.0)

这为模型的性能提供了很好的诊断依据，如准确性、rmse、logloss 和 AUC。但是，其输出太大，无法在这里给出。如需完整输出，请查看你的 IPython notebook 的输出。

可以使用以下代码利用它：

```
print spam_gbm2.score_history()
```

当然，可以用下列代码显示最终预测结果：

```
print spam_gbm2.predict(test)
```

很好，我们已经能够将模型的准确度提高到接近 100%。正如你所见，H2O 在建模和删除数据方面缺乏灵活性，但是处理速度和准确性无与伦比。为完成本次会话，请执行以下操作：

```
h2o.shutdown(prompt=False)
```

6.7 小结

我们看到，在预测准确性方面，使用集成例程训练的 CART 方法非常强大。但是，计算成本很高，为此我们介绍了 sklearn 的应用中的某些加速技术。

我们注意到，如果正确使用，通过随机搜索来调整极端随机森林，能使速度提高 10 倍。然而，对于 GBM，sklearn 中没有其并行化实现，这正是 XGBoost 的用武之地。

XGBoost 拥有有效的并行增强算法，能很好地提高算法速度。当使用更大文件（>10 万个训练实例）时，非核心方法能确保训练模型时主存不过载。

H2O 在速度和内存方面表现非常不错，它可以提供强大的调优功能以及令人印象深刻的训练速度。

大规模无监督学习

前面的章节重点关注预测变量，变量可以是数字、类或者类别。本章将改变方法，并尝试创建大规模新特征和变量，希望预测结果比已经包含在观测矩阵中的那些特征和变量效果更好。首先介绍无监督方法，并详细说明其中三个能扩展到大数据的方法：

❑ 主成分分析（PCA），这是一种可以有效减少大量特征的方法。

❑ K-均值，这是一种可扩展的聚类算法。

❑ 潜在狄利克雷分布（LDA），这是一种从系列文本文档中提取主题的非常有效的算法。

7.1　无监督方法

无监督学习是机器学习的分支，其算法从无明确标签的数据（无标签数据）中揭示推理结论，目标是提取隐藏模式和对相似数据进行分组。

在这些算法中，每个观测样本的未知参数（例如，组成员和主题组成）通常被作为潜在变量（或者一系列隐藏变量）建模，它们被隐藏在不能直接观测的被观察变量的系统中，只能从过去和现在的系统输出中推断。通常，系统输出包含噪声，这使该操作更难完成。

常见问题中，无监督方法主要用于两种情况下：

❑ 使用带标签数据集提取额外特征，以便被分类器/回归器处理，然后进入处理链。如果通过额外特征进行增强，运行效果更好。

❑ 使用带标签的或无标签数据集提取某些数据结构信息。这类算法常用于建模过程中的探索性数据分析（EDA）阶段。

在开始讨论之前，首先在 notebook 中导入本章所需的模块。

```
In : import matplotlib
import numpy as np
import pandas as pd
import matplotlib.pyplot as plt
from matplotlib import pylab
%matplotlib inline
import matplotlib.cm as cm
import copy
import tempfile
import os
```

7.2　特征分解：PCA

PCA 是通常用于分解输入信号维度并且只保留主要维度的算法。从数学角度来看，PCA 对观测矩阵进行正交变换，输出一组线性不相关变量，名为主成分。输出变量构成基组，其中每个成分与其他成分正交。可以对输出成分排序（以便仅使用主成分），因为第一个成分包含输入数据集的最大方差，第二个与第一个正交（按定义），并包含剩余信号的最大方差，第三个与前两个正交，以此类推。

PCA 的泛型变换表示为空间投影。如果通过基础变换得到主成分，则输出空间就会比输入空间的维数更小。数学上可以表示为：

$$\hat{X} = X \cdot T$$

这里，X 为维度 N 的训练集的泛点。T 为 PCA 的变换矩阵，$\hat{X}$ 为输出向量。注意，"·"表示这个矩阵方程的点积。从实际角度来看，还要注意执行该操作前，X 的所有特征必须为零中心化。

下面介绍实例，以便深入理解 PCA 的数学含义。此例创建一个由两组斑点组成的虚拟数据集，一组的中点为（-5，0），另一个为（5，5）。我们将使用 PCA 转换数据集，并绘制输出与输入的比较结果。在这个简单示例中，使用的所有特征都不执行特征缩减：

```
In:from sklearn.datasets.samples_generator import make_blobs
from sklearn.decomposition import PCA

X, y = make_blobs(n_samples=1000, random_state=101, \
centers=[[-5, 0], [5, 5]])
pca = PCA(n_components=2)
X_pca = pca.fit_transform(X)
pca_comp = pca.components_.T

test_point = np.matrix([5, -2])
test_point_pca = pca.transform(test_point)
```

```
plt.subplot(1, 2, 1)
plt.scatter(X[:, 0], X[:, 1], c=y, edgecolors='none')
plt.quiver(0, 0, pca_comp[:,0], pca_comp[:,1], width=0.02, \
           scale=5, color='orange')
plt.plot(test_point[0, 0], test_point[0, 1], 'o')
plt.title('Input dataset')

plt.subplot(1, 2, 2)
plt.scatter(X_pca[:, 0], X_pca[:, 1], c=y, edgecolors='none')
plt.plot(test_point_pca[0, 0], test_point_pca[0, 1], 'o')
plt.title('After "lossless" PCA')

plt.show()
```

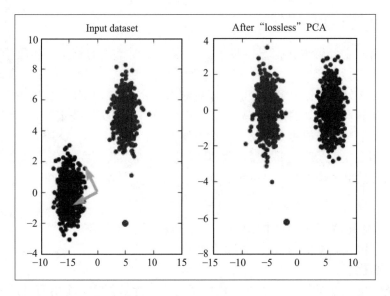

从输出图中不难看出，输出比原始特征空间更有条理，如果下一个任务是分类，则只需使用数据集的一个特征，从而节省几乎 50% 的空间和计算量。图中可以清楚看到 PCA 的核心：它只是将输入数据集投影到转换空间（左边图像用橙色显示）。下面对此进行测试：

```
In:print "The blue point is in", test_point[0, :]
print "After the transformation is in", test_point_pca[0, :]
print "Since (X-MEAN) * PCA_MATRIX = ", np.dot(test_point - \
pca.mean_, pca_comp)

Out:The blue point is in [[ 5 -2]]
After the transformation is in [-2.34969911 -6.2575445 ]
Since (X-MEAN) * PCA_MATRIX =  [[-2.34969911 -6.2575445 ]
```

现在深入探讨核心问题：如何从训练集中生成 T？它应该包含正交向量，并且向量应根据它们可以解释的方差数量排列（即观测矩阵包含的能量或信息）。已有很多实现方法，但最常用的实现方法基于奇异值分解（SVD）。

SVD 技术可以将任意矩阵 M 分解成三个具有特殊属性的矩阵（U、Σ、W），它们相乘后再返回 M：

$$M = U \cdot \Sigma \cdot W^T$$

具体来说，给定 m 行 n 列的矩阵 M，其等价矩阵的元素如下：

- U 为 $m \times m$ 矩阵（方阵），它是酉矩阵，其列构成正交基。称为左（或输入）奇异向量，也是矩阵积 $M \cdot M^T$ 的特征向量。
- Σ 为 $m \times n$ 矩阵，其对角线上只有非 0 元素。这些值称为奇异值，都为非负，也是矩阵 $M \cdot M^T$ 和 $M^T \cdot M$ 的特征值。
- W 为 $n \times n$ 酉矩阵（方阵），其列构成正交基，称为右（或输出）奇异向量，也是矩阵 $M^T \cdot M$ 的特征向量。

为什么需要这样做？方法非常简单：PCA 的目标是尝试和估计使输入数据集的方差较大的方向。为此，首先需要从每个特征中删除均值，然后处理协方差矩阵 $X^T \cdot X$。

因此，通过用 SVD 分解矩阵 X，可以得到三个结果：矩阵 X 的列，它是协方差的主成分（即正在寻找的矩阵 T）；Σ 的对角线，其中包含由主成分说明的方差；矩阵 U 的列，即主成分。这就是用 SVD 执行 PCA 的原因。

现在看一个真实示例。我们在 Iris 数据集上测试 PCA 算法效果，其间会提取前两个主要成分（即将四个特征组成的数据集传递给由两个特征组成的数据集）：

```
In:from sklearn import datasets

iris = datasets.load_iris()
X = iris.data
y = iris.target

print "Iris dataset contains", X.shape[1], "features"

pca = PCA(n_components=2)
X_pca = pca.fit_transform(X)

print "After PCA, it contains", X_pca.shape[1], "features"
print "The variance is [% of original]:", \
        sum(pca.explained_variance_ratio_)


plt.scatter(X_pca[:, 0], X_pca[:, 1], c=y, edgecolors='none')
plt.title('First 2 principal components of Iris dataset')
```

```
plt.show()
```

```
Out:Iris dataset contains 4 features
After PCA, it contains 2 features
The variance is [% of original]: 0.977631775025
```

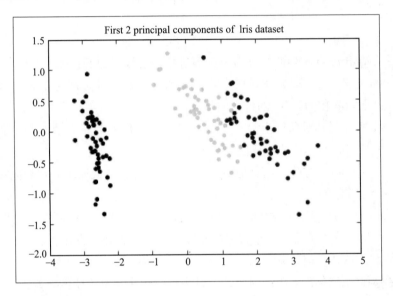

以下为对输出结果的分析：

❑ 被解释的方差几乎是原始输入方差的98%。特征数量减少一半，但只有2%的信息不在输出中，希望只是噪声。

❑ 从视觉检验看来，似乎 Iris 数据集中的不同类别彼此已分开。这意味着分类器在这样一个简化集上运行会有相当好的性能准确度，而且训练和运行预测的速度更快。

作为第二点的证明，下面训练和测试两个分类器，一个使用原始数据集，另一个使用简化集，并打印其准确度：

```
In:from sklearn.linear_model import SGDClassifier
from sklearn.cross_validation import train_test_split
from sklearn.metrics import accuracy_score

def test_classification_accuracy(X_in, y_in):
    X_train, X_test, y_train, y_test = \
        train_test_split(X_in, y_in, random_state=101, \
        train_size=0.50)

    clf = SGDClassifier('log', random_state=101)
clf.fit(X_train, y_train)

    return accuracy_score(y_test, clf.predict(X_test))
```

```
print "SGDClassifier accuracy on Iris set:", \
        test_classification_accuracy(X, y)
print "SGDClassifier accuracy on Iris set after PCA
  (2 components):", \
        test_classification_accuracy(X_pca, y)

Out:SGDClassifier accuracy on Iris set: 0.586666666667
SGDClassifier accuracy on Iris set after PCA (2 components): 0.72
```

如你所见，该技术不仅降低了学习器在处理链中的复杂性和空间，而且有助于实现泛化（确切地说是 Ridge 或 Lasso 正则化）。

现在，如果你不确定在输出中有多少成分，通常根据经验，可以选择能解释至少 90%（或 95%）的输入方差的最小数。从经验上看，这样的选择通常只能确保切断噪声。

到目前为止，一切看起来都很完美：找到了一个好办法，能减少特征数从而建立某些有非常高的预测能力的特征，当然，我们也可用经验法则猜测其正确数量。现在来看这种解决方法的可扩展性：当观测和特征数量增加时如何扩展。首先注意，作为 PCA 核心部分的 SVD 算法不是随机的，因此它需要整个矩阵才能提取其主成分。现在来看可扩展 PCA 在某些特征数量和观测项数量增长的合成数据集中如何实际工作。我们将执行完全（无损）分解（实例化对象 PCA 时参数为 None），同时希望较少的特征数量不影响性能（这只是 SVD 输出矩阵的切分问题）。

在下面代码中，首先用 10 000 个点和 20、50、100、250、1000 及 2500 个观测以及 2500 个特征创建一个要被 PCA 处理的矩阵。接着用 100 个特征和 1 千、5 千、1 万、2.5 万、5 万及 10 万个观测项创建一个要被 PCA 处理的矩阵。

```
In:import time

def check_scalability(test_pca):
    pylab.rcParams['figure.figsize'] = (10, 4)

    # FEATURES
    n_points = 10000
    n_features = [20, 50, 100, 250, 500, 1000, 2500]
    time_results = []

    for n_feature in n_features:
        X, _ = make_blobs(n_points, n_features=n_feature, \
random_state=101)

        pca = copy.deepcopy(test_pca)
        tik = time.time()
        pca.fit(X)
        time_results.append(time.time()-tik)
```

```
        plt.subplot(1, 2, 1)
        plt.plot(n_features, time_results, 'o--')
        plt.title('Feature scalability')
        plt.xlabel('Num. of features')
        plt.ylabel('Training time [s]')

        # OBSERVATIONS
        n_features = 100
        n_observations = [1000, 5000, 10000, 25000, 50000, 100000]
        time_results = []

        for n_points in n_observations:
            X, _ = make_blobs(n_points, n_features=n_features, \
random_state=101)
            pca = copy.deepcopy(test_pca)
            tik = time.time()
            pca.fit(X)
            time_results.append(time.time()-tik)

        plt.subplot(1, 2, 2)
        plt.plot(n_observations, time_results, 'o--')
        plt.title('Observations scalability')
        plt.xlabel('Num. of training observations')
        plt.ylabel('Training time [s]')


        plt.show()

check_scalability(PCA(None))
```

Out:

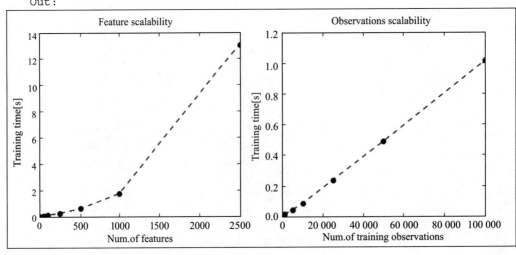

不难看出，基于 SVD 的 PCA 是不可扩展的：如果特征数量线性增加，则训练算法所需的时间呈指数增长。此外，处理有几百个观测值（样本）的矩阵所需的时间变得太多，而且（图中未显示）内存消耗导致家用计算机（16G 或更少内存）不适合。近年来有了许多变通方法，下面进行简要介绍。

7.2.1　随机化 PCA

该技术的正确名称应该是基于随机化 SVD 的 PCA，但常被称为随机化 PCA。随机化背后的核心思想是所有主成分的冗余，事实上，如果该方法的目的是降维，就应该希望输出中只需要几个向量（K 个主成分）。通过关注寻找最佳的 K 个主向量的问题，可以使算法扩展得更大。请注意，该算法中 K（即要输出的主成分的数量）是关键参数，设置太大则性能不会比 PCA 好，设置太小则用结果向量解释的方差将太小。

与在 PCA 中一样，我们希望找到包含观测值 X 的矩阵的近似值，比如 $X \approx Q \cdot Q^T \cdot X$；还希望得到带 K 正交列的矩阵 Q（它们称为主成分）。利用 SVD，现在可以通过计算分解小型矩阵，即 $Q^T \cdot X = U \cdot \Sigma \cdot W^T$。正如所证明的那样，这不会花费很长时间。对 $X \approx Q \cdot Q^T \cdot X = Q \cdot U \cdot \Sigma \cdot W^T$，取 $Q \cdot U = S$，基于低秩 SVD 得到截断的近似矩阵 X，即 $X \approx S \cdot \Sigma \cdot W^T$。

数学上看起来很完美，但仍有两个缺点：随机化有什么作用？如何得到矩阵 Q？这两个问题都在这里回答：提取高斯随机矩阵 Ω，并将其计算为 $\gamma = X \cdot \Omega$。接着 γ 被 QR 分解为 $\gamma = Q \cdot R$。矩阵 Q 就是所寻找的 K 个正交列。

这样的分解之下的数学计算量很大，幸运的是，Scikit-learn 中已经实现了，因此读者无须知道如何处理高斯随机变量等。我们来看最初使用随机 PCA 进行完整（无损）分解时其表现多差：

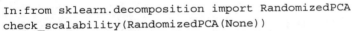

```
In:from sklearn.decomposition import RandomizedPCA
check_scalability(RandomizedPCA(None))
```

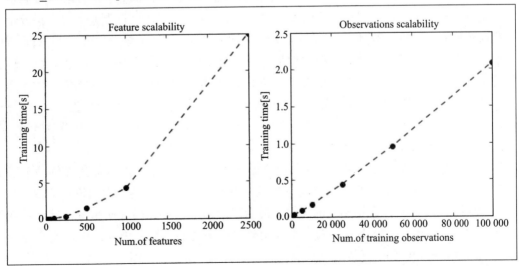

性能比经典 PCA 差，事实上，只有减少一组成分时该转换效果才会非常好。现在看一下当 $k=20$ 时的性能如何。

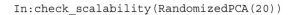

```
In:check_scalability(RandomizedPCA(20))
```

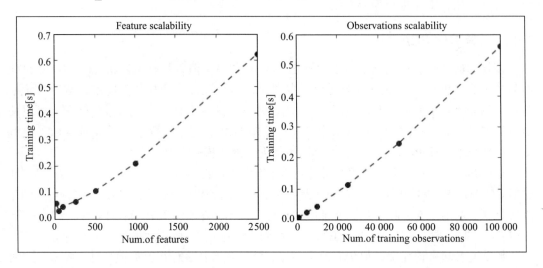

正如所料，计算速度非常快，在不到一秒的时间内，算法就能够执行最复杂的分解。

如果检查结果和算法，我们仍然会注意到某些奇怪的东西：训练数据集 X 全部在内存时才能被分解，即使使用随机 PCA 时也如此。是否存在在线版的 PCA，能够增量地拟合主分量，而不用将整个数据集放在内存中？有，这就是增量 PCA。

7.2.2 增量 PCA

增量 PCA（或小批量 PCA）是主成分分析的在线版本，该算法的核心非常简单：将批量数据一开始就拆分成具有相同观测项数量的小批量。（唯一限制是，每个小批量的观测项数量应大于特征数量）。然后，将第一个小批量中心化（删除均值）并执行 SVD 分解，从而存储主成分。之后，在处理下一个小批量时，先将其中心化，紧接着与从前面的小批量中提取的主成分进行堆叠（将它们作为附加观测项插入）。现在，执行另一个 SVD，其主成分被新的主成分覆盖。这样重复处理，直到最后一个小批量：对它们每一个来说，首先进行中心化，然后堆叠，最后进行 SVD 处理。这样就不是操作一个大 SVD，而是执行与小批量相同数量的小 SVD。

正如你可以理解的，这种技术并不优于随机 PCA，但是它的目标是提供一个解决方案（或者唯一的解决方案），以便应付需要对无法放入内存中的数据集进行 PCA 的情形。运行增量 PCA 不是要赢得速度的挑战，但会限制内存消耗；内存使用量在整个训练中是恒定的，可以通过调整小批量的大小来调整。作为经验法则，内存占用量大约与小批量大小的平方是相同的数量级。

　　下面通过代码示例来看增量 PCA 如何才能处理大数据集，本示例它由 1000 万个观测项和 100 个特征组成。之前的算法都不能处理它，除非你想使自己的电脑崩溃（或需要在内存与存储磁盘之间进行大量交换）。使用增量 PCA，这种任务就会变得很简单，即使考虑到全部因素，计算过程也并不很慢（注意，这是一个完整无损分解，内存消耗量很稳定）。

```
In:from sklearn.decomposition import IncrementalPCA

X, _ = make_blobs(100000, n_features=100, random_state=101)
pca = IncrementalPCA(None, batch_size=1000)

tik = time.time()
for i in range(100):
    pca.partial_fit(X)
print "PCA on 10M points run with constant memory usage in ", \
    time.time() - tik, "seconds"

Out:PCA on 10M points run with constant memory usage in  155.642718077
seconds
```

7.2.3　稀疏 PCA

　　稀疏 PCA 的运行方式不同于之前的算法，它不是（中心化后）在协方差矩阵上使用 SVD 执行特征缩减，它是在该矩阵上执行特征选择式的操作，以找到可最佳重构数据的稀疏成分集。与 Lasso 正则化一样，稀疏化的数量是通过对系数进行惩罚（或约束）来控制的。

　　相比于 PCA，稀疏 PCA 不保证得到的成分全部正交，但结果更可解释为主向量实际上是输入数据集的一部分。而且，特征数量是可扩展的：如果 PCA 及其可扩展版本在碰到特征数量越来越大时被卡住（比如大于 1000），那么稀疏 PCA 在速度方面仍然是最佳解决方法，这主要得益于解决 Lasso 问题的核心方法，通常该方法基于 LARS 或坐标下降（记住，Lasso 会尝试使系数的 L1 范数最小化）。但是，当特征数量远大于观测项数量时（例如，某些图像数据集），表现很好。

　　现在看看它如何处理有 10 000 个特征和 25 000 个观测项的数据集。本示例使用稀疏 PCA 算法的小批量版本，以确保内存量恒定，并能处理最终大于可用内存的大数据集（注意，批量版本称为稀疏 PCA，但不支持在线训练）：

```
In:from sklearn.decomposition import MiniBatchSparsePCA

X, _ = make_blobs(25000, n_features=10000, random_state=101)

tik = time.time()
pca = MiniBatchSparsePCA(20, method='cd', random_state=101, \
                    n_iter=1000)
pca.fit(X)
```

```
print "SparsePCA on matrix", X.shape, "done in ", time.time() - \
    tik, "seconds"
```

```
Out:
SparsePCA on matrix (25000, 10000) done in  41.7692570686 seconds
```

在大约 40 秒内，稀疏 PCA 就能使用恒定内存产生一个解决方案。

7.3　使用 H2O 的 PCA

当然也能使用 H2O 提供的 PCA 实现（前一章已对 H2O 做了介绍）。

使用 H2O 时，首先需要使用 init 方法打开服务器。然后，将数据集转储到文件上（确切地说，CSV 文件），接着运行 PCA 分析，最后关闭服务器。

我们准备对目前为止看到的两个最大的数据集尝试该实现：一个有 10 万个观测项和 100 个特征，另一个有 1 万个观测项和 2500 个特征。

```
In: import h2o
from h2o.transforms.decomposition import H2OPCA
h2o.init(max_mem_size_GB=4)

def testH2O_pca(nrows, ncols, k=20):
    temp_file = tempfile.NamedTemporaryFile().name
    X, _ = make_blobs(nrows, n_features=ncols, random_state=101)
np.savetxt(temp_file, np.c_[X], delimiter=",")
    del X

pca = H2OPCA(k=k, transform="NONE", pca_method="Power")
    tik = time.time()
    pca.train(x=range(100), \
training_frame=h2o.import_file(temp_file))

    print "H2OPCA on matrix ", (nrows, ncols), \
" done in ", time.time() - tik, "seconds"
os.remove(temp_file)

testH2O_pca(100000, 100)
testH2O_pca(10000, 2500)
h2o.shutdown(prompt=False)

Out:[...]
H2OPCA on matrix  (100000, 100) done in  12.9560530186 seconds
[...]
H2OPCA on matrix  (10000, 2500) done in  10.1429388523 seconds
```

如你所见，在这两种情况下，H2O 确实运行非常快，并且相对于 Scikit-learn 有良好的可比性。

7.4　K-均值聚类算法

K-均值是无监督算法，它产生 K 个具有相同方差的不相交点集，以最小化畸变（也称为惯性）。

仅给出要创建的簇数量的参数 K，K-均值算法将创建 K 组点（S_1，S_2，$\cdots$，S_K），每组点由其质心（C_1，C_2，$\cdots$，C_K）来表示。通常质心 C_i 是与簇 S_i 相关联的样本点的平均值，以便最小化簇内距离。系统输出如下：

1. 簇 S_1，S_2，$\cdots$，S_K，即组成与簇号 1，2，$\cdots$，K 关联的训练点集的点集。
2. 每个簇的质心 C_1，C_2，$\cdots$，C_K，用于以后关联。
3. 聚类引入的畸变计算方式如下：

$$D = \sum_{i=i}^{K} \sum_{x \in S_i} \| x - C_i \|^2$$

该方程表示 K-均值本质上是执行优化：选择质心以最小化簇内畸变，即每个输入点与该点所关联的簇的质心之间的欧式距离之和。换句话说，该算法尝试拟合最佳矢量量化。

K-均值算法的训练阶段也称为劳埃德算法，由 Stuart Lloyd 首次提出该算法，并用其名字命名，这是一个迭代算法，由两个阶段组成，经过反复迭代直到收敛（畸变达到最小值）。它是经过泛化的最大期望（EM）算法的变型，第一步建立某分值的期望函数（E），最大化（M）步骤则计算使分值最大化的参数。（注意，在这个公式中，实现目的与其相反，即畸变的最小值。）公式如下：

❑ 期望步骤：此步骤中将训练集中的点分配给最近的质心：

$$S_i^{(t)} = \left\{ x : \| x - C_i \|^2 = \min_j \| x - C_j \|^2 \right\}$$

该步骤也称为赋值或矢量量化。

❑ 最大化步骤：将每个簇的质心移动到簇中间（组成此簇所有点的平均值）：

$$C_i^{(t+1)} = \frac{1}{|S_i^{(t)}|} \cdot \sum_{x \in S_i^{(t)}} x, \ i = 1, \ \cdots, \ K$$

此步骤也称为更新步骤。

执行这两个步骤直到收敛（点在簇中稳定）或达到算法预设的迭代次数。

请注意，整个训练阶段每组畸变不会增加（不像随机梯度下降法），因此，算法中迭代次数越多结果越好。

下面看看处理虚拟二维数据集效果如何，首先创建一组以原点为中心、四点对称的 1000 个点。每个构造簇具有相同方差：

```
In:import matplotlib
import numpy as np
import pandas as pd
import matplotlib.pyplot as plt
%matplotlib inline

In:from sklearn.datasets.samples_generator import make_blobs


centers = [[1, 1], [1, -1], [-1, -1], [-1, 1]]
X, y = make_blobs(n_samples=1000, centers=centers,
                  cluster_std=0.5, random_state=101)
```

现在绘制数据集，为简化起见，将为不同簇着不同颜色：

```
In:plt.scatter(X[:,0], X[:,1], c=y, edgecolors='none', alpha=0.9)
plt.show()
```

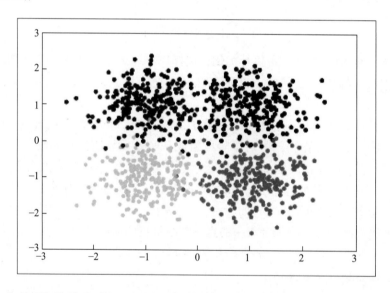

现在运行 K-均值并检查每次迭代中会发生什么。为此，在 1、2、3 和 4 次迭代时临时停止，并用关联簇（不同着色）、质心、畸变（标题）和决策边界（也称为 Voronoi 单元）绘制点。质心的初始选择是随机的，也就是说，在训练的期望阶段，第一次迭代中选择四个训练点作为质心。

```
In:pylab.rcParams['figure.figsize'] = (10.0, 8.0)

from sklearn.cluster import KMeans

for n_iter in range(1, 5):
```

```
    cls = KMeans(n_clusters=4, max_iter=n_iter, n_init=1,
                 init='random', random_state=101)
    cls.fit(X)


    # Plot the voronoi cells

    plt.subplot(2, 2, n_iter)
    h=0.02
    xx, yy = np.meshgrid(np.arange(-3, 3, h), np.arange(-3, 3, h))
    Z = cls.predict(np.c_[xx.ravel(), \
        yy.ravel()]).reshape(xx.shape)
    plt.imshow(Z, interpolation='nearest', cmap=plt.cm.Accent, \
               extent=(xx.min(), xx.max(), yy.min(), yy.max()), \
               aspect='auto', origin='lower')


    plt.scatter(X[:,0], X[:,1], c=cls.labels_, \
edgecolors='none', alpha=0.7)
    plt.scatter(cls.cluster_centers_[:,0], \
                cls.cluster_centers_[:,1], \
                marker='x', color='r', s=100, linewidths=4)
    plt.title("iter=%s, distortion=%s" %(n_iter, \
                int(cls.inertia_)))

plt.show()
```

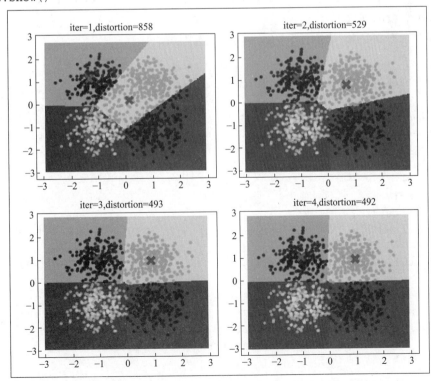

如你所见，随着迭代次数增加，畸变程度越来越低。对于这个虚拟数据集，似乎使用几次迭代（五次）就能实现收敛。

7.4.1 初始化方法

K-均值算法中寻找畸变全局最小值是 NP-hard 问题，此外，与随机梯度下降完全一样，这种方法很容易收敛到局部极小值，特别是维数很高的话。为避免这种行为并限制最大迭代次数，可以使用以下策略：

❑ 使用不同初始条件多次运行算法。SciKit-learn 中，KMeans 类有 n_init 参数，用于控制使用不同质心种子时 K-均值算法运行多少次。最后，将选择保证较低畸变的模型。如果有多个内核可用，通过将 n_jobs 参数设置为分离的期望任务数量，可以使该进程并行运行。注意，内存消耗量与并行任务数量呈线性相关。

❑ 首选用 k-means++初始化（KMeans 类默认）来随机选择训练点。k-means++初始化会选择彼此间较远的点，这将确保质心能够在空间的均匀子空间中形成簇。事实也证明这能确保更有可能找到最佳解决方法。

7.4.2 K-均值假设

K-均值依赖于这样的假设，即每个簇都有（超）球形，也就是说没有细长形状（如箭头）；所有簇在内部都有相同方差；大小相当（或者很远）。

所有这些假设能通过强大的特征预处理步骤来保证，PCA、KernelPCA、特征归一化和采样都是不错的预处理方法。

下面看看不满足 K-均值背后的假设时会发生什么。

```
In:pylab.rcParams['figure.figsize'] = (5.0, 10.0)
from sklearn.datasets import make_moons

# Oblong/elongated sets
X, _ = make_moons(n_samples=1000, noise=0.1, random_state=101)
cls = KMeans(n_clusters=2, random_state=101)
y_pred = cls.fit_predict(X)

plt.subplot(3, 1, 1)
plt.scatter(X[:, 0], X[:, 1], c=y_pred, edgecolors='none')
plt.scatter(cls.cluster_centers_[:,0], cls.cluster_centers_[:,1],
            marker='x', color='r', s=100, linewidths=4)
plt.title("Elongated clusters")

# Different variance between clusters
centers = [[-1, -1], [0, 0], [1, 1]]
X, _ = make_blobs(n_samples=1000, cluster_std=[0.1, 0.4, 0.1],
                  centers=centers, random_state=101)
```

```
cls = KMeans(n_clusters=3, random_state=101)
y_pred = cls.fit_predict(X)

plt.subplot(3, 1, 2)
plt.scatter(X[:, 0], X[:, 1], c=y_pred, edgecolors='none')
plt.scatter(cls.cluster_centers_[:,0], cls.cluster_centers_[:,1],
            marker='x', color='r', s=100, linewidths=4)
plt.title("Unequal Variance between clusters")

# Unevenly sized blobs
centers = [[-1, -1], [1, 1]]
centers.extend([[0,0]]*20)
X, _ = make_blobs(n_samples=1000, centers=centers,
                  cluster_std=0.28, random_state=101)
cls = KMeans(n_clusters=3, random_state=101)
y_pred = cls.fit_predict(X)

plt.subplot(3, 1, 3)
plt.scatter(X[:, 0], X[:, 1], c=y_pred, edgecolors='none')
plt.scatter(cls.cluster_centers_[:,0], cls.cluster_centers_[:,1],
            marker='x', color='r', s=100, linewidths=4)
plt.title("Unevenly Sized Blobs")

plt.show()
```

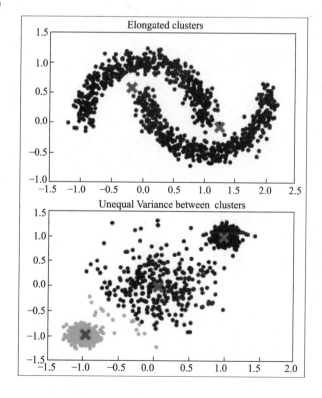

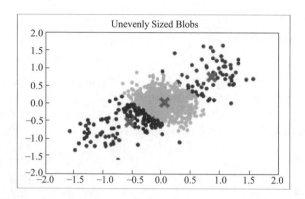

上述示例中，聚类操作不完美，输出了错误和不稳定的结果。

到目前为止，我们一直假定确切地知道哪个是 *K* 的确切值，即希望在簇操作中使用的簇的数目。实际上，现实世界中的问题并非如此。我们经常使用无监督学习方法来发现数据的底层结构，包括组成数据集的簇的数目。下面来看当在简单虚拟数据集上用错误的 *K* 运行 K-均值时会发生什么；示例中将同时用较低的 *K* 和较高的 *K*：

```
In:pylab.rcParams['figure.figsize'] = (10.0, 4.0)
X, _ = make_blobs(n_samples=1000, centers=3, random_state=101)

for K in [2, 3, 4]:
    cls = KMeans(n_clusters=K, random_state=101)
    y_pred = cls.fit_predict(X)

    plt.subplot(1, 3, K-1)
    plt.title("K-means, K=%s" % K)
    plt.scatter(X[:, 0], X[:, 1], c=y_pred, edgecolors='none')
    plt.scatter(cls.cluster_centers_[:,0], cls.cluster_centers_[:,1],
                marker='x', color='r', s=100, linewidths=4)
```

```
plt.show()
```

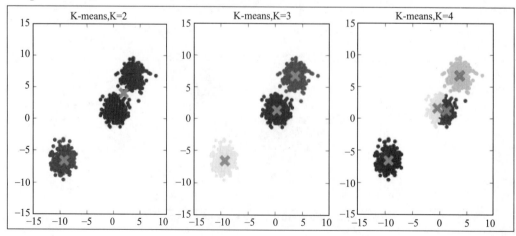

如你所见，如果没有猜到正确的 *K*，会得到严重错误的结果。下一节将介绍一些选择合适 K 值的技巧。

7.4.3　选择最佳 *K*

如果符合 K-均值后面的假设，则可以用几个方法检测出最佳 *K*。其中有些方法基于交叉验证和输出的指标，它们能用于所有聚类方法，但仅限于存在基本事实的情况下（称为监督指标）。其他有些方法则基于聚类算法的内在参数，可以按照基本事实存在或不存在而独立使用（也称无监督指标）。不幸的是，它们都不能保证以 100% 的精度找到正确结果。

监督指标要求有基本事实（包含集合的真实关联），并且它们通常与网格搜索分析进行结合以理解最佳 *K*。其中一些指标派生于等效的分类指标，但它们允许有不同数量的无序集合作为预测标签。我们将看到的第一个示例是同质性；如你预料，它给出一个度量值，用来度量有多少预测簇仅包含同一个类的点，这是一个基于熵的度量值，它等价于分类中的精度。该值介于 0（最差）和 1（最好）之间，其数学公式如下：

$$h = 1 - \frac{H(C \mid K)}{H(C)}$$

这里，$H(C \mid K)$ 是在给出聚类赋值的情况下类分布的条件熵，而 $H(C)$ 为类的熵。当聚类无新信息时，$H(C \mid K)$ 最大并等于 $H(C)$。当每个簇仅包含单类一个成员时，值为 0。

与分类中的精确率和召回率一样，存在一个与其连接的完整性得分：它用一个度量值来衡量某类的所有成员中有多少被分配到同一个簇。该值被限制在 0（最差）和 1（最好）之间，其数学公式深度地以熵为基础：

$$c = 1 - \frac{H(K \mid C)}{H(K)}$$

这里，$H(C \mid K)$ 是在给出聚类赋值的情况下类分布的条件熵，而 $H(C)$ 为类的熵。

最后，等价于分类任务的 f1 分数，V-measure 为均一性和完整性的调和平均：

$$v = 2 \cdot \frac{h \cdot c}{h + c}$$

回到第一个数据集（四对称噪声簇），看看这些得分操作效果如何，以及是否能够找到要使用的最佳 *K*：

```
In:pylab.rcParams['figure.figsize'] = (6.0, 4.0)
from sklearn.metrics import homogeneity_completeness_v_measure
```

```
centers = [[1, 1], [1, -1], [-1, -1], [-1, 1]]
X, y = make_blobs(n_samples=1000, centers=centers,
                  cluster_std=0.5, random_state=101)


Ks = range(2, 10)
HCVs = []
for K in Ks:
    y_pred = KMeans(n_clusters=K, random_state=101).fit_predict(X)
    HCVs.append(homogeneity_completeness_v_measure(y, y_pred))

plt.plot(Ks, [el[0] for el in HCVs], 'r', label='Homogeneity')
plt.plot(Ks, [el[1] for el in HCVs], 'g', label='Completeness')
plt.plot(Ks, [el[2] for el in HCVs], 'b', label='V measure')
plt.ylim([0, 1])
plt.legend(loc=4)
plt.show()
```

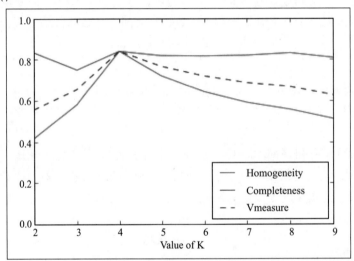

在上图中，起初（$K<4$）完整度高，但同质度低；$K>4$ 时恰恰相反，同质度很高，但完整度很低。在这两种情况下，V-measure 都很低，相反，$K=4$ 时所有指标都达到最大值，这表明此时的 K 为最佳值，即簇的数目。

除了这些被监督的指标以外，还有其他无监督指标不需要基本事实，而只基于学习器本身。

这一节中将首次看到将肘部法则用于畸变，它的用法非常简单，无须数学：只需绘制不同 K 的 K-均值模型的畸变，然后从中选择一个 K 增加时不会引入更低畸变的模型。用 Python 实现它非常简单：

```
In:Ks = range(2, 10)
Ds = []
```

```
for K in Ks:
    cls = KMeans(n_clusters=K, random_state=101)
    cls.fit(X)
    Ds.append(cls.inertia_)

plt.plot(Ks, Ds, 'o-')
plt.xlabel("Value of K")
plt.ylabel("Distortion")
plt.show()
```

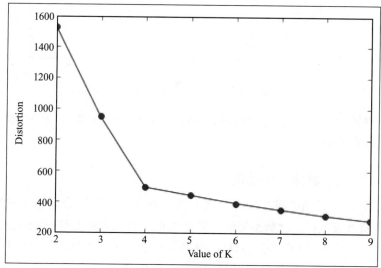

正如你预料，畸变下降从 $K = 4$ 时开始变得缓慢。

另一个无监督指标是轮廓系数（Silhouette），它更复杂些，但比前面的启发式更强大。在非常高的水平上，轮廓系数可以度量观测项与指定的簇二者的接近（相似）程度。轮廓系数值为 1 表明所有数据都在最佳簇中，为 -1 则表明簇结果完全错误。使用 Python 代码非常容易得到这些指标，这要归功于 SciKit-learn 实现。

```
In:from sklearn.metrics import silhouette_score

Ks = range(2, 10)
Ds = []
for K in Ks:
    cls = KMeans(n_clusters=K, random_state=101)
    Ds.append(silhouette_score(X, cls.fit_predict(X)))

plt.plot(Ks, Ds, 'o-')
plt.xlabel("Value of K")
plt.ylabel("Silhouette score")
plt.show()
```

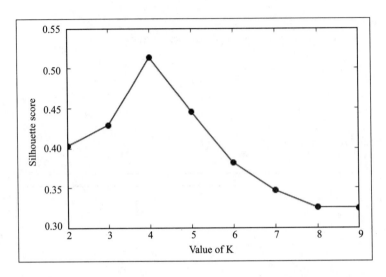

其至在这种情况下，我们也能得到相同结论：*K* 的最佳值为 4，因为在较低或更高的 *K* 时，轮廓系数要低很多。

7.4.4　扩展 K-均值算法：小批量

下面我们测试 K-均值的可扩展性。从 UCI 网站上，选择适合此任务的适当数据集：1990 年美国人口普查数据。此数据集包含将近 250 万个观测值和 68 个分类（已经进行数字编码）属性。文件采用 CSV 格式而且没有丢失数据。每个观测项都包含个人 ID（簇化前要删除）、性别、收入、婚姻状况以及工作等其他信息。

 有关此数据集的更多信息，请访问 http://archive. ics. uci. edu/ml/datasets/US+Census+Data+%281990%29 或 Meek、Thiesson 和 Heckerman 于 2001 年撰写并发表于 "Journal of Machine Learning Research" 期刊上的名为 "The Learning Curve Method Applied to Clustering" 的论文。

首先要必须下载包含该数据集的文件，并将其存储在临时目录中。请注意，文件大小为 345M 字节，慢速下载时需要一段时间。

```
In:import urllib
import os.path

url = "http://archive.ics.uci.edu/ml/machine-learning-databases/
census1990-mld/USCensus1990.data.txt"
census_csv_file = "/tmp/USCensus1990.data.txt"

import os.path
```

```
if not os.path.exists(census_csv_file):
    testfile = urllib.URLopener()
    testfile.retrieve(url, census_csv_file)
```

下面测试 K 分别为 4、8 和 12 并且使用包含观测项分别为 20K、200K 和 0.5M 的数据集时，训练 K-均值学习器的运行时间。因为不想使机器的内存饱和，所以我们只读取前 50 万行并删除包含用户标识符的列。最后绘制训练时间，便于进行完整的性能评估。

```
In:piece_of_dataset = pd.read_csv(census_csv_file, iterator=True).get_
chunk(500000).drop('caseid', axis=1).as_matrix()

time_results = {4: [], 8:[], 12:[]}
dataset_sizes = [20000, 200000, 500000]


for dataset_size in dataset_sizes:
    print "Dataset size:", dataset_size
    X = piece_of_dataset[:dataset_size,:]

    for K in [4, 8, 12]:
        print "K:", K
        cls = KMeans(K, random_state=101)
        timeit = %timeit -o -n1 -r1 cls.fit(X)

        time_results[K].append(timeit.best)

plt.plot(dataset_sizes, time_results[4], 'r', label='K=4')
plt.plot(dataset_sizes, time_results[8], 'g', label='K=8')
plt.plot(dataset_sizes, time_results[12], 'b', label='K=12')

plt.xlabel("Training set size")
plt.ylabel("Training time")
plt.legend(loc=0)
plt.show()

Out:Dataset size: 20000
K: 4
1 loops, best of 1: 478 ms per loop
K: 8
1 loops, best of 1: 1.22 s per loop
K: 12
1 loops, best of 1: 1.76 s per loop
Dataset size: 200000
K: 4
1 loops, best of 1: 6.35 s per loop
```

```
K: 8
1 loops, best of 1: 10.5 s per loop
K: 12
1 loops, best of 1: 17.7 s per loop
Dataset size: 500000
K: 4
1 loops, best of 1: 13.4 s per loop
K: 8
1 loops, best of 1: 48.6 s per loop
K: 12
1 loops, best of 1: 1min 5s per loop
```

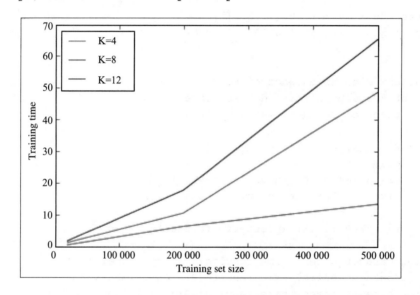

从图形和实际时间不难看出：训练时间随 K 和训练集规模呈线性增长，但对于大的 K 和训练规模，其关系则变得非线性。用整个训练集穷举搜索大量 K 似乎不具备可扩展性。

幸运的是，已经有了基于小批量的 K-均值在线版，SciKit-learn 也已实现并命名为 MiniBatchKMeans。下面在前面最慢的 $K=12$ 的情况下进行测试。使用经典 K-均值算法，训练 50 000 个样本（整个数据集的 20%）花费一分多钟。让我们看看在线小批量版本的性能，将批大小设置为 1000 并从数据集导入 50 000 个观测值块。输出中将绘制训练时间与已通过训练阶段的块数：

```
In:from sklearn.cluster import MiniBatchKMeans
import time

cls = MiniBatchKMeans(12, batch_size=1000, random_state=101)
ts = []
```

```
tik = time.time()
for chunk in pd.read_csv(census_csv_file, chunksize=50000):
    cls.partial_fit(chunk.drop('caseid', axis=1))
    ts.append(time.time()-tik)

plt.plot(range(len(ts)), ts)
plt.xlabel('Training batches')
plt.ylabel('time [s]')

plt.show()
```

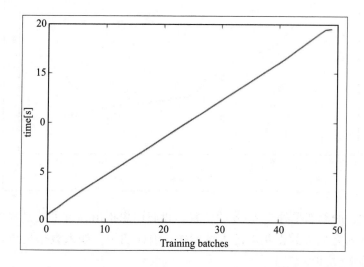

　　训练时间对于每个块都呈线性，对整个 250 万个观测数据集进行簇化的用时大约是 20 秒。通过这个实现，我们运行一个完整搜索，对畸变使用肘部法寻找最佳 K。下面执行网格搜索，K 从 4 增加到 12，并绘制畸变：

```
In:Ks = list(range(4, 13))
ds = []

for K in Ks:
    cls = MiniBatchKMeans(K, batch_size=1000, random_state=101)

    for chunk in pd.read_csv(census_csv_file, chunksize=50000):
        cls.partial_fit(chunk.drop('caseid', axis=1))
    ds.append(cls.inertia_)

plt.plot(Ks, ds)
plt.xlabel('Value of K')
```

```
plt.ylabel('Distortion')

plt.show()
```

Out:

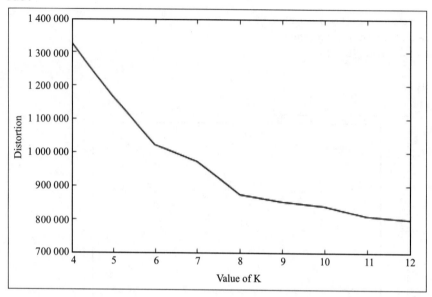

在输出图中，肘部似乎处于 $K=8$ 的位置。我们还想指出，有了批量实现，可以在不到几分钟的时间内完成大数据集上的大量操作；因此切记，如果数据集越来越大，请永远不要使用普通 K-均值。

7.5 用 H2O 实现 K-均值

这里，我们将 H2O 的 K-均值实现与 Scikit-learn 进行比较。更具体地说，使用 H2O 针对 K-均值算法开发的 H2OKMeansEstimator 运行小批量实验。设置过程类似于 7.3 节，实验与上一节相同。

```
In:import h2o
from h2o.estimators.kmeans import H2OKMeansEstimator
h2o.init(max_mem_size_GB=4)

def testH2O_kmeans(X, k):

    temp_file = tempfile.NamedTemporaryFile().name
    np.savetxt(temp_file, np.c_[X], delimiter=",")
```

```
        cls = H2OKMeansEstimator(k=k, standardize=True)
        blobdata = h2o.import_file(temp_file)

        tik = time.time()
        cls.train(x=range(blobdata.ncol), training_frame=blobdata)
        fit_time = time.time() - tik

        os.remove(temp_file)

        return fit_time

piece_of_dataset = pd.read_csv(census_csv_file, iterator=True).get_
chunk(500000).drop('caseid', axis=1).as_matrix()
time_results = {4: [], 8:[], 12:[]}
dataset_sizes = [20000, 200000, 500000]

for dataset_size in dataset_sizes:
    print "Dataset size:", dataset_size
    X = piece_of_dataset[:dataset_size,:]

    for K in [4, 8, 12]:
        print "K:", K
        fit_time = testH2O_kmeans(X, K)
        time_results[K].append(fit_time)

plt.plot(dataset_sizes, time_results[4], 'r', label='K=4')
plt.plot(dataset_sizes, time_results[8], 'g', label='K=8')
plt.plot(dataset_sizes, time_results[12], 'b', label='K=12')

plt.xlabel("Training set size")
plt.ylabel("Training time")
plt.legend(loc=0)
plt.show()

testH2O_kmeans(100000, 100)

h2o.shutdown(prompt=False)

Out:
```

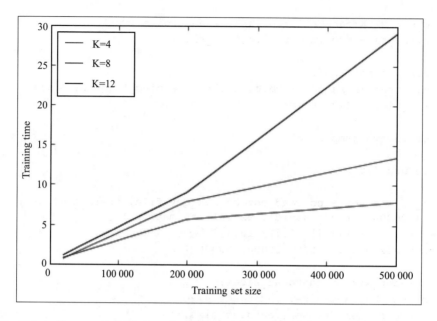

由于 H2O 架构，K-均值的实现非常快，并具备可扩展性，能够在不到 30 秒的时间内在 500K 数据集上对全部选择的 *K* 完成簇化。

7.6 LDA

LDA 表示"潜在狄利克雷分布"（Latent Dirichlet Allocation），它是一种用来分析文本文档集合的广泛使用的技术。

LDA 也是另一种技术的首字母缩写，即线性判别分析（Linear Discriminant Analysis），它是一种有监督的分类方法。请注意 LDA 的用途，两种算法之间没有关联。

LDA 的完整数学解释需要用到概率模型知识，这超出了本书的范围，但我们会对模型进行简要说明，并介绍如何在实际大规模数据集上使用该模型。

首先，LDA 用于数据科学的一个分支，名为文本挖掘，其重点是让学习器理解自然语言，例如基于文本实例。具体而言，LDA 属于主题建模范畴，它试图对文档中包含的主题进行建模。理想情况下，LDA 能够理解文档主题是否是（例如）金融、政治或宗教。可是，不同于分类器，它还能量化文档中存在的主题。例如，让我们想想罗琳的哈利·波特小说，分类器能够评估其类别（幻想小说），而 LDA 能够分析喜剧、戏剧、神秘、浪漫和冒险成分各占多少。LDA 不需要任何标签，是一种无监督方法，它在内部构建输出类别或主题及其组成（即组成主题的单词集）。

在处理过程中，LDA 同时构建 topics-per-document 模型和 words-per-topic 模型，并建模为狄利克雷分布。虽然复杂度高，但是由于有蒙特卡罗之类的迭代核心函数，输出稳定结果所需的处理时间并不长。

LDA 模型易于理解：每个文档都被建模为主题分布，每个主题都被建模为单词分布。分布假定有狄利克雷先验概率（由于通常每个主题的单词数目与每个文档的主题数目不同，所以参数不同）。由于吉布斯采样，分布不用直接采样，而是利用迭代获得精确近似值。使用变分贝叶斯技术也能得到类似结果，其中会用到最大期望方法得到近似值。

由此得到的 LDA 模型是生成型的（隐藏马尔可夫模型、朴素贝叶斯和受限玻耳兹曼机都是这样），因此每个变量都可被仿真和观测。

下面看看它在真实世界的数据集（20 组新闻数据集）上表现如何，该数据集由 20 个新闻组中交换的电子邮件组成。首先将其加载，然后从回复的电子邮件中删除电子邮件标题、脚注和引用。

```
In:from sklearn.datasets import fetch_20newsgroups
documents = fetch_20newsgroups(remove=('headers', 'footers', \
          'quotes'), random_state=101).data
```

检查数据集的大小（即文档数量），然后打印其中一个文档以查看其组成。

```
In:len(documents)
```

```
Out:11314
```

```
In:document_num = 9960
print documents[document_num]
```

```
Out:Help!!!
```

```
I have an ADB graphicsd tablet which I want to connect to my
Quadra 950. Unfortunately, the 950 has only one ADB port and
it seems I would have to give up my mouse.
```

```
Please, can someone help me? I want to use the tablet as well as
the mouse (and the keyboard of course!!!).
```

```
Thanks in advance.
```

如上所示，一个人正在寻求关于其平板电脑视频插座方面的帮助。现在导入运行 LDA 所需的 Python 包，Gensim 包是最好的包之一，它也具有很好的可扩展性，本节末尾将介绍这一点。

```
In:import gensim
from gensim.utils import simple_preprocess
from gensim.parsing.preprocessing import STOPWORDS
from nltk.stem import WordNetLemmatizer, SnowballStemmer

np.random.seed(101)
```

第一步应该清理文本，这是任何 NLP 文本处理的必要典型步骤：

1. 标记化是将文本分成句子，并将句子分成单词，最后，将单词转为小写并删除标点和重音。

2. 删除少于三个字符的单词（这一步会删除大部分缩写词、情感符号和连词）。

3. 删除英语停止词列表中的单词。该列表中的单词很常见，并且无预测作用（例如，the、an、so、then、have 等）。

4. 使标记词还原：第三人称单词变成第一人称，过去和将来时变成现在时（例如，goes、went、和 gone 变成 go）。

5. 最后进行词干化以消除词性变化，减少单词词根（例如 shoes 变成 shoe）。

下面代码中将尽可能清理文本，并列出组成它们的单词。在结束时，可以看到此操作如何更改前面看到的文档。

```
In:lm = WordNetLemmatizer()
stemmer = SnowballStemmer("english")

def lem_stem(text):
    return stemmer.stem(lm.lemmatize(text, pos='v'))

def tokenize_lemmatize(text):
    return [lem_stem(token)
            for token in gensim.utils.simple_preprocess(text)
            if token not in gensim.parsing.preprocessing.STOPWORDS and
len(token) > 3]

print tokenize_lemmatize(documents[document_num])

Out:[u'help', u'graphicsd', u'tablet', u'want', u'connect', u'quadra',
u'unfortun', u'port', u'mous', u'help', u'want', u'tablet', u'mous',
u'keyboard', u'cours', u'thank', u'advanc']
```

下一步，对所有文件执作清理步骤，之后，必须建立一个字典，其中包含训练集中单词的出现频次。有 Gensim 包操作很简单：

```
In:processed_docs = [tokenize(doc) for doc in documents]
word_count_dict = gensim.corpora.Dictionary(processed_docs)
```

现在，由于要构建一个通用快速解决方案，因此我们删除所有非常罕见和非常常见的单词。例如，我们删除所有出现次数少于 20 次（总共）的单词和出现在不超过 20% 的文档中的单词。

```
In:word_count_dict.filter_extremes(no_below=20, no_above=0.2)
```

下一步，用这样一个简化的单词集为每个文档建立词袋模型，也就是说，为每个文档创建一个报告单词数和单词出现次数的字典。

```
In:bag_of_words_corpus = [word_count_dict.doc2bow(pdoc) \
for pdoc in processed_docs]
```

查看前面文档的词袋模型：

```
In:bow_doc1 = bag_of_words_corpus[document_num]

for i in range(len(bow_doc1)):
    print "Word {} (\"{}\") appears {} time[s]" \
.format(bow_doc1[i][0], \
word_count_dict[bow_doc1[i][0]], bow_doc1[i][1])

Out:Word 178 ("want") appears 2 time[s]
Word 250 ("keyboard") appears 1 time[s]
Word 833 ("unfortun") appears 1 time[s]
Word 1037 ("port") appears 1 time[s]
Word 1142 ("help") appears 2 time[s]
Word 1543 ("quadra") appears 1 time[s]
Word 2006 ("advanc") appears 1 time[s]
Word 2124 ("cours") appears 1 time[s]
Word 2391 ("thank") appears 1 time[s]
Word 2898 ("mous") appears 2 time[s]
Word 3313 ("connect") appears 1 time[s]
```

现在已经到达该算法的核心部分：运行 LDA。我们决定询问 12 个主题（有 20 个不同的时事通讯，但某些是相似的）：

```
In:lda_model = gensim.models.LdaMulticore(bag_of_words_corpus, num_
topics=10, id2word=word_count_dict, passes=50)
```

 如果运行上述代码出错，请试试单线程，用 gensim. models. LdaModel 类代替 gensim. models. LdaMulticore。

现在打印主题文档，即每个主题中出现的单词及其相对权重：

```
In:for idx, topic in lda_model.print_topics(-1):
    print "Topic:{} Word composition:{}".format(idx, topic)
```

```
print
```

Out:
Topic:0 Word composition:0.015*imag + 0.014*version + 0.013*avail
+ 0.013*includ + 0.013*softwar + 0.012*file + 0.011*graphic +
0.010*program + 0.010*data + 0.009*format

Topic:1 Word composition:0.040*window + 0.030*file + 0.018*program
+ 0.014*problem + 0.011*widget + 0.011*applic + 0.010*server +
0.010*entri + 0.009*display + 0.009*error

Topic:2 Word composition:0.011*peopl + 0.010*mean + 0.010*question
+ 0.009*believ + 0.009*exist + 0.008*encrypt + 0.008*point +
0.008*reason + 0.008*post + 0.007*thing

Topic:3 Word composition:0.010*caus + 0.009*good + 0.009*test +
0.009*bike + 0.008*problem + 0.008*effect + 0.008*differ + 0.008*engin
+ 0.007*time + 0.006*high

Topic:4 Word composition:0.018*state + 0.017*govern + 0.015*right +
0.010*weapon + 0.010*crime + 0.009*peopl + 0.009*protect + 0.008*legal
+ 0.008*control + 0.008*drug

Topic:5 Word composition:0.017*christian + 0.016*armenian +
0.013*jesus + 0.012*peopl + 0.008*say + 0.008*church + 0.007*bibl +
0.007*come + 0.006*live + 0.006*book

Topic:6 Word composition:0.018*go + 0.015*time + 0.013*say +
0.012*peopl + 0.012*come + 0.012*thing + 0.011*want + 0.010*good +
0.009*look + 0.009*tell

Topic:7 Word composition:0.012*presid + 0.009*state + 0.008*peopl +
0.008*work + 0.008*govern + 0.007*year + 0.007*israel + 0.007*say +
0.006*american + 0.006*isra

Topic:8 Word composition:0.022*thank + 0.020*card + 0.015*work +
0.013*need + 0.013*price + 0.012*driver + 0.010*sell + 0.010*help +
0.010*mail + 0.010*look

Topic:9 Word composition:0.019*space + 0.011*inform + 0.011*univers +
0.010*mail + 0.009*launch + 0.008*list + 0.008*post + 0.008*anonym +
0.008*research + 0.008*send

Topic:10 Word composition:0.044*game + 0.031*team + 0.027*play +
0.022*year + 0.020*player + 0.016*season + 0.015*hockey + 0.014*leagu
+ 0.011*score + 0.010*goal

Topic:11 Word composition:0.075*drive + 0.030*disk + 0.028*control
+ 0.028*scsi + 0.020*power + 0.020*hard + 0.018*wire + 0.015*cabl +
0.013*instal + 0.012*connect

不幸的是，LDA 没有为每个主题提供名称，我们应该根据对算法结果的解释自行手工命名。仔细检查组成后，可以按表 7-1 所示对发现的主题进行命名。

表 7-1　命名所发现的主题

主题	名称
0	Software
1	Applications
2	Reasoning
3	Transports
4	Government
5	Religion
6	People actions
7	Middle-East
8	PC Devices
9	Space
10	Games
11	Drives

现在尝试理解前面文档中表示的主题及其权重。

```
In:
for index, score in sorted( \
lda_model[bag_of_words_corpus[document_num]], \
key=lambda tup: -1*tup[1]):
    print "Score: {}\t Topic: {}".format(score, lda_model.print_
topic(index, 10))
Out:Score: 0.938887758964    Topic: 0.022*thank + 0.020*card +
0.015*work + 0.013*need + 0.013*price + 0.012*driver + 0.010*sell +
0.010*help + 0.010*mail + 0.010*look
```

最高得分与主题"PC Device"相关。基于我们以前的文档收集知识，主题提取似乎已做得相当好。

现在整体评估模型。困惑度（即其对数）为我们提供了一个指标，来理解 LDA 在训练数据集上的性能。

```
In:print "Log perplexity of the model is", lda_model.log_
perplexity(bag_of_words_corpus)

Out:Log perplexity of the model is -7.2985188569
```

在这种情况下，困惑度为 2-7.298，并且它与有了这些文档的主题分布 LDA 模型能够在测试集中生成文档的（对数）可能性相关。困惑度越低，模型越好，因为它基本上意味着模型能很好地再生文本。

现在试试在未见过的文档上使用该模型。为简单起见，文档只包含两句话："Golf or tennis? Which is the best sport to play?"。

```
In:unseen_document = "Golf or tennis? Which is the best sport to
play?"

bow_vector = word_count_dict.doc2bow(\
tokenize_lemmatize(unseen_document))
for index, score in sorted(lda_model[bow_vector], \
key=lambda tup: -1*tup[1]):
    print "Score: {}\t Topic: {}".format(score, \
                lda_model.print_topic(index, 5))

Out:Score: 0.610691655136    Topic: 0.044*game + 0.031*team +
0.027*play + 0.022*year + 0.020*player

Score: 0.222640440339    Topic: 0.018*state + 0.017*govern +
0.015*right + 0.010*weapon + 0.010*crime
```

正如预期的那样，得分较高的是关于"Games"的主题，其次为其他得分相对较小的主题。

LDA 如何随着语料库的规模而扩展？幸运的是，非常好。该算法是迭代的，允许在线学习，类似于小批量。在线处理的关键是 LdaModel（或 LdaMulticore）提供的 .update（）方法。

我们将在由 1000 个文档组成的原始语料库的子集上进行该测试，并且用 50 100 200 批和 500 个文档来更新 LDA 模型。对于每个更新模型的小批量，将记录其时间并在图上绘制它们。

```
In:small_corpus = bag_of_words_corpus[:1000]
batch_times = {}

for batch_size in [50, 100, 200, 500]:
    print "batch_size =", batch_size
    tik0 = time.time()
    lda_model = gensim.models.LdaModel(num_topics=12, \
                id2word=word_count_dict)
    batch_times[batch_size] = []

    for i in range(0, len(small_corpus), batch_size):
        lda_model.update(small_corpus[i:i+batch_size], \
update_every=25, \
passes=1+500/batch_size)
        batch_times[batch_size].append(time.time() - tik0)
```

```
Out:batch_size = 50
batch_size = 100
batch_size = 200
batch_size = 500
```

请注意，我们已在模型更新中设置 update_every 和 passes 参数。这对于使模型在每次迭代时收敛而不返回非收敛是必需的。注意，已启发式选择 500，如果设置为更低值，会从 Gensim 得到很多模型不收敛的警告。

现在绘制结果：

```
In:plt.plot(range(50, 1001, 50), batch_times[50], 'g', \
label='size 50')
plt.plot(range(100, 1001, 100), batch_times[100], 'b', \
label='size 100')
plt.plot(range(200, 1001, 200), batch_times[200], 'k', \
label='size 200')
plt.plot(range(500, 1001, 500), batch_times[500], 'r', \
label='size 500')

plt.xlabel("Training set size")
plt.ylabel("Training time")
plt.xlim([0, 1000])
plt.legend(loc=0)
plt.show()
```

Out:

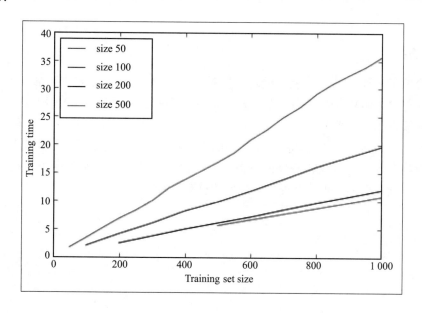

批量越大，训练速度越快。(请记住，更新模型时大批量需要更少的传递次数)，另一方面，批量越大，存储和处理语料库所需的内存量更大。有了小批量更新方法，LDA 能够大规模处理数百万个文档的语料库。事实上，在一台家用电脑上用 Gensim 包实现的程序能够在几个小时内扩展和处理整个维基百科。如果你有足够勇气自己尝试，该包的作者提供了完整操作说明帮助你实现这个目标。具体请参考网址：

```
https://radimrehurek.com/gensim/wiki.html
```

LDA 的扩展性——内存、CPU 和机器

Gensim 非常灵活，可用来处理大型文本语料库，它无须任何修改或额外下载即可扩展：

1. 扩展 CPU 数量，允许在单节点上进行并行处理（关于使用类，请参见第一个示例）。

2. 扩展观测数量，允许基于小批量开展在线学习。这能通过 LdaModel 和 LdaMulticore 提供的更新方法来实现（如前例所示）。

3. 在集群上运行，借助 Python 库 Pyro4 以及由 Gensim 提供的 models.lda_dispatcher（充当调度程序）和 models.lda_worker（充当工作进程）对象，将工作负载分散到集群中各个节点上。

除经典 LDA 算法以外，Gensim 还提供分层版本，称为分层狄利克雷处理（HDP）。该算法遵循多层次结构，使用户能够更好理解复杂语料库（即某些文档通用，某些文档侧重某个主题）。该模块相当新，截至 2015 年底，尚不具备经典 LDA 那样好的可扩展性。

7.7 小结

本章介绍了三种能进行扩展以处理大数据的流行无监督学习方法。第一个是 PCA，它通过创建包含大多数方差（即主要方差）的特征来减少特征数量。K-均值是一种聚类算法，它能够将相似点组合在一起，并将它们与某个质心相关联。LDA 是一种对文本数据进行主题建模的强大方法，即对每个文档的主题和主题中出现的词进行建模。

下一章将介绍一些高级和最新的机器学习方法，虽然它们仍然不属于主流，却能很好地适用于小型数据集，也适合处理大规模的机器学习。

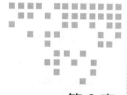

分布式环境——Hadoop和Spark

本章介绍一种新的数据处理方法——水平扩展。到目前为止,我们主要在单台机器上处理大数据,这里将介绍一些在机器集群上运行的方法。

具体来说,首先阐述机器集群处理大数据的动机和环境。随后介绍 Hadoop 框架及其全部组件,并列举几个示例(HDFS、MapReduce 和 YARN),最后介绍 Spark 框架及其 Python 接口 pySpark。

8.1　从单机到集群

全世界存储的数据量正在呈指数级增长。如今,对一位数据科学工作者来说,一天处理几个 TB 的数据是件很平常的事。通常这些数据来自许多不同的异构系统,这使得事情变得更复杂,而商业上的期望则是要在短时间内生成模型。

因此,处理大数据不只是大小问题,而是一个立体现象。事实上,根据 3V 模型,可以按照三个(正交)标准对大数据操作系统进行分类:

1. 第一个标准是系统归档以处理数据的速度。虽然几年前速度用来指示系统处理批量数据的速度;但现在,速度可以指示系统是否能为流数据提供实时输出。

2. 第二个标准是容量,也就是说,能有效处理多少信息。可以用行数、特征数或仅仅计算字节数表示它。对于数据流,容量表示数据到达系统的吞吐量。

3. 最后一个标准是多样性,即数据源类型。几年前,多样性受制于结构化数据集,如今,数据可以是结构化(表格、图像等)、半结构化(JSON、XML 等)和非结构化(网页、社会数据等)格式。通常,大数据系统试图处理尽可能多的相关数据源,并将它们混合在一起。

除上述标准以外，过去几年涌现出更多其他标准，试图解释大数据的其他特征。部分如下：

❑ 准确性（指示数据中隐含的异常、偏差和噪声，可归结为准确性）

❑ 波动性（数据用于提取有意义信息的时间）

❑ 有效性（数据的正确性）

❑ 价值（指示数据的投资回报率）

近年来，标准数量急剧增加，现在许多公司发现其保留的数据具有巨大价值，能给他们带来实际利益，促使其从数据中挖掘信息。技术挑战重点已转移到是否有足够的存储和处理能力，以便使用不同输入数据流，快速、大规模地提取有意义的信息。

当前，即使是最新和最昂贵的计算机，其磁盘、内存和 CPU 也是数量有限。每天处理数 TB（或 PB）的信息，并快速构建模型非常困难。此外，需要能够复制同时包含数据和处理软件的独立服务器，否则，它可能成为系统的故障单点。

因此，大数据世界已转移到集群：它们由高速互联网中一组数量可变、不很昂贵的节点组成。通常，部分集群专门存储数据（大硬盘、小 CPU 和少量内存），还有部分用于处理数据（强大 CPU、中到大量内存和小硬盘）。此外，如果正确设置集群，能确保可靠性（无故障单点）和高可用性。

注意，在分布式环境（比如集群）中存储数据时，应该考虑 CAP 定理的局限性，系统中确保至少满足下面两个属性：

❑ 一致性：所有节点都能够同时向客户端交付相同数据。

❑ 可用性：可以保证请求数据的客户端总会收到响应，无论请求成功或失败。

❑ 分区容错：如果网络有故障而无法连接所有节点，系统也能继续工作。

具体来说，CAP 定理会带来下列后果：

1. 如果放弃一致性，那么你将创建一个让数据分散在不同节点上的环境，即使网络遇到问题，系统仍然能为每个请求提供响应，尽管不能保证对同一问题有相同响应（可能不一致）。这样的典型结构实例有 DynamoDB、CouchDB 和 Cassandra。

2. 如果放弃可用性，就会创建一个无法对查询进行响应的分布式系统。这类实例属于分布式缓存数据库，比如 Redis、MongoDB 和 MemcacheDb。

3. 最后，如果放弃分区容错，那么将陷入不允许网络断开的关系数据库那样的僵化模式，比如 MySQL、Oracle 和 SQL 服务器。

为什么需要分布式框架

构建集群的最简单方法是，使用某些节点作为存储节点，而其他节点作为处理节点。这种配置看起来非常简单，因为不需要复杂框架来处理这种情况。事实上，许多小集群正是这样构建的：一组服务器存储数据（外加其副本），另一组服务器处理数据。

虽然这是个不错的方法，但由于以下几点原因经常不被采用：

1. 只适用于令人尴尬的并行算法。如果算法需要在执行处理的服务器之间共享某个公共内存区域，则不能使用此方法。

2. 如果一个或多个存储节点死亡，则数据不能保证一致性。（请考虑一个节点及其副本同时死亡，或节点正好在执行尚未被复制的写入操作后死亡的情况。）

3. 如果处理节点死亡，将无法跟踪其正在执行的进程，因而难以将其恢复到另一个节点上。

4. 如果网络出现故障，则恢复正常后很难预测这种情况。

现在来计算节点故障的概率。首先，它很少见以至于可以忽略吗？我们是否只考虑大概率更容易发生的情况？解决方案很简单：假定有个 100 节点的集群，每个节点在第一年有 1% 的故障概率（硬件和软件崩溃的累积）。第一年存活 100 个的概率多少？假设每个服务器都独立（即每个节点独立于所有其他节点），这是一个乘法运算：

$$P(cluster=ok)=P(note_1=ok, node_2=ok, \cdots, node_{100}=ok)$$
$$=(1-P(fail))^{100}$$
$$=37\%$$

其结果一开始就令人惊讶，但它解释了为什么大数据社区在过去十年里把重点放在这个问题上，并为集群管理开发了许多解决方案。从公式结果来看，一个崩溃事件（甚至多个）似乎很可能发生，事实上必须事先考虑到这种情况，并妥善处理，以确保数据操作的连续性。此外，如果使用廉价硬件或更大的集群，肯定至少有一个节点会出故障。

学习要点是，一旦涉及使用大数据的企业，则必须采取足够的对策来应对节点故障。这是常态而不是例外，应该妥善处理以确保操作的连续性。

到目前为止，绝大多数集群框架都使用"分而治之"的方法：

❑ 有专门用于数据存储节点的模块，还有专门用于数据处理节点（也称为工作节点）的模块。

❑ 跨数据节点复制数据，并且一个节点为主节点，从而确保写入和读取操作都成功。

❑ 处理步骤分散到不同工作节点上。它们不共享任何状态（除非存储在数据节点中），并且由其主节点确保所有任务都能按正确顺序明确地执行。

稍后，本章将介绍 Apache Hadoop 框架，虽然它现在是一个成熟的集群管理系统，但它仍然依赖坚实的基础。在此之前，我们先介绍如何在机器上设置合适的工作环境。

8.2 设置 VM

设置集群的过程是一个漫长而艰难的过程，高级大数据工程师之所以高薪，不是因为他们会下载和执行二进制应用程序，而是因为能够熟练地调整集群管理器以适合所需的工作环境。这是一项艰巨而复杂的工作，需要很长时间，如果结果低于预期，整体业务（包括数据科学工作者和软件开发商）将无法提高生产力。开始构建集群前，数据工程师必须知道节点、数据和将要执行的操作以及网络的每个细节。工作成果通常是一个平衡、自适应、快速、可靠的集群，能保证公司所有技术人员使用多年。

与有很多功能较弱的服务器的集群相比，有较少非常强大的服务器的集群是否更好？答案应该逐案例评估，并且高度取决于数据、处理算法、访问人数、结果速度、总开销、可扩展性、网络速度以及许多其他因素。简单来说，要想做出最好决定不容易！

由于配置环境非常困难，本书作者更愿意为读者提供虚拟机映像，其中包含在集群上进行某些操作所需要的所有内容。下面几节中，将介绍如何在计算机上设置一个访客操作系统，其中包含集群中的某个节点，以及在实际集群中找到的所有软件。

为什么只有一个节点？由于使用的框架并非轻量级的，所以我们决定使用集群的原子元素，从而确保节点中找到的环境与实际情况完全相同。为了让虚拟机在电脑上运行，需要两个免费开源软件：Virtualbox 和 vagrant。

8.2.1 VirtualBox

VirtualBox 是一款开源软件，可以在 Windows、MacOS 和 Linux 主机上虚拟化一对多访客操作系统。从用户角度来看，虚拟机看起来像另一台运行在窗口中的计算机，拥有其所有功能。

VirtualBox 由于其高性能、简单和干净的图形用户界面（GUI）而变得很常用。只需点击一下即可完成 VirtualBox 虚拟机的启动、停止、导入和终止。

技术上讲，VirtualBox 是一个管理程序，它支持创建和管理多个虚拟机（VM），包括许多版本的 Windows、Linux 和类似 BSD 的发行版。运行 VirtualBox 的机器名为"host"，虚拟机名为"guest"。请注意，主机和来宾间无限制；例如，Windows 主机可以运行 Windows（相同版本、以前版本或最新版本），以及与 VirtualBox 兼容的任何 Linux 和 BSD 版本。

VirtualBox 通常用于运行需要特定操作系统的软件，比如某些软件只在 Windows 上运行，或者只运行在特定 Windows 版本上，而某些只能在 Linux 上运行，等等。另一个应用是在克隆的生产环境中模拟新功能。当某个软件要在真实（生产）环境中进行修改之前，软件开发人员通常会在一个克隆（比如在 VirtualBox 上运行）上对其进行测试。由于访客与主机隔离，即使访客虚拟机出现问题（甚至格式化硬盘），都不会影响主机。

对于那些想从头开始的人，VirtualBox 支持虚拟硬盘（包括硬盘、CD、DVD 和软盘）安装，这使得安装新操作系统非常简单。例如，如果安装 Linux Ubuntu 14.04 的普通版本，请首先下载 .iso 文件。简单将其作为虚拟驱动器添加到 VirtualBox 中，而不必刻录到 CD/DVD。接着，根据简单界面逐步操作，选择硬盘大小和访客机的性能（内存、CPU 数量、视频内存和网络连接）。进入 BIOS 时，可以选择引导顺序：优先选择 CD/DVD，这样，只要打开 guest 虚拟机，就会开始安装 Ubuntu。

现在开始下载 VirtualBox，请选择对应于你的操作系统的正确版本。

 请按照以下说明将它安装在计算机上：https://www.virtualbox.org/wiki/downloads。

撰写本书时，最新版本是 5.1。安装之后，就会显示如图 8-1 所示的图形界面。

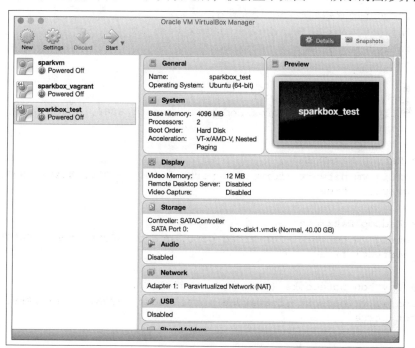

图 8-1 VirtualBox 管理器界面

强烈推荐你了解一下如何在机器上设置访客机器。所有访客机器都会出现在窗口左侧（从图 8-1 中不难看出，计算机上有 3 个停止工作的访客机）。点击某一个后，右侧将显示该虚拟硬件的详细说明。在示例图中，如果打开名为"sparkbox_test"（左侧突出显示的那台）的虚拟机，它将在虚拟计算机上运行，该计算机硬件包括 4G 内存、2 个处理器、40GB 硬盘和一个 128 显存的显卡，并通过 NAT 连接到网络。

8.2.2 Vagrant

Vagrant 是一个用于对虚拟环境进行高级配置的软件。Vagrant 的核心部分是脚本功能，经常用于以编程方式和自动地创建特定的虚拟环境。Vagrant 使用 VirtualBox（也包括其他虚拟器）构建和配置虚拟机。

 具体安装过程请参考 https://www.vagrantup.com downloads.html。

8.2.3 使用 VM

安装 Vagrant 和 VirtualBox 后，即可开始运行集群环境的节点。请创建空目录，并将下面的 Vagrant 命令插入到名为 Vagrantfile 的新文件中。

```
Vagrant.configure("2") do |config|
    config.vm.box = "sparkpy/sparkbox_test_1"
    config.vm.hostname = "sparkbox"
    config.ssh.insert_key = false

    # Hadoop ResourceManager
    config.vm.network :forwarded_port, guest: 8088, host: 8088, auto_
correct: true

    # Hadoop NameNode
    config.vm.network :forwarded_port, guest: 50070, host: 50070,
auto_correct: true

    # Hadoop DataNode
    config.vm.network :forwarded_port, guest: 50075, host: 50075,
auto_correct: true

    # Ipython notebooks (yarn and standalone)
    config.vm.network :forwarded_port, guest: 8888, host: 8888, auto_
correct: true

    # Spark UI (standalone)
    config.vm.network :forwarded_port, guest: 4040, host: 4040, auto_
correct: true


    config.vm.provider "virtualbox" do |v|
```

```
        v.customize ["modifyvm", :id, "--natdnshostresolver1", "on"]
     v.customize ["modifyvm", :id, "--natdnsproxy1", "on"]
  v.customize ["modifyvm", :id, "--nictype1", "virtio"]
     v.name = "sparkbox_test"
     v.memory = "4096"
     v.cpus = "2"
     end

end
```

从上到下，第一行下载（本书作者在一个存储库中创建并上传的）正确的虚拟机，接着，设置某些端口使其转向访客机器，这样即可访问虚拟机的某些 Web 服务。最后，设置节点的硬件。

> 该配置是为只有 4GB 内存和 2 内核的虚拟机设置的。如果你的系统无法满足这些要求，请修改 v.memory 和 v.cpus 值，以适用于你的机器。请注意，如果所设置的配置不合适，以下示例代码会显示错误。

现在，打开终端并浏览到包含 Vagrantfile 的目录。这里，用以下命令启动虚拟机：

$ vagrant up

如果是第一次运行，该命令在下载时会花费一些时间（几乎是 2GB 的下载量），并且会构建虚拟机的正确结构。以后再启动该命令只需要很短时间，因为无下载步骤。

在本地系统上打开虚拟机后，可以用如下命令访问它：

$ vagrant ssh

这个命令模拟 SSH 访问，最后你将进入虚拟机。

> 在 Windows 计算机上，如果缺少 SSH 可执行文件，此命令会失败并显示错误。这种情况下，请下载并安装适用于 Windows 的 SSH 客户端，例如 Putty（http://www.putty.org/）、Cygwin openssh（http://www.cygwin.com/）或 Openssh for Windows（http://sshwindows.sourceforge.net/）。Unix 系统不会受该问题影响。

如果要关闭它，首先需要退出机器。在 VM 内部只需使用 exit 命令即可退出 SSH 连接，然后关闭 VM：

$ vagrant halt

> 虚拟机消耗资源。请记住，完成工作后，要以 VM 所在的目录使用 vagranthalt 命令将其关闭。

上面的命令将关闭虚拟机，就像使用服务器一样。使用 vagrant destroy 命令可以删除虚拟机及其所有内容，请谨慎使用：删除后无法在原位恢复文件。

以下为在虚拟机中使用 IPython（Jupyter）Notebook 的说明：

1. 从包含 Vagrantfile 的文件夹启动 vagrant up 和 vagrant ssh。之后应该进入虚拟机内。

2. 启动脚本：

```
vagrant@sparkbox:~$ ./start_hadoop.sh
```

3. 按以下命令启动：

```
vagrant@sparkbox:~$ ./start_jupyter_yarn.sh
```

打开本地机器上的浏览器访问 http://localhost:8888。

下面是集群节点支持的 notebook。若要关闭 notebook 和虚拟机，请执行以下步骤：

1. 要终止 Jupyter 控制台，按 Ctrl+C（然后选择 Y）。

2. 输入以下命令结束 Hadoop 框架：

```
vagrant@sparkbox:~$ ./stop_hadoop.sh
```

3. 使用以下命令退出虚拟机：

```
vagrant@sparkbox:~$ exit
```

4. 用 vagrant halt 关闭 VirtualBox 机器。

8.3 Hadoop 生态系统

Apache Hadoop 是一款用于在集群上进行分布式存储和分布式处理的非常流行的软件框架。其优势在于价格（免费）、灵活性（开源，虽用 Java 编写，但可被其他编程语言使用）、可扩展性（可处理由数千个节点组成的集群）和强壮性（其开发灵感来自 2011 年 Google 发表的一篇论文），它已成为处理大数据的事实标准。而且，以 Apache 为基础的许多其他项目都扩展了其功能。

8.3.1 架构

从逻辑上讲，Hadoop 由两部分组成：分布式存储（HDFS）和分布式处理（YARN 和 MapReduce）。虽然代码非常复杂，但总体架构易于理解。客户通过两个专用模块访问存储和处理功能；然后这二者负责将工作分配到所有工作节点上，如图 8-2 所示。

所有 Hadoop 模块都作为服务（即实例）运行，也就是说，一个物理或虚拟节点就可以运行其中的很多模块。通常，对于小集群，所有节点都同时运行分布式的计算和处理服务；对于大型集群，最好用专门的节点将两个功能分离开来。

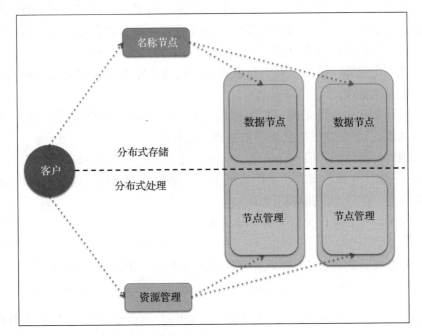

图 8-2　Hadoop 的架构

后面将详细介绍这两个层提供的功能。

8.3.2　HDFS

Hadoop 分布式文件系统（HDFS）是容错的分布式文件系统，用于在低成本的商品硬件上运行，并且能够处理非常大的数据集（从 PB 到 EB 量级）。虽然 HDFS 需要快速网络连接来跨节点传输数据，但延迟不像传统文件系统那样低（可能大约为几秒）。因此，HDFS 专为批处理和高吞吐量而设计。每个 HDFS 节点都包含一部分文件系统的数据，在其他情况下也会复制相同数据，这确保了高吞吐量的访问和容错。

HDFS 的架构是主从式的。如果主站（名称节点）发生故障，则由辅助/备用控制器接管控制。所有其他实例都是从属节点（数据节点），如果其中一个失败，不会出现问题，因为 HDFS 的设计考虑到了这一点。

数据节点包含数据块：保存在 HDFS 中的每个文件以块进行分解，通常每个块为 64MB，然后分发并复制到一组数据节点中。

名称节点只存储分布式文件系统中的文件元数据；它不存储任何实际数据，而只存储用于访问其管理的多个数据节点中的文件的正确指示信息。

一个要求读取文件的客户端应首先连接名称节点，该名称节点返回一个表，其中包含数据块的有序列表及其位置（在数据节点中）。此时，客户端应当单独联络数据节点，并下载所有块，然后重建文件（通过将块组装在一起）。

若要写入文件，客户端应该首先联络名称节点，后者首先决定如何处理请求，然后更新其记录，之后用一个有序的数据节点列表应答客户端，告诉客户端在哪里写入文件的每个块。客户端随后按名称节点应答的内容连接并将块上载到数据节点。

命名空间查询操作（例如，列出目录内容、创建文件夹等）完全由名称节点通过访问其元数据信息来处理。

此外，名称节点还负责正确处理数据节点故障（如果没有收到节点的心跳数据包，则将其标记为死亡），并将其数据重新复制到其他节点。

虽然实现这些操作用时很长且很难，但由于有许多库和 HDFSshell，它们对用户完全透明。HDFS 的操作方式与当前在文件系统上执行操作非常相似，这是 Hadoop 的一大优点：隐藏复杂性，便于用户简单地使用。

下面介绍 HDFS shell 以及后来的 Python 库。

 请按前面的说明启动虚拟机，并在计算机上启动 IPython Notebook。

现在，打开一个新的 notebook。由于每个 notebook 都会连接到 Hadoop 集群框架，因此此操作需要比平时更多的时间。当 notebook 准备好时会在右上角显示 "Kernel starting, please wait…"。

第一部分是关于 HDFS shell 的，随后的所有命令都可以在虚拟机的提示符或 shell 下运行。若要在 IPython Notebook 中运行，所有这些命令都会被添加标记 "!"，这是 notebook 中执行 bash 代码的简短方法。

以下命令行的共同点是可执行文件，我们将始终运行 hdfs 命令，它是访问和管理 HDFS 系统的主界面，也是 HDFS shell 的主要命令。

我们首先打印一个关于 HDFS 状态的报告。要获取分布式文件系统（dfs）及其数据节点的详细信息，请使用 dfsadmin 子命令：

```
In:!hdfs dfsadmin -report

Out:Configured Capacity: 42241163264 (39.34 GB)
Present Capacity: 37569168058 (34.99 GB)
DFS Remaining: 37378433024 (34.81 GB)
DFS Used: 190735034 (181.90 MB)
DFS Used%: 0.51%
Under replicated blocks: 0
Blocks with corrupt replicas: 0
Missing blocks: 0

--------------------------------------------------
Live datanodes (1):
```

```
Name: 127.0.0.1:50010 (localhost)
Hostname: sparkbox
Decommission Status : Normal
Configured Capacity: 42241163264 (39.34 GB)
DFS Used: 190735034 (181.90 MB)
Non DFS Used: 4668290330 (4.35 GB)
DFS Remaining: 37380775936 (34.81 GB)
DFS Used%: 0.45%
DFS Remaining%: 88.49%
Configured Cache Capacity: 0 (0 B)
Cache Used: 0 (0 B)
Cache Remaining: 0 (0 B)
Cache Used%: 100.00%
Cache Remaining%: 0.00%
Xceivers: 1
Last contact: Tue Feb 09 19:41:17 UTC 2016
```

dfs 子命令允许使用某些著名的 Unix 命令访问分布式文件系统，并与之交互，例如，按如下所示列出根目录的内容：

```
In:!hdfs dfs -ls /

Out:Found 2 items
drwxr-xr-x   - vagrant supergroup          0 2016-01-30 16:33 /spark
drwxr-xr-x   - vagrant supergroup          0 2016-01-30 18:12 /user
```

输出与 Linux 的 ls 命令相似，即列出权限、链接数、拥有文件的用户和组、最后修改时间以及每个文件或目录的名称。

与 df 命令类似，调用-df 参数可以显示 HDFS 中的可用磁盘空间量。-h 选项使输出更具可读性（使用 GB 和 MB 而不是字节）：

```
In:!hdfs dfs -df -h /

Out:Filesystem              Size     Used   Available   Use%
hdfs://localhost:9000   39.3 G   181.9 M     34.8 G     0%
```

与 du 类似，可以使用-du 参数显示根目录中包含的每个文件夹的大小。同样，使用-h 可产生更可读的输出。

```
In:!hdfs dfs -du -h /

Out:178.9 M  /spark
1.4 M     /user
```

到目前为止，我们已从 HDFS 中提取了一些信息。现在对分布式文件系统执行一些操作，这会对其进行修改。首先用−mkdir 选项后跟名称创建文件夹。请注意，如果该目录已存在，则此操作会失败（与 Linux 中使用 mkdir 命令一样）：

```
In:!hdfs dfs -mkdir /datasets
```

现在将一些文件从节点的硬盘传输到分布式文件系统。在创建的 VM 中，在"../datasets"目录中已有一个文本文件，下面将从互联网下载一个文本文件，然后将这两个文件都移动到前面命令创建的 HDFS 目录中：

```
In:
!wget -q http://www.gutenberg.org/cache/epub/100/pg100.txt \
    -O ../datasets/shakespeare_all.txt

!hdfs dfs -put ../datasets/shakespeare_all.txt \
/datasets/shakespeare_all.txt

!hdfs dfs -put ../datasets/hadoop_git_readme.txt \
/datasets/hadoop_git_readme.txt
```

导入成功了吗？是的，没有任何错误。但是，为了消除所有疑问，下面列出 HDFS 目录/数据集以查看这两个文件：

```
In:!hdfs dfs -ls /datasets

Out:Found 2 items
-rw-r--r--   1 vagrant supergroup       1365 2016-01-31 12:41 /
datasets/hadoop_git_readme.txt
-rw-r--r--   1 vagrant supergroup    5589889 2016-01-31 12:41 /
datasets/shakespeare_all.txt
```

使用−cat 参数可以将某些文件连接后传到标准输出。下面代码将计算出现在文本文件中的新行。请注意，第一个命令的结果被传送到本地机器上运行的另一个命令：

```
In:!hdfs dfs -cat /datasets/hadoop_git_readme.txt | wc -l

Out:30
```

实际上，使用−cat 参数可以连接来自本地机器和 HDFS 的多个文件。为了看到这一点，下面计算当存储在 HDFS 上的文件连接到存储在本地机器上的同一个文件时，存在多少换行符。为避免误解，可以使用完整的统一资源标识符（URI），即使用"hdfs:"标识引用 HDFS 中的文件，并使用"file:"标识引用本地文件：

```
In:!hdfs dfs -cat \
    hdfs:///datasets/hadoop_git_readme.txt \
```

```
file:///home/vagrant/datasets/hadoop_git_readme.txt | wc -l
```

Out:60

使用-cp 参数可以在 HDFS 中执行复制：

```
In : !hdfs dfs -cp /datasets/hadoop_git_readme.txt \
/datasets/copy_hadoop_git_readme.txt
```

要删除一个或多个文件（使用正确的选项），可以使用-rm 参数。在下面这段代码中，我们使用前面的命令删除刚刚创建的文件。请注意，HDFS 具有保存机制，因此，删除的文件实际上并未从 HDFS 中移除，而只是移至特殊目录：

```
In:!hdfs dfs -rm /datasets/copy_hadoop_git_readme.txt
```

```
Out:16/02/09 21:41:44 INFO fs.TrashPolicyDefault: Namenode trash
configuration: Deletion interval = 0 minutes, Emptier interval = 0
minutes.
```

```
Deleted /datasets/copy_hadoop_git_readme.txt
```

要清空垃圾数据，请使用以下命令：

```
In:!hdfs dfs -expunge
```

```
Out:16/02/09 21:41:44 INFO fs.TrashPolicyDefault: Namenode trash
configuration: Deletion interval = 0 minutes, Emptier interval = 0
minutes.
```

要从 HDFS 获取文件到本地机器，请使用-get 参数：

```
In:!hdfs dfs -get /datasets/hadoop_git_readme.txt \
/tmp/hadoop_git_readme.txt
```

使用-tail 参数可以查看存储在 HDFS 中的文件。请注意，HDFS 中没有 head 函数，因为可以先使用 cat 然后使用本地 head 命令进行管道输出。至于 tail 参数，HDFS shell 只显示最后一千字节的数据：

```
In:!hdfs dfs -tail /datasets/hadoop_git_readme.txt
```

```
Out:ntry, of
encryption software.  BEFORE using any encryption software, please
check your country's laws, regulations and policies concerning the
import, possession, or use, and re-export of encryption software, to
see if this is permitted.  See <http://www.wassenaar.org/> for more
information.
[...]
```

hdfs 命令是 HDFS 的主要入口点，但速度很慢，而且从 Python 调用系统命令并读取输出非常烦琐。为此，有一个用于 Python 的 Snakebite 库，它封装了许多分布式文件系统操作。遗憾的是，该库并不像 HDFS shell 那样完整，而且被绑定到名称节点。使用 pip install snakebite 可以将它安装在本地机器上。

为实例化客户端对象，应该提供名称节点的 IP（或其别名）和端口。在我们提供的 VM 中，它运行在端口 9000 上：

```
In:from snakebite.client import Client
client = Client("localhost", 9000)
```

要输出 HDFS 的信息，客户端对象有 serverdefaults 方法：

```
In:client.serverdefaults()

Out:{'blockSize': 134217728L,
 'bytesPerChecksum': 512,
 'checksumType': 2,
 'encryptDataTransfer': False,
 'fileBufferSize': 4096,
 'replication': 1,
 'trashInterval': 0L,
 'writePacketSize': 65536}
```

使用 ls 方法可以列出根目录中的文件和目录。结果是一个字典列表，每个文件对应一个字典，包含权限、上次修改时间戳等信息。本示例只关心路径（即名称）：

```
In:for x in client.ls(['/']):
    print x['path']

Out:/datasets
/spark
/user
```

如同前面的代码，Snakebite 客户端有 du（用于磁盘使用量）和 df（用于磁盘可用空间）方法。请注意，许多方法（如 du）会返回生成器，这意味着需要进一步处理（如迭代器或列表）才能执行：

```
In:client.df()

Out:{'capacity': 42241163264L,
 'corrupt_blocks': 0L,
 'filesystem': 'hdfs://localhost:9000',
 'missing_blocks': 0L,
 'remaining': 37373218816L,
```

```
  'under_replicated': OL,
  'used': 196237268L}

In:list(client.du(["/"]))

Out:[{'length': 5591254L, 'path': '/datasets'},
 {'length': 187548272L, 'path': '/spark'},
 {'length': 1449302L, 'path': '/user'}]
```

至于 HDFS shell 示例，现在使用 Snakebite 计算出现在同一个文件中的换行符数。请注意 .cat 方法返回一个生成器：

```
In:
for el in client.cat(['/datasets/hadoop_git_readme.txt']):
    print el.next().count("\n")

Out:30
```

下面从 HDFS 中删除一个文件。请再次注意，即使试图删除不存在的目录，delete 方法也会返回一个生成器，并且执行过程永远不会失败。实际上，Snakebite 不会引发异常，而只会在输出字典中向用户发出操作失败的信息：

```
In:client.delete(['/datasets/shakespeare_all.txt']).next()

Out:{'path': '/datasets/shakespeare_all.txt', 'result': True}
```

现在，将文件从 HDFS 复制到本地文件系统。请注意，输出是一个生成器，需要检查输出字典以查看操作是否成功：

```
In:
(client
.copyToLocal(['/datasets/hadoop_git_readme.txt'],
            '/tmp/hadoop_git_readme_2.txt')
.next())

Out:{'error': '',
 'path': '/tmp/hadoop_git_readme_2.txt',
 'result': True,
 'source_path': '/datasets/hadoop_git_readme.txt'}
```

最后，创建一个目录并删除所有匹配某个字符串的文件：

```
In:list(client.mkdir(['/datasets_2']))

Out:[{'path': '/datasets_2', 'result': True}]
```

```
In:client.delete(['/datasets*'], recurse=True).next()

Out:{'path': '/datasets', 'result': True}
```

如何将文件放入 HDFS？如何将 HDFS 文件复制到另一个位置？这些函数在 Snakebite 中尚未实现。对于它们来说，我们将通过系统调用来使用 HDFS shell。

8.3.3 MapReduce

MapReduce 是在最早版本的 Hadoop 中实现的编程模型，它是一个非常简单的模型，旨在以并行批量的方式处理分布式集群上的大型数据集。MapReduce 的核心由两个可编程函数组成，一个执行过滤的 Mapper 和一个执行聚合的 Reducer，以及一个将 Mapper 中的对象从 Mapper 移动到正确映象器的混洗器。

谷歌于 2004 年发表了一篇关于 MapReduce 的论文，几个月后被授予了专利权。

这是 Hadoop 的 MapReduce 实现步骤：

1. 数据块。数据从文件系统读取并分割成块。块是输入数据集的一部分，通常是固定大小的一块数据（例如，从数据节点读取的 HDFS 块），或另一个更合适的划分大小。

例如，如果想要计算文本文件中的字符、单词和行的数量，那么一个好的划分方法可以是一行文本。

2. Mapper：从每个块中生成一系列键值对。每个 Mapper 实例在不同数据块上应用相同映射函数。继续前面的示例，对于每一行，在这一步生成 3 个键值对：一个包含行中字符数（键可以简单地是一个字符串），一个包含词的数量（在这种情况下，键必须不同，比如说是文字），另一个包含行数，它总是为 1（在这种情况下，键可以是行）。

3. Shuffler：从可用 Reducer 的键和数量中，混洗器将有相同键的所有键值对分配给相同 Reducer。通常，此操作是键的散列，以 Reducer 的数量为模。这应该确保每个 Reducer 有正确数量的键。该功能不是用户可编程的，而是由 MapReduce 框架提供。

4. Reducer：每个 Reducer 都会接收一组特定键的所有键值对，并可以产生零个或多个聚合结果。在该示例中，连接到单词键的所有值都会到达一个 Reducer；其工作就是将所有的值求和。其他键也会发生同样情况，产生三个最终值：字符数、字数和行数。请注意，这些结果在不同 Reducer 上。

5. 输出写入器：Reducer 的输出会写入文件系统（或 HDFS）。在默认的 Hadoop 配置中，每个 Reducer 写入一个文件（part-r-00000 是第一个 Reducer 的输出，第二个 part-r-00001 等等）。要在文件上获得完整的结果列表，应该连接所有这些结果。直观地看，这个操作可以简单地按图 8-3 来表示和理解。

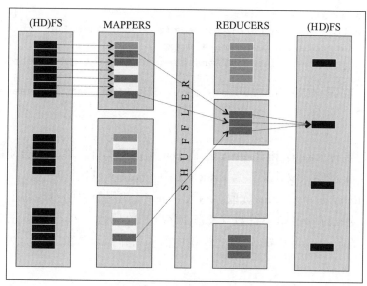

图 8-3　Map Reduce 示意图

还有一个可选步骤是组合器步骤，可以在映射步骤之后由每个 Mapper 实例执行。如果可能的话，它基本上预测了 Mapper 上的 Reducer 步骤，并且通常用于减少要混洗的信息量，从而加速该过程。在前面示例中，如果 Mapper 处理输入文件的多行，则在（可选）组合器步骤中，预聚合结果，从而输出较少数量的键值对。例如，如果映射器在每个块中处理 100 行文本，那么当信息能够按三个进行聚合时，为什么要输出 300 个键值对（字符数量为 100，字数为 100，行数为 100）？这实际上是组合器的目标。

在 Hadoop 提供的 MapReduce 实现中，混洗操作是分散的，从而优化通信成本，并且可以为每个节点运行多个 Mapper 和 Reducer，充分利用节点上可用的硬件资源。此外，Hadoop 基础架构提供冗余和容错功能，因为可以将相同的任务分配给多方进行处理。

现在让我们看看它是如何工作的。尽管 Hadoop 框架是用 Java 编写的，但由于 Hadoop Streaming 实用工具的原因，Mapper 和 Reducer 可以是任何可执行文件，包括 Python。Hadoop Streaming 使用管道和标准输入和输出来流化内容，因此，Mapper 和 Reducer 必须在 stdin 上实现读取器，而在 stdout 上实现键值写入器。

现在，打开虚拟机并打开一个新的 IPython notebook。即使在这种情况下，我们仍然首先介绍以命令行方式来运行 Hadoop 提供的 MapReduce 作业，然后引入一个纯 Python 库。第一个示例正如所描述的那样：文本文件的字符数、字数和行数的计数器。

首先，将数据集插入 HDFS；我们将使用 Hadoop Git 的自述文件（这个简短文本文件包含随 Apache Hadoop 发布的自述文件）和由 Project Gutenberg 提供的所有莎士比亚书籍的全文（尽管只有 5MB 却有近 125K 行）。在第一个单元中，将清理之前实验中的文件夹，然后，将包含莎士比亚书目的文件下载到数据集文件夹中，最后，将这两个数据集放在 HDFS 上：

```
In:!hdfs dfs -mkdir -p /datasets
!wget -q http://www.gutenberg.org/cache/epub/100/pg100.txt \
    -O ../datasets/shakespeare_all.txt
!hdfs dfs -put -f ../datasets/shakespeare_all.txt /datasets/
shakespeare_all.txt
!hdfs dfs -put -f ../datasets/hadoop_git_readme.txt /datasets/hadoop_
git_readme.txt
!hdfs dfs -ls /datasets
```

现在，创建包含 Mapper 和 Reducer 的 Python 可执行文件。在这里会使用一个黑客技术：使用 Notebook 的写入操作来写入 Python 文件（并使其可执行）。

Mapper 和 Reducer 都从 stdin 读取并写入 stdout（使用简单的打印命令）。具体来说，映射器从 stdin 读取行并打印字符数（除换行符）、单词数（在空白处分割行）和行数（总是一个）的键值对。而 Reducer 将每个键的值求和并打印总和：

```
In:
with open('mapper_hadoop.py', 'w') as fh:
    fh.write("""#!/usr/bin/env python

import sys

for line in sys.stdin:
    print "chars", len(line.rstrip('\\n'))
    print "words", len(line.split())
    print "lines", 1
    """)

with open('reducer_hadoop.py', 'w') as fh:
    fh.write("""#!/usr/bin/env python

import sys

counts = {"chars": 0, "words":0, "lines":0}

for line in sys.stdin:
    kv = line.rstrip().split()
    counts[kv[0]] += int(kv[1])

for k,v in counts.items():
    print k, v
    """)

In:!chmod a+x *_hadoop.py
```

为了验证它是否可行，让我们在本地尝试它，而不使用 Hadoop。事实上，当 Mapper

和 Reducer 读写标准输入和输出时，我们可以用管道操作将所有的东西集中在一起。请注意，"sort -k1, 1"命令可以替换混洗器，该命令使用第一个字段（即键）对输入字符串进行排序：

```
In:!cat ../datasets/hadoop_git_readme.txt | ./mapper_hadoop.py | sort
-k1,1 | ./reducer_hadoop.py

Out:chars 1335
lines 31
words 179
```

现在使用 Hadoop MapReduce 方法来获得相同结果。首先，在 HDFS 中创建一个能够存储结果的空目录。在这里，我们创建一个名为/tmp 的目录，并以与作业输出相同的方式删除 named 中的任何内容（如果输出文件已存在，Hadoop 将失败）。然后，使用正确命令来运行 MapReduce 作业。该命令包含以下内容：

❑ 使用 Hadoop Streaming 功能（表示 Hadoop 流 jar 文件）
❑ 要使用的 Mapper 和 Reducer（-mapper 和-reducer 选项）
❑ 将这些文件分发给每个 Mapper，因为它们是本地文件（使用-files 选项）
❑ 输入文件（-input 选项）和输出目录（-output 选项）

```
In:!hdfs dfs -mkdir -p /tmp
!hdfs dfs -rm -f -r /tmp/mr.out

!hadoop jar /usr/local/hadoop/share/hadoop/tools/lib/hadoop-streaming-
2.6.4.jar \
-files mapper_hadoop.py,reducer_hadoop.py \
-mapper mapper_hadoop.py -reducer reducer_hadoop.py \
-input /datasets/hadoop_git_readme.txt -output /tmp/mr.out

Out:[...]
16/02/04 17:12:22 INFO mapreduce.Job: Running job:
job_1454605686295_0003
16/02/04 17:12:29 INFO mapreduce.Job: Job job_1454605686295_0003
running in uber mode : false
16/02/04 17:12:29 INFO mapreduce.Job:  map 0% reduce 0%
16/02/04 17:12:35 INFO mapreduce.Job:  map 50% reduce 0%
16/02/04 17:12:41 INFO mapreduce.Job:  map 100% reduce 0%
16/02/04 17:12:47 INFO mapreduce.Job:  map 100% reduce 100%
16/02/04 17:12:47 INFO mapreduce.Job: Job job_1454605686295_0003
completed successfully
[...]
    Shuffle Errors
        BAD_ID=0
```

```
CONNECTION=0
IO_ERROR=0
WRONG_LENGTH=0
WRONG_MAP=0
WRONG_REDUCE=0
[...]
16/02/04 17:12:47 INFO streaming.StreamJob: Output directory: /tmp/
mr.out
```

输出非常详细，我们刚刚提取了三个重要部分。第一部分表示 MapReduce 作业的进度，而跟踪和估计完成操作所需的时间非常有用。第二部分找到可能在作业期间发生的错误，最后一部分报告输出目录和终止的时间戳。对小文件（30 行）的整个处理过程花费了大约半分钟的时间！原因很简单，首先，Hadoop MapReduce 专门为健壮的大数据处理而设计，并且包含大量开销，其次，理想环境是一组强大的机器组成的集群，而不是具有 4GB RAM 的虚拟化 VM。另一方面，这个代码可以运行在更大的数据集和一个非常强大的机器集群上，而不需要改变任何东西。

先不看结果，先来看看 HDFS 中的输出目录：

```
In:!hdfs dfs -ls /tmp/mr.out

Out:Found 2 items
-rw-r--r--   1 vagrant supergroup          0 2016-02-04 17:12 /tmp/
mr.out/_SUCCESS
-rw-r--r--   1 vagrant supergroup         33 2016-02-04 17:12 /tmp/
mr.out/part-00000
```

其中有两个文件：第一个是空的，名为_SUCCESS，表示 MapReduce 作业已完成在目录中的写入阶段，第二个文件名为 part-00000，包含实际结果（因为我们只用一个 Reducer 在节点上操作），阅读这个文件将为我们提供最终结果：

```
In:!hdfs dfs -cat /tmp/mr.out/part-00000

Out:chars 1335
lines 31
words 179
```

正如预期的那样，它们与前面显示的管道命令行的结果相同。

尽管概念很简单，但 Hadoop Streaming 并不是使用 Python 代码运行 Hadoop 作业的最佳方式。为此，Pypy 上有许多库。下面要展示的是最灵活和最开放的源代码之一：MrJob。它允许在本地机器、Hadoop 集群或相同的云集群环境（如 Amazon Elastic MapReduce）上无缝运行作业。即使需要多个 MapReduce 步骤（考虑迭代算法）并解释代码中的 Hadoop 错误，它也会将所有代码合并到独立文件中。而且安装非常简单。要在本地机器上安装 MrJob 库，只需使用 pip install mrjob 即可。

尽管 MrJob 是一款非常棒的软件，但对于 IPython Notebook 来说效果并不好，因为它需要一个主要函数。在这里，我们需要在单独的文件中编写 MapReduce Python 代码，然后运行命令行。

仍然从迄今为止多次用到的示例开始：计算文件中的字符、单词和行的数量。首先，使用 MrJob 功能编写 Python 文件，Mapper 和 reducer 包装在 MRJob 的子类中。输入不是从标准输入读取，而是以函数参数传递，输出不打印，只生成（或返回）。

有了 MrJob，整个 MapReduce 程序精简为几行代码：

```
In:
with open("MrJob_job1.py", "w") as fh:
    fh.write("""
from mrjob.job import MRJob


class MRWordFrequencyCount(MRJob):

    def mapper(self, _, line):
        yield "chars", len(line)
        yield "words", len(line.split())
        yield "lines", 1

    def reducer(self, key, values):
        yield key, sum(values)


if __name__ == '__main__':
    MRWordFrequencyCount.run()
    """)
```

现在在本地执行它（使用数据集的本地版本）。MrJob 库除了执行 Mapper 和 Reducer 步骤（本地，在本例中）之外，还会打印结果并清理临时目录：

```
In:!python MrJob_job1.py ../datasets/hadoop_git_readme.txt

Out: [...]
Streaming final output from /tmp/MrJob_job1.
vagrant.20160204.171254.595542/output
"chars"    1335
"lines"    31
"words"    179
removing tmp directory /tmp/MrJob_job1.vagrant.20160204.171254.595542
```

要在 Hadoop 上运行相同进程，只需运行相同的 Python 文件，这次在命令行中插入

"-r hadoop" 选项，然后 MrJob 会自动使用 Hadoop MapReduce 和 HDFS 执行它。在这里，请记住指定输入文件的 hdfs 路径：

```
In:
!python MrJob_job1.py -r hadoop hdfs:///datasets/hadoop_git_readme.txt

Out:[...]
HADOOP: Running job: job_1454605686295_0004
HADOOP: Job job_1454605686295_0004 running in uber mode : false
HADOOP:  map 0% reduce 0%
HADOOP:  map 50% reduce 0%
HADOOP:  map 100% reduce 0%
HADOOP:  map 100% reduce 100%
HADOOP: Job job_1454605686295_0004 completed successfully
[...]
HADOOP:        Shuffle Errors
HADOOP:            BAD_ID=0
HADOOP:            CONNECTION=0
HADOOP:            IO_ERROR=0
HADOOP:            WRONG_LENGTH=0
HADOOP:            WRONG_MAP=0
HADOOP:            WRONG_REDUCE=0
[...]
Streaming final output from hdfs:///user/vagrant/tmp/mrjob/MrJob_job1.
vagrant.20160204.171255.073506/output
"chars"    1335
"lines"    31
"words"    179
removing tmp directory /tmp/MrJob_job1.vagrant.20160204.171255.073506
deleting hdfs:///user/vagrant/tmp/mrjob/MrJob_job1.
vagrant.20160204.171255.073506 from HDFS
```

你将看到与之前相同的 Hadoop Streaming 命令行输出结果。在这种情况下，用于存储结果的 HDFS 临时目录在作业终止后被删除。

现在，为了展示 MrJob 的灵活性，我们将运行一个需要多个 MapReduce 步骤的进程。虽然从命令行完成，但这是一项非常困难的任务。实际上，必须运行 MapReduce 的第一次迭代，检查错误，读取结果，然后启动 MapReduce 的第二次迭代，再次检查错误，并最终读取结果。这听起来非常耗时且容易出错。MrJob 让这个操作非常简单：在代码中创建一系列 MapReduce 操作，其中每个输出都是下一个阶段的输入。

举例来说明，比如要查找莎士比亚最常用的词（以 125K 行的文件作为输入）。此操作无法在单个 MapReduce 步骤中完成，它至少需要二个步骤。基于两次 MapReduce 迭代，可以实现一个非常简单的算法：

❑ 数据块：与 MrJob 默认值一样，输入文件按每行分割。

❑ 阶段 1 的映射：为每个单词生成一个键值元组，键为小写单词，值始终为 1。

❑ 阶段 1 的减少：对每个键（小写单词），将所有值相加。输出结果为单词在文本中的出现次数。

❑ 阶段 2 的映射：此步骤中，将键值元组翻转，并将其作为新键值对的值。为强制一个 reducer 拥有所有元组，为每个输出元组分配相同的键 None。

❑ 阶段 2 的减少：丢弃唯一可用的键，并提取最大值，结果是提取所有元组中的最大值（数量，单词）。

```python
In:
with open("MrJob_job2.py", "w") as fh:
    fh.write("""
from mrjob.job import MRJob
from mrjob.step import MRStep
import re

WORD_RE = re.compile(r"[\w']+")


class MRMostUsedWord(MRJob):

    def steps(self):
        return [
            MRStep(mapper=self.mapper_get_words,
                    reducer=self.reducer_count_words),
            MRStep(mapper=self.mapper_word_count_one_key,
                    reducer=self.reducer_find_max_word)
        ]

    def mapper_get_words(self, _, line):
        # yield each word in the line
        for word in WORD_RE.findall(line):
            yield (word.lower(), 1)

    def reducer_count_words(self, word, counts):
        # send all (num_occurrences, word) pairs to the same reducer.
        yield (word, sum(counts))

    def mapper_word_count_one_key(self, word, counts):
        # send all the tuples to same reducer
        yield None, (counts, word)

    def reducer_find_max_word(self, _, count_word_pairs):
        # each item of word_count_pairs is a tuple (count, word),
        yield max(count_word_pairs)
```

```
if __name__ == '__main__':
    MRMostUsedWord.run()
""")
```

然后，在本地或在 Hadoop 集群上运行它，将获得相同结果：莎士比亚最常用的单词是"the"，超过 27K 次。这段代码只输出结果，因此，使用-quiet 选项启动作业：

```
In:!python MrJob_job2.py --quiet ../datasets/shakespeare_all.txt

Out:27801    "the"

In:!python MrJob_job2.py -r hadoop --quiet hdfs:///datasets/
shakespeare_all.txt

Out:27801    "the"
```

8.3.4　YARN

Hadoop 2（截至 2016 年的当前分支）在 HDFS 之上引入了一个允许多个应用程序运行的层，例如，MapReduce 就是其中之一（针对批处理）。该层的名称是"另一个资源谈判器"（YARN），其目标是管理集群中的资源管理器。

YARN 遵循主/从模式，由两个服务组成：资源管理器和节点管理器。

资源管理器是主，负责两件事：调度（分配资源）和应用程序管理（处理作业提交并跟踪其状态）。每个节点管理器（架构的从属）都是基于每个工作节点的框架，负责运行任务并向资源管理器报告。

Hadoop 2 引入的 YARN 层确保了以下内容：

❑ 多租户，有多个引擎使用 Hadoop。

❑ 更好的集群利用率，任务动态分配和调度。

❑ 更好的可扩展性。YARN 不提供处理算法，只是集群的资源管理器。

❑ 与 MapReduce 兼容（Hadoop 1 中的高级层）。

8.4　Spark

Apache Spark 是 Hadoop 的进化结果，并且在过去几年中变得非常流行。与 Hadoop 及其 Java 和面向批处理的设计相反，Spark 能够以快速简单的方式生成迭代算法。此外，它有非常丰富的 API 接口可适应于多种编程语言，并且本身支持许多不同类型的数据处理（机器学习、流媒体、图形分析、SQL 等）。

Apache Spark 是一个专门为大数据的快速和通用处理而设计的集群框架。它在速度方面的改进之一是，每个作业后数据都保存在内存中，而不像 Hadoop、MapReduce 和 HDFS

那样存储在文件系统中（除非需要）。由于内存的延迟和带宽性能比物理磁盘更好，因此这种方式使得迭代作业（例如聚类 K-均值算法）越来越快。所以，运行 Spark 的集群要求为每个节点提供大量内存。

虽然 Spark 是用 Scala（在 JVM 上运行，就像 Java 一样）开发的，但它有多种编程语言的 API，包括 Java、Scala、Python 和 R。本书中重点介绍 Python。

Spark 可以用两种不同的方式运行：

❑ 独立模式：在本地计算上运行。在这种情况下，最大并行数是本地计算机的内核数量，可用内存与本地计算机完全相同。

❑ 集群模式：使用诸如 YARN 之类的集群管理器在多节点的集群上运行。在这种情况下，最大并行数是构成集群的所有节点的内核数量，内存量是所有节点内存量的总和。

Pyspark

为使用 Spark 功能（或者称为 pySpark，其中包含 Spark 的 Python API），需要实例化一个名为 SparkContext 的特殊对象。它告诉 Spark 如何访问集群，并包含某些应用程序的特定参数。在虚拟机提供的 IPython Notebook 中，该变量已经可用并被命名为 sc（IPython Notebook 启动时的默认选项），现在看看它包含什么。

首先，打开一个新的 IPython Notebook。当它就绪时，在第一个单元格中输入以下代码：

```
In:sc._conf.getAll()

Out:[(u'spark.rdd.compress', u'True'),
 (u'spark.master', u'yarn-client'),
 (u'spark.serializer.objectStreamReset', u'100'),
 (u'spark.yarn.isPython', u'true'),
 (u'spark.submit.deployMode', u'client'),
 (u'spark.executor.cores', u'2'),
 (u'spark.app.name', u'PySparkShell')]
```

它包含多个信息：最重要的是 spark.master，在这里设置为 YARN 中的客户端；将 spark.executor.cores 设置为 2，作为虚拟机的 CPU 数量，将 spark.app.name 设置为应用程序名称。共享（YARN）集群时，应用程序的名称特别有用。通过访问 http//127.0.0.1：8088 可以检查应用程序状态，如图 8-4 所示。

Spark 使用名为弹性分布式数据集（RDD）的数据模型，它是可以并行处理的元素的分布式集合。可以从现有集合（例如 Python 列表）或外部数据集创建 RDD，然后将其作为文件存储到本地计算机、HDFS 或其他存储源上。

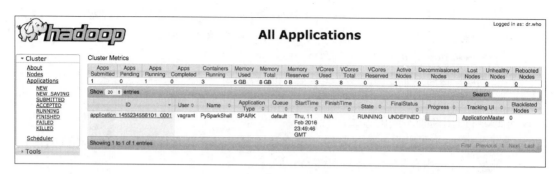

图 8-4　检查应用状态

下面创建一个包含从 0~9 的整数的 RDD。为此，使用 SparkContext 对象提供的 parallelize 方法：

```
In:numbers = range(10)
numbers_rdd = sc.parallelize(numbers)

numbers_rdd

Out:ParallelCollectionRDD[1] at parallelize at PythonRDD.scala:423
```

如你所见，不能简单打印 RDD 内容，因为它拆分为多个分区（并分散在集群中）。分区的默认数量是 CPU 数量的 2 倍（因此，在提供的 VM 中它为 4），但使用 parallelize 方法的第二个参数，可以手动设置它。

调用 collect 方法可以打印 RDD 中包含的数据。请注意，此操作在集群上运行时会收集节点上的所有数据，因此，节点应该有足够内存来包含它们：

```
In:numbers_rdd.collect()

Out:[0, 1, 2, 3, 4, 5, 6, 7, 8, 9]
```

要浏览部分数据，请使用可指示要查看多少元素的 take 方法。请注意，它是分布式数据集，不能保证元素与插入时的顺序相同：

```
In:numbers_rdd.take()

Out:[0, 1, 2, 3]
```

使用 Spark Context 提供的 textFile 方法，可以读取文本文件。它允许读取 HDFS 文件和本地文件，并按换行符分割文本，因此，RDD 的第一个元素是文本文件的第一行（使用第一种方法）。请注意，如果使用本地路径，则构成集群的所有节点都应通过相同路径访问同一个文件：

```
In:sc.textFile("hdfs:///datasets/hadoop_git_readme.txt").first()

Out:u'For the latest information about Hadoop, please visit our
website at:'

In:sc.textFile("file:///home/vagrant/datasets/hadoop_git_readme.txt").
first()

Out:u'For the latest information about Hadoop, please visit our
website at:'
```

使用 RDD 提供的 saveAsTextFile 方法，可以将 RDD 的内容保存到磁盘。在这里，可以使用多个目的地。本示例中，将其保存在 HDFS 中，然后列出输出内容：

```
In:numbers_rdd.saveAsTextFile("hdfs:///tmp/numbers_1_10.txt")

In:!hdfs dfs -ls /tmp/numbers_1_10.txt

Out:Found 5 items
-rw-r--r--    1 vagrant supergroup          0 2016-02-12 14:18 /tmp/
numbers_1_10.txt/_SUCCESS
-rw-r--r--    1 vagrant supergroup          4 2016-02-12 14:18 /tmp/
numbers_1_10.txt/part-00000
-rw-r--r--    1 vagrant supergroup          4 2016-02-12 14:18 /tmp/
numbers_1_10.txt/part-00001
-rw-r--r--    1 vagrant supergroup          4 2016-02-12 14:18 /tmp/
numbers_1_10.txt/part-00002
-rw-r--r--    1 vagrant supergroup          8 2016-02-12 14:18 /tmp/
numbers_1_10.txt/part-00003
```

Spark 为每个分区写入一个文件，与 MapReduce 一样。这种方式可以节省更多时间，因为每个分区都独立保存，但在单节点集群上会使数据难以读取。

写入文件前是否可以将所有分区都设为 1，或者一般来说，是否可以减少 RDD 中的分区数量？答案是肯定的，这需要使用 RDD 提供的 coalesce 方法，并传递计划的分区数作为参数。传递 1 会强制 RDD 处于独立分区，并在保存时仅生成一个输出文件。请注意，即使在本地文件系统上保存时也会发生这种情况：为每个分区创建一个文件。请注意，如果在由多个节点构成的集群环境中这样做，并不能确保所有节点都有相同的输出文件：

```
In:
numbers_rdd.coalesce(1) \
.saveAsTextFile("hdfs:///tmp/numbers_1_10_one_file.txt")

In : !hdfs dfs -ls /tmp/numbers_1_10_one_file.txt

Out:Found 2 items
```

```
-rw-r--r--   1 vagrant supergroup              0 2016-02-12 14:20 /tmp/
numbers_1_10_one_file.txt/_SUCCESS
-rw-r--r--   1 vagrant supergroup             20 2016-02-12 14:20 /tmp/
numbers_1_10_one_file.txt/part-00000

In:!hdfs dfs -cat /tmp/numbers_1_10_one_file.txt/part-00000

Out:0
1
2
3
4
5
6
7
8
9

In:numbers_rdd.saveAsTextFile("file:///tmp/numbers_1_10.txt")

In:!ls /tmp/numbers_1_10.txt

Out:part-00000  part-00001    part-00002  part-00003    _SUCCESS
```

RDD 仅支持两种类型的操作：

❑ 将数据集转换为不同的数据集。转换过程的输入和输出都为 RDD，因此，可以将多个转换链接在一起，近似一种函数风格的编程。而且，转换是惰性的，即不直接计算结果。

❑ 动作会从 RDD 返回值（例如元素的总和和计数），或仅收集所有元素。需要输出时，动作是执行（惰性）转换链的触发器。

典型的 Spark 程序是一系列转换，最后一个是动作。默认情况下，每次运行某个动作时，RDD 上的所有转换都会执行（即不保存每个转换后的中间状态）。但是，一旦想要缓存转换后的元素的值，能随时使用 persist 方法（在 RDD 上）覆盖此行为。persist 方法允许内存和磁盘持久性。

在下一个示例中，将把 RDD 中包含的所有值求平方，然后相加，这个算法通过 Mapper（元素求平方）和 Reducer（数组求和）来执行。根据 Spark 的说法，map 方法是一个转换器，因为它只将数据元素逐个转换；reduce 是动作，从所有元素中创造值。

让我们逐步解决这个问题，以了解可运作的多种方式。首先，从映射开始：首先定义一个返回输入参数平方的函数，然后将此函数传递给 RDD 中的映射方法，最后收集 RDD 中的元素：

```
In:
def sq(x):
    return x**2

numbers_rdd.map(sq).collect()
```

```
Out:[0, 1, 4, 9, 16, 25, 36, 49, 64, 81]
```

虽然输出正确，但 sq 函数占用了很多空间；采用 Python 的 lambda 表达式，可以通过以下方式更简洁地重写转换：

```
In:numbers_rdd.map(lambda x: x**2).collect()
```

```
Out:[0, 1, 4, 9, 16, 25, 36, 49, 64, 81]
```

请记住：为什么需要调用 collect 来打印经过转换的 RDD 中的值？这是因为 map 方法不会突然行动，但会被惰性地评估。另一方面，reduce 方法是一个动作；因此，将 reduce 步骤添加到以前的 RDD 应输出一个值。至于 map，reduce 将使用一个函数作为参数，这个函数应该有两个参数（左值和右值），并且应该返回一个值。甚至在这种情况下，它也可以是一个用 def 或 lambda 函数定义的详细函数：

```
In:numbers_rdd.map(lambda x: x**2).reduce(lambda a,b: a+b)
```

```
Out:285
```

为了更简单，可以使用 sum 动作来代替 reducer：

```
In:numbers_rdd.map(lambda x: x**2).sum()
```

```
Out:285
```

到目前为止，已经展示了一个非常简单的 pySpark 示例。请思考在后台发生了什么：数据集首先在集群中加载和分区，然后在分布式环境中运行映射操作，之后将所有分区合并在一起以生成结果（sum 或 reduce），这个结果最终打印在 IPython Notebook 上。这么巨大的任务对于 pySpark 却超级简单。

现在向前一步并介绍键值对，尽管 RDD 可以包含任何类型的对象（到目前为止已经看到整数和文本行），但当元素由键和值两个元素构成元组时只能进行几个操作。

为了演示示例，先将 RDD 中的数字按奇偶分组，然后再计算两组总和。至于 MapReduce 模型，它会将每个数字与一个键（odd 或 even）进行映射，然后对每个键使用一个求和运算执行减法。

从映射操作开始：先创建一个用于标记数字的函数，如果参数号为偶数，则输出 even，否则输出 odd。然后，创建键值映射，为每个数字创建一个键值对，其中键是标记，值是数字本身：

```
In:
def tag(x):
    return "even" if x%2==0 else "odd"


numbers_rdd.map(lambda x: (tag(x), x) ).collect()

Out:[('even', 0),
 ('odd', 1),
 ('even', 2),
 ('odd', 3),
 ('even', 4),
 ('odd', 5),
 ('even', 6),
 ('odd', 7),
 ('even', 8),
 ('odd', 9)]
```

为了分别减每个键，现在使用 reduceByKey 方法（这不是 Spark 动作）。作为参数，应该传递可应用于每个键的所有值的函数；在这里，我们对它们求和。最后，调用 collect 方法来打印结果：

```
In:
numbers_rdd.map(lambda x: (tag(x), x) ) \
.reduceByKey(lambda a,b: a+b).collect()

Out:[('even', 20), ('odd', 25)]
```

下面列出部分 Spark 中最重要的方法，这不是一个详尽指南，只包括最常用的方法。首先是转换类，它们可以应用于 RDD 并生成 RDD：

❏ map（function）：返回通过向函数传递每个元素所形成的 RDD。

❏ flatMap（function）：返回通过展开函数对输入 RDD 的每个元素进行处理后的输出所形成的 RDD。当输入中的每个值都可以映射到 0 个或更多输出元素时，则使用它。

例如，要计算每个单词在文本中出现的次数，应该将每个单词映射到一个键值对（该单词为键，1 为值），以这种方式为每行文字生成多个键值元素。

❏ filter（function）：函数返回 true 时，返回所有值组成的数据集。

❏ sample（withReplacement，fraction，seed）：从 RDD 中创建一个采样 RDD（带或不带替换），其长度仅为输入的一小部分。

❏ distinct（）：返回一个 RDD，其中包含输入 RDD 中的互不相同的元素。

❏ coalesce（numPartitions）：减少 RDD 中的分区数量。

❑ repartition（numPartitions）：更改 RDD 中的分区数量。这种方法总是会打乱网络上的所有数据。

❑ groupByKey（）：创建一个 RDD，其中，对于每个键，值为输入数据集中有该键的值的序列。

❑ reduceByKey（function）：按键聚合输入 RDD，然后将 reduce 函数应用于每个组的值。

❑ sortByKey（ascending）：按键以升序或降序排序 RDD 中的元素。

❑ union（otherRDD）：将两个 RDD 合并在一起。

❑ intersection（otherRDD）：返回仅由输入和参数 RDD 中都出现的值组成的 RDD。

❑ join（otherRDD）：返回一个数据集，其中的键值输入被（按键）加入到参数 RDD。

与 SQL 中的 join 函数类似，这些方法也可用：Cartesian、leftOuterJoin、rightOuterJoin 和 fullOuterJoin。

下面总结 pySpark 的常用动作。

请注意，动作会触发转换链中所有转换器对 RDD 的处理：

❑ reduce（function）：聚合 RDD 的元素，产生输出值

❑ count（）：返回 RDD 中元素的数量

❑ countByKey（）：返回一个 Python 字典，其中每个键都与 RDD 中使用该键的元素的数量关联

❑ collect（）：返回已在本地转换的 RDD 中的所有元素

❑ first（）：返回 RDD 的第一个值

❑ take（N）：返回 RDD 中的前 N 个值

❑ takeSample（withReplacement，N，seed）：返回 RDD 中 N 个元素，包含或不包含替换，最终使用提供的随机种子作为参数

❑ takeOrdered（N，ordering）：按值（升序或降序）对 RDD 中的前 N 个元素进行排序后返回

❑ saveAsTextFile（path）：将 RDD 另存为指定目录中的一组文本文件

还有一些方法既不是转换器也不是动作：

❑ cache（）：缓存 RDD 的元素；以便让基于相同 RDD 的未来计算能重用它作为起点

❑ persist（storage）：与 cache 相同，但用于指定将 RDD 的元素存储在哪里（内存、磁盘或两者）

❑ unpersist（）：取消保存或缓存操作

下面尝试重复在使用 Hadoop 的 MapReduce 部分中出现过的示例。使用 Spark 的算法如下所示：

1. 在 RDD 上读取和并行化输入文件。使用 SparkContext 提供的 textFile 方法完成该操作。

2. 对于输入文件的每一行，返回三个键值对：一个包含字符数，一个包含字数，最

后一个包含行数。Spark 中，这是一个 flatMap 操作，因为每个输入行都会生成三个输出。

3. 对每个键求其所有值之和，通过 reduceByKey 方法完成。

4. 最后，收集结果。在这里，我们使用 collectAsMap 方法收集 RDD 中的键值对，并返回一个 Python 字典。请注意，这是一个动作；因此，会执行 RDD 链并返回结果。

```
In:
def emit_feats(line):
    return [("chars", len(line)), \
            ("words", len(line.split())), \
            ("lines", 1)]

print (sc.textFile("/datasets/hadoop_git_readme.txt")
 .flatMap(emit_feats)
 .reduceByKey(lambda a,b: a+b)
 .collectAsMap())

Out:{'chars': 1335, 'lines': 31, 'words': 179}
```

与 MapReduce 实现相比，很明显速度得到很大提高。这是因为所有数据集都存储在内存而不是 HDFS 中。其次，这是一个纯 Python 实现，不需要调用外部命令行或库，因为 pySpark 是独立的。

现在处理包含莎士比亚文本的较大文件示例，以提取最常用单词。在 Hadoop MapReduce 实现中，它需要两个 map-reduce 步骤，因此要在 HDFS 上进行四次写入/读取。在 pySpark 中，我们可以在 RDD 中完成所有这些工作：

1. 使用 textFile 方法在 RDD 上读取和并行化输入文件。

2. 提取每一行的所有单词，使用 flatMap 方法和一个正则表达式完成这个操作。

3. 文本中的每个单词（即 RDD 的每个元素）现在都映射到一个键值对：键为小写单词，值始终为 1。这是映射操作。

4. 使用 reduceByKey 调用，计算每个单词（键）出现在文本（RDD）中的次数。输出是键值对，键是单词，值是单词在文本中的出现次数。

5. 翻转键和值，创建一个新的 RDD。这是映射操作。

6. 降序排列 RDD 并提取第一个元素，通过 takeOrdered 完成这个动作。

```
In:import re
WORD_RE = re.compile(r"[\w']+")

print (sc.textFile("/datasets/shakespeare_all.txt")
 .flatMap(lambda line: WORD_RE.findall(line))
 .map(lambda word: (word.lower(), 1))
 .reduceByKey(lambda a,b: a+b)
 .map(lambda (k,v): (v,k))
```

```
.takeOrdered(1, key = lambda x: -x[0]))
```

```
Out:[(27801, u'the')]
```

结果与使用 Hadoop 和 MapReduce 的结果相同，但在这里，计算花费的时间少得多。实际上能进一步改进这个解决方案，将第 1 步和第 3 步合并在一起（用 flatMap 处理每个单词的键值对，其中键为小写单词，值为出现次数），并将第 5 和第 6 步合并在一起（取第 1 个元素，并按其值，即该配对的第 2 个元素，对 RDD 中的元素排序）：

```
In:
print (sc.textFile("/datasets/shakespeare_all.txt")
 .flatMap(lambda line: [(word.lower(), 1) for word in WORD_
RE.findall(line)])
 .reduceByKey(lambda a,b: a+b)
 .takeOrdered(1, key = lambda x: -x[1]))
```

```
Out:[(u'the', 27801)]
```

使用 Spark UI 可以检查处理的状态，它是图形界面，可以逐步显示 Spark 运行的作业。若要访问用户界面，首先应该知道 pySpark IPython 应用程序的名称，这需要在启动 notebook 的 bash shell 中按照名称进行搜索（通常是 application_<number>_<number>），然后用浏览器访问页面：http//localhost：8088/proxy/application_<number>_<number>。

结果如图 8-5 所示，其中包含 Spark 中运行的所有作业（如 IPython Notebook 单元格），还可以将执行计划可视化为有向无环图（DAG）。

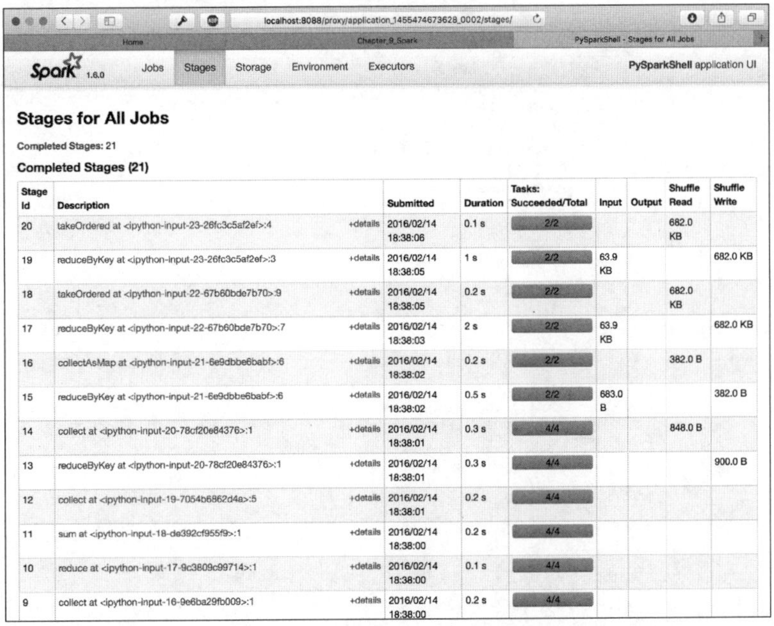

图 8-5　搜索 Spark 运行的作业

8.5　小结

本章介绍了一些在由多个节点构成的集群上运行分布式作业的原理。先讨论了 Hadoop 框架及其所有组件、功能和限制，接着演示了 Spark 框架。

下一章将深入探讨 Spark，介绍如何在分布式环境中进行数据科学实践。

第 9 章 · *Chapter 9*

Spark机器学习实践

前一章我们学习了使用 Spark 处理数据，本章重点探讨使用 Spark 处理真实数据问题的数据科学，主要讨论以下主题：

- 如何跨集群节点共享变量
- 如何从结构化（CSV）和半结构化（JSON）文件创建 DataFrame，并保存和加载它
- 如何使用类似 SQL 的语法选择、筛选、连接、分组和聚合数据集，让预处理非常容易
- 如何处理数据集中的缺失数据
- Spark 提供哪些用于特征工程的现成算法，实际案例中如何使用它们
- 哪些学习器可用，如何在分布式环境中衡量其表现
- 如何在集群中对超参数优化进行交叉验证

9.1 为本章设置虚拟机

由于机器学习需要大量计算能力，为节省资源（特别是内存），本章将使用不受 YARN 支持的 Spark 环境。这种操作模式称为单机模式，并创建一个没有集群功能的 Spark 节点，所有处理都在驱动机器上并且不会共享。别担心，本章的示例代码在集群环境中也能正常工作。

为了以这种方式操作，请执行以下步骤：

1. 使用 vagarnt up 命令打开虚拟机。
2. 当虚拟机准备好时，使用 vagarnt ssh 访问虚拟机。
3. 使用 IPython Notebook 通过 ./start_jupyter.sh 从虚拟机内部启动 Spark 独立模式。

4. 打开浏览器指向 http://localhost:8888。

若要关闭它，请使用 Ctrl+C 键退出 IPython Notebook，并运行 Vagrant halt 关闭虚拟机。

注意，即使在该配置中也能通过网址 http://localhost:4040 访问 SparkUI（至少运行一个 IPython Notebook 时）。

9.2 跨集群节点共享变量

在分布式环境中工作时，有时需要跨节点共享信息，以使所有节点都使用一致的变量进行操作。Spark 通过提供两种变量来处理这种情况：只读变量和只写变量。通过不再确保共享变量同时可读和可写，它还放弃了一致性要求，让管理这种情况的艰巨工作落在开发人员的肩上。通常情况下，由于 Spark 非常灵活且具有适应性，因此能很快达成解决方案。

9.2.1 广播只读变量

广播变量是由驱动节点（即在配置中运行 IPython Notebook 的节点）共享出来的变量，集群中的所有节点均可共享该变量。它是一个只读变量，因为变量由一个节点广播，即使另一个节点改变了它，也永远不会改变原始值。

现在来看看它在一个简单示例中如何工作：我们想要将包含性别信息的数据集独热编码为一个字符串。准确地说，虚拟数据集只包含一个可以是男性 *M*、女性 *F* 或未知 *U*（如果信息缺失）的特征。具体而言，我们希望所有节点都使用定义好的独热编码，如下面字典所示：

```
In:one_hot_encoding = {"M": (1, 0, 0),
                       "F": (0, 1, 0),
                       "U": (0, 0, 1)
                       }
```

现在让我们尝试逐步完成该操作。

最简单的解决方案（虽然不起作用）是并行化虚拟数据集（或从磁盘读取），然后在 RDD 上使用 lambda 函数将性别映射到其编码元组：

```
In:(sc.parallelize(["M", "F", "U", "F", "M", "U"])
   .map(lambda x: one_hot_encoding[x])
   .collect())
Out:
[(1, 0, 0), (0, 1, 0), (0, 0, 1), (0, 1, 0), (1, 0, 0), (0, 0, 1)]
```

这个解决方案在本地有效，但无法在真正的分布式环境中运行，因为所有节点在其工作区中都没有可用的 one_hot_encoding 变量。一个快速的解决方案是将 Python 字典包含在映射函数中（它是分布式的），如下所示：

```
In:
def map_ohe(x):
    ohe = {"M": (1, 0, 0),
           "F": (0, 1, 0),
           "U": (0, 0, 1)
           }
    return ohe[x]

sc.parallelize(["M", "F", "U", "F", "M", "U"]).map(map_ohe).collect()
```

```
Out:
[(1, 0, 0), (0, 1, 0), (0, 0, 1), (0, 1, 0), (1, 0, 0), (0, 0, 1)]
here are you I love you hello hi is that email with all leave formal
minutes very worrying A hey
```

这种解决方案在本地和服务器上都有效，但不是很好：我们混合了数据和流程，使得映射函数不能重用。如果映射函数引用一个广播变量，以便让对数据集进行独热编码的任何映射都可以使用它，那么就会更好。

为此，首先在映射函数内部广播 Python 字典（调用 Spark Context 提供的 broadcast 方法），使用其 value 属性访问它。这样做之后，将得到一个通用的映射函数，它可在任何一个独热映射字典上工作：

```
In:bcast_map = sc.broadcast(one_hot_encoding)

def bcast_map_ohe(x, shared_ohe):
    return shared_ohe[x]

(sc.parallelize(["M", "F", "U", "F", "M", "U"])
 .map(lambda x: bcast_map_ohe(x, bcast_map.value))
 .collect())
```

```
Out:
[(1, 0, 0), (0, 1, 0), (0, 0, 1), (0, 1, 0), (1, 0, 0), (0, 0, 1)]
```

可以将广播变量想象成写入 HDFS 的文件。然后，当一个泛型节点想要访问它时，只需要 HDFS 路径（作为映射方法的参数传递），并且确信所有的节点都使用相同路径读取相同内容。当然，Spark 不使用 HDFS，而是内存中它的变体。

广播变量保存在组成集群的所有节点的内存中；因此，它们永远不会共享大量的数据，这会使随后的处理变得不可能。

要删除广播变量，请使用广播变量的 unpersist 方法。这个操作将在所有节点上释放该变量的内存：

```
In:bcast_map.unpersist()
```

9.2.2 累加器只写变量

Spark 集群中可以共享的其他变量是累加器。累加器是可加在一起的只写变量，通常用于实现求和或计数器。只有驱动节点（即运行 IPython Notebook 的节点）能读取其值，其他节点都不能。

下面通过一个示例介绍它如何工作：处理一个文本文件，并在处理它时计算有多少行是空的。当然，通过两次扫描数据集（使用两个 Spark 作业），可以完成该任务：第 1 次对空行进行计数，第 2 次进行实际处理。但是，这个解决方案不是很有效。

在第一个无效的解决方案中（使用两个独立的 Spark 作业来提取空行数），可以读取文本文件、过滤空行并计算它们，如下所示：

```
In:print "The number of empty lines is:"

(sc.textFile('file:///home/vagrant/datasets/hadoop_git_readme.txt')
    .filter(lambda line: len(line) == 0)
    .count())

Out:The number of empty lines is:
6
```

第二种解决方案更有效（也更复杂）。我们实例化一个累加器变量（初始值为0），然后在处理输入文件（使用映射）的每一行时，对每个空行加1。同时，对每一行进行若干处理；例如，下面代码段中，对每一行简单返回1，以这种方式对文件中的所有行计数。

在处理结束时，得到两部分信息：第一部分是行数，是对经过转换的 RDD 执行 count（）操作的结果，第二部分是累加器的 value 属性中包含的空行数。请记住，这两种方法都是在扫描过数据集一次之后得到：

```
In:accum = sc.accumulator(0)

def split_line(line):
    if len(line) == 0:
        accum.add(1)
    return 1
```

```
tot_lines = (
    sc.textFile('file:///home/vagrant/datasets/hadoop_git_readme.txt')
      .map(split_line)
      .count())

empty_lines = accum.value
print "In the file there are %d lines" % tot_lines
print "And %d lines are empty" % empty_lines

Out:In the file there are 31 lines
And 6 lines are empty
```

Spark 原生支持数字类型的累加器，并且默认操作是求和。再加上一点编码，就可以将其变成更复杂的东西。

9.2.3 广播和累加器的示例

虽然广播变量和累加器是简单且非常有限的变量（一个是只读的，另一个是只写的），但它们可以用于创建非常复杂的操作。例如，下面尝试在分布式环境中将不同的机器学习算法应用于 Iris 数据集。我们将以下列方式建立 Spark 作业：

1. 数据集被读取并广播到所有的节点（因为它足够小，适合放入内存）。

2. 每个节点将在数据集上使用不同的分类器，并返回分类器名称及其在完整数据集上的精度分数。请注意，这个简单示例中，为让事情变得简单，我们不进行任何预处理、训练/测试拆分或超参数优化。

3. 如果分类器引发任何异常，那么应将以字符串表示的错误与分类器名称一起存储在累加器中。

4. 最后的输出应该包含无错执行分类任务的分类器列表，及其准确度得分。

第一步是加载 Iris 数据集，并将其广播到集群中的所有节点：

```
In:from sklearn.datasets import load_iris

bcast_dataset = sc.broadcast(load_iris())
```

现在，创建一个自定义累加器。它包含一个元组列表，用于以字符串存储分类器名称和所经历的异常。自定义累加器是由 AccumulatorParam 类派生的，它包含至少两个方法：zero（在初始化时调用）和 addInPlace（累加器调用 add 方法时调用）。

下面的代码中显示这样做的最简单方法，之后将其初始化为空列表。注意，加法运算有点棘手：需要合并 2 个元素、1 个元组和 1 个列表，但是不知道哪个元素是列表，哪个是元组；因此，首先确保 2 个元素都是列表，然后通过一种简单方式（使用+运算符）连接它们：

```
In:from pyspark import AccumulatorParam

class ErrorAccumulator(AccumulatorParam):
    def zero(self, initialList):
        return initialList

    def addInPlace(self, v1, v2):
        if not isinstance(v1, list):
            v1 = [v1]
        if not isinstance(v2, list):
            v2 = [v2]
        return v1 + v2

errAccum = sc.accumulator([], ErrorAccumulator())
```

现在，定义映射函数：每个节点都应该在广播的 Iris 数据集上训练、测试和评估分类器。作为参数，该函数将接收分类器对象，并返回一个元组，其中包含放在列表中的分类器名称及其准确度得数。

如果该操作引发任何异常，则将分类器名称和异常作为字符串添加到累加器中，并将其作为空列表返回：

```
In:
def apply_classifier(clf, dataset):

    clf_name = clf.__class__.__name__
    X = dataset.value.data
    y = dataset.value.target

    try:
        from sklearn.metrics import accuracy_score

        clf.fit(X, y)
        y_pred = clf.predict(X)
        acc = accuracy_score(y, y_pred)

        return [(clf_name, acc)]

    except Exception as e:
        errAccum.add((clf_name, str(e)))
        return []
```

最后，我们到达作业的核心部分。下面从 Scikit-learn 实例化几个对象（其中一些对象不是分类器，以便测试累加器），将其转换成 RDD，并应用前一个单元格中创建的映射函数。由于返回值为列表，我们使用 flatMap 来收集那些在任何异常中没有被捕获的映射器的输出：

```
In:from sklearn.linear_model import SGDClassifier
from sklearn.dummy import DummyClassifier
from sklearn.decomposition import PCA
from sklearn.manifold import MDS

classifiers = [DummyClassifier('most_frequent'),
               SGDClassifier(),
               PCA(),
               MDS()]

(sc.parallelize(classifiers)
    .flatMap(lambda x: apply_classifier(x, bcast_dataset))
    .collect())

Out:[('DummyClassifier', 0.33333333333333331),
 ('SGDClassifier', 0.66666666666666663)]
```

正如预期的那样，输出中只包含“真实”分类器，现在看看哪些分类器产生错误。不出所料，这里我们发现了之前输出中两个缺失的部分：

```
In:print "The errors are:"
errAccum.value

Out:The errors are:
 [('PCA', "'PCA' object has no attribute 'predict'"),
 ('MDS', "Proximity must be 'precomputed' or 'euclidean'. Got
euclidean instead")]
```

最后一步，清理广播的数据集：

```
In:bcast_dataset.unpersist()
```

请记住，本示例使用了可以广播的小数据集。在实际的大数据问题中，需要从 HDFS 加载数据集，只能广播 HDFS 路径。

9.3　Spark 的数据预处理

到目前为止，已经介绍了如何从本地文件系统和 HDFS 加载文本数据。文本文件可以包含非结构化数据（如文本文档）或结构化数据（如 CSV 文件）。对于半结构化数据，就像包含 JSON 对象的文件一样，Spark 具有将文件转换为 DataFrame 的特殊例程，类似于 R 和 Python pandas 中的 DataFrame。DataFrame 与设置模式的 RDBMS 表非常类似。

9.3.1 JSON 文件和 Spark DataFrame

为了导入与 JSON 兼容的文件，我们应该首先创建一个 SQL Context，以便从本地 Spark Context 创建一个 SQLContext 对象：

```
In:from pyspark.sql import SQLContext
sqlContext = SQLContext(sc)
```

现在，来看 JSON 文件（在 Vagrant 虚拟机中提供）的内容。它是一个包含 6 行 3 列的表的 JSON 表示，其中缺少某些属性（比如 user_id＝0 的用户的 gender 属性）：

```
In:!cat /home/vagrant/datasets/users.json

Out:{"user_id":0, "balance": 10.0}
{"user_id":1, "gender":"M", "balance": 1.0}
{"user_id":2, "gender":"F", "balance": -0.5}
{"user_id":3, "gender":"F", "balance": 0.0}
{"user_id":4, "balance": 5.0}
{"user_id":5, "gender":"M", "balance": 3.0}
```

使用在 sqlContext 提供的 read.json 方法中，已经将表格式化，并且在变量中包含所有正确的列名。输出变量的类型为 Spark DataFrame。若要以一个漂亮的格式在表中显示变量，请使用它的 show 方法：

```
In:
df = sqlContext.read \
.json("file:///home/vagrant/datasets/users.json")
df.show()

Out:
+-------+------+-------+
|balance|gender|user_id|
+-------+------+-------+
|   10.0|  null|      0|
|    1.0|     M|      1|
|   -0.5|     F|      2|
|    0.0|     F|      3|
|    5.0|  null|      4|
|    3.0|     M|      5|
+-------+------+-------+
```

此外，还可以使用 printSchema 方法研究 DataFrame 的模式。我们意识到，读取 JSON 文件时，每个列类型都是由数据推断的（示例中，user_id 列包含长整数，gender 列由字符串组成，而 balance 是一个双浮点数）：

```
In:df.printSchema()

Out:root
 |-- balance: double (nullable = true)
 |-- gender: string (nullable = true)
 |-- user_id: long (nullable = true)
```

就像 RDBMS 中的表一样，可以在 DataFrame 中滑动和切分数据，从而对列进行选择，并按属性对数据进行筛选。在此示例中，我们想要打印其 gender 未丢失并且其 balance 严格大于零的用户的 balance、gender 和 user_id。为此，可以使用 filter 和 select 方法：

```
In:(df.filter(df['gender'] != 'null')
.filter(df['balance'] > 0)
   .select(['balance', 'gender', 'user_id'])
   .show())

Out:
+-------+------+-------+
|balance|gender|user_id|
+-------+------+-------+
|    1.0|     M|      1|
|    3.0|     M|      5|
+-------+------+-------+
```

还可以用类似 SQL 的语言重写前面的工作。实际上，filter 和 select 方法可以接受 SQL 格式的字符串：

```
In:(df.filter('gender is not null')
   .filter('balance > 0').select("*").show())

Out:
+-------+------+-------+
|balance|gender|user_id|
+-------+------+-------+
|    1.0|     M|      1|
|    3.0|     M|      5|
+-------+------+-------+
```

也可以只使用一个对 filter 方法的调用：

```
In:df.filter('gender is not null and balance > 0').show()

Out:
+-------+------+-------+
|balance|gender|user_id|
+-------+------+-------+
|    1.0|     M|      1|
|    3.0|     M|      5|
+-------+------+-------+
```

9.3.2　处理缺失数据

数据预处理的一个常见问题是处理丢失的数据。Spark DataFrame 类似于 pandas DataFrame，为你提供了各种各样操作来处理这类问题。例如，让数据集仅包含完整行的最简单选项是丢弃缺少信息的行。为此，在 Spark DataFrame 中，首先必须访问 DataFrame 的 na 属性，然后调用 drop 方法。生成的表只包含完整的行：

```
In:df.na.drop().show()

Out:
+-------+------+-------+
|balance|gender|user_id|
+-------+------+-------+
|    1.0|     M|      1|
|   -0.5|     F|      2|
|    0.0|     F|      3|
|    3.0|     M|      5|
+-------+------+-------+
```

如果这样的操作删除了太多的行，那么总是可以决定依据哪些列来删除行（作为 drop 方法的增广子集）：

```
In:df.na.drop(subset=["gender"]).show()

Out:
+-------+------+-------+
|balance|gender|user_id|
+-------+------+-------+
|    1.0|     M|      1|
|   -0.5|     F|      2|
|    0.0|     F|      3|
|    3.0|     M|      5|
+-------+------+-------+
```

同样，如果想设置每列的默认值，而不是删除行数据，则可以使用 fill 方法，并传递由列名（作为字典键）和默认值组成的字典，以替换该列中的缺失数据列（作为字典中键的值）。

例如，如果想确保变量 balance 设置为 0，而变量 gender 设置为 U，则简单地执行如下操作：

```
In:df.na.fill({'gender': "U", 'balance': 0.0}).show()

Out:
```

```
+-------+------+-------+
|balance|gender|user_id|
+-------+------+-------+
|   10.0|     U|      0|
|    1.0|     M|      1|
|   -0.5|     F|      2|
|    0.0|     F|      3|
|    5.0|     U|      4|
|    3.0|     M|      5|
+-------+------+-------+
```

9.3.3 在内存中分组和创建表

要对一组行应用函数（与 SQL GROUP BY 的情况完全相同），可以使用两个相似方法。在下面的示例中，计算每个性别的平均存款余额：

```
In:(df.na.fill({'gender': "U", 'balance': 0.0})
    .groupBy("gender").avg('balance').show())
```

```
Out:
+------+------------+
|gender|avg(balance)|
+------+------------+
|     F|       -0.25|
|     M|         2.0|
|     U|         7.5|
+------+------------+
```

到目前为止，我们已经使用了 DataFrame，但是正如你所见，DataFrame 方法与 SQL 命令之间的差别很小。实际上，使用 Spark 可以将 DataFrame 注册为 SQL 表，以充分利用 SQL 的强大功能。该表保存在内存中，并以类似于 RDD 的方式进行分发。

若要注册表，需要提供一个名称，该名称将在以后的 SQL 命令中使用。在这里，我们将它命名为 users：

```
In:df.registerTempTable("users")
```

通过调用 Spark sql Context 提供的 sql 方法，可以运行任何符合 SQL 的表：

```
In:sqlContext.sql("""
    SELECT gender, AVG(balance)
    FROM users
    WHERE gender IS NOT NULL
    GROUP BY gender""").show()
```

```
Out:
```

```
+------+-----+
|gender|   _c1|
+------+-----+
|     F|-0.25|
|     M|  2.0|
+------+-----+
```

不足为奇，由该命令（以及 users 表本身）输出的表是 Spark DataFrame 类型的：

```
In:type(sqlContext.table("users"))

Out:pyspark.sql.dataframe.DataFrame
```

DataFrames、表和 RDD 是紧密连接的，并且 RDD 方法可以在 DataFrame 上使用。请记住，DataFrame 的每行都是 RDD 的一个元素。下面打印整张表的全部记录和第一条记录：

```
In:sqlContext.table("users").collect()
Out:[Row(balance=10.0, gender=None, user_id=0),
 Row(balance=1.0, gender=u'M', user_id=1),
 Row(balance=-0.5, gender=u'F', user_id=2),
 Row(balance=0.0, gender=u'F', user_id=3),
 Row(balance=5.0, gender=None, user_id=4),
 Row(balance=3.0, gender=u'M', user_id=5)]

In:
a_row = sqlContext.sql("SELECT * FROM users").first()
a_row

Out:Row(balance=10.0, gender=None, user_id=0)
```

输出是 Row 对象的列表（它们看起来像 Python 的 namedtuple）。深入研究一下：Row 包含多个属性，并且可以将其作为属性或字典键来访问；也就是说，要从第一行得到 balance，可以用以下两种方式：

```
In:print a_row['balance']
print a_row.balance

Out:10.0
10.0
```

此外，使用 Row 的 asDict 方法可以将行作为 Python 字典收集。结果包含属性名作为键，属性值作为字典值：

```
In:a_row.asDict()

Out:{'balance': 10.0, 'gender': None, 'user_id': 0}
```

9.3.4　将预处理的 DataFrame 或 RDD 写入磁盘

使用 write 方法可以将 DataFrame 或 RDD 写入磁盘，还可以选择某些格式。在这里，我们将把它保存为本地机器上的 JSON 文件：

```
In:(df.na.drop().write
    .save("file:///tmp/complete_users.json", format='json'))
```

如果检查本地文件系统上的输出，我们立即会看到与我们预期的不同：这个操作创建了多个文件（part-r-…）。

它们中的每一个都包含一些序列化为 JSON 对象的行，将其合并在一起将产生全面的输出。当 Spark 用于处理大型和分布式文件时，写入操作会被调整，并且每个节点都会写入完整 RDD 的一部分：

```
In:!ls -als /tmp/complete_users.json

Out:total 28
4 drwxrwxr-x 2 vagrant vagrant 4096 Feb 25 22:54 .
4 drwxrwxrwt 9 root    root    4096 Feb 25 22:54 ..
4 -rw-r--r-- 1 vagrant vagrant   83 Feb 25 22:54 part-r-00000-...
4 -rw-rw-r-- 1 vagrant vagrant   12 Feb 25 22:54 .part-r-00000-...
4 -rw-r--r-- 1 vagrant vagrant   82 Feb 25 22:54 part-r-00001-...
4 -rw-rw-r-- 1 vagrant vagrant   12 Feb 25 22:54 .part-r-00001-...
0 -rw-r--r-- 1 vagrant vagrant    0 Feb 25 22:54 _SUCCESS
4 -rw-rw-r-- 1 vagrant vagrant    8 Feb 25 22:54 ._SUCCESS.crc
```

若要重新读取它，不必创建独立文件，甚至在读取操作中，即使是多个片段也是可以的。还可以在 SQL 查询的 FROM 子句中读取 JSON 文件。下面打印刚才在磁盘上写入的 JSON，而不创建中间的 DataFrame：

```
In:sqlContext.sql(
    "SELECT * FROM json.`file:///tmp/complete_users.json`").show()

Out:
+-------+------+-------+
|balance|gender|user_id|
+-------+------+-------+
|    1.0|     M|      1|
|   -0.5|     F|      2|
|    0.0|     F|      3|
|    3.0|     M|      5|
+-------+------+-------+
```

除 JSON 之外，在处理结构化大数据集时还经常用到 Parquet 格式。Parquet 是 Hadoop

生态系统中可用的柱状存储格式，它会压缩和编码数据，并且可以使用嵌套结构，所有这些特性使其非常高效。

保存和加载非常类似于 JSON，甚至在这里，这个操作也会产生多个写入磁盘的文件：

```
In:df.na.drop().write.save(
    "file:///tmp/complete_users.parquet", format='parquet')

In:!ls -als /tmp/complete_users.parquet/

Out:total 44
4 drwxrwxr-x  2 vagrant vagrant 4096 Feb 25 22:54 .
4 drwxrwxrwt 10 root    root    4096 Feb 25 22:54 ..
4 -rw-r--r--  1 vagrant vagrant  376 Feb 25 22:54 _common_metadata
4 -rw-rw-r--  1 vagrant vagrant   12 Feb 25 22:54 ._common_metadata..
4 -rw-r--r--  1 vagrant vagrant 1082 Feb 25 22:54 _metadata
4 -rw-rw-r--  1 vagrant vagrant   20 Feb 25 22:54 ._metadata.crc
4 -rw-r--r--  1 vagrant vagrant  750 Feb 25 22:54 part-r-00000-...
4 -rw-rw-r--  1 vagrant vagrant   16 Feb 25 22:54 .part-r-00000-...
4 -rw-r--r--  1 vagrant vagrant  746 Feb 25 22:54 part-r-00001-...
4 -rw-rw-r--  1 vagrant vagrant   16 Feb 25 22:54 .part-r-00001-...
0 -rw-r--r--  1 vagrant vagrant    0 Feb 25 22:54 _SUCCESS
4 -rw-rw-r--  1 vagrant vagrant    8 Feb 25 22:54 ._SUCCESS.crc
```

9.3.5　使用 Spark DataFrame

到目前为止，我们已经描述了如何从 JSON 和 Parquet 文件加载 DataFrame，但没有介绍如何从现有 RDD 中创建它们。要这样做，只需为 RDD 中的每个记录创建一个 Row 对象，并调用 SQL Context 的 createDataFrame 方法。最后，将其注册为临时表，以充分使用 SQL 语法的强大功能：

```
In:from pyspark.sql import Row

rdd_gender = \
    sc.parallelize([Row(short_gender="M", long_gender="Male"),
                    Row(short_gender="F", long_gender="Female")])

(sqlContext.createDataFrame(rdd_gender)
           .registerTempTable("gender_maps"))

In:sqlContext.table("gender_maps").show()

Out:
```

```
+-----------+------------+
|long_gender|short_gender|
+-----------+------------+
|       Male|          M|
|     Female|          F|
+-----------+------------+
```

 这也是使用 CSV 文件的首选方法。首先，使用 sc. textFile 读取文件，然后使用 split 方法、Row 构造函数和 createDateFrame 方法，创建最终的 DataFrame。

当内存中有多个 DataFrames 时，或者从磁盘加载时，可以连接并使用传统 RDBMS 中可用的所有操作。在该示例中，可以将从 RDD 中创建的 DataFrame 与我们存储的 Parquet 文件中所包含的用户数据集连接起来。结果令人惊讶：

```
In:sqlContext.sql("""
    SELECT balance, long_gender, user_id
    FROM parquet.`file:///tmp/complete_users.parquet`
    JOIN gender_maps ON gender=short_gender""").show()
```

```
Out:
+-------+-----------+-------+
|balance|long_gender|user_id|
+-------+-----------+-------+
|    3.0|       Male|      5|
|    1.0|       Male|      1|
|    0.0|     Female|      3|
|   -0.5|     Female|      2|
+-------+-----------+-------+
```

在 Web UI 中，每个 SQL 查询都被映射为 "SQL" 选项卡下的一个虚拟有向无环图（DAG）。这样可以很好地跟踪工作进度，并理解查询的复杂性。在执行前面连接查询时，不难看出两个分支正在进入相同的 BroadcastHashJoin 块：第一个分支来自 RDD，第二个分支来自一个 Parquet 文件。然后，下面的块是对所选列的一个简单投影，如图 9-1 所示。

由于表在内存中，最后要做的是释放存放它们的内存。通过调用由 sqlContext 提供的 tableNames 方法，可以得到一个当前内存中所有表的列表。然后，使用 dropTempTable 以表的名称作为参数释放它们。除此之外，对这些表的任何进一步引用都会返回错误。

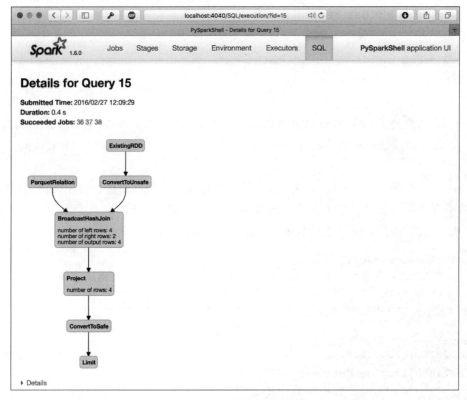

图 9-1 SQL 查询的 DAG 图

```
In:sqlContext.tableNames()

Out:[u'gender_maps', u'users']

In:
for table in sqlContext.tableNames():
    sqlContext.dropTempTable(table)
```

自 Spark 1.3 起，DataFrame 就是进行数据科学操作时对数据集进行操作的首选方法。

9.4 Spark 机器学习

这里，先介绍我们的主要任务：创建一个模型来预测数据集中丢失的一个或多个属性。为此，需要使用机器学习进行建模，在这个环境中 Spark 能提供很大帮助。

MLlib 是 Spark 机器学习库，虽然它是用 Scala 和 Java 构建的，但其功能也可以在 Python中使用。它包含分类、回归和推荐学习器，用于降维和特征选择的一些例程，并且有许多用于文本处理的函数。它们都能够处理庞大的数据集，并利用集群中的所有节点来实现目标。

截至 2016 年，它由两个主要包组成：运行在 RDD 上的 mllib，和运行在 DataFrame 上的 ml。由于后者表现良好，并且是数据科学中最常用的数据表示方式，开发人员选择贡献和改进 ml 分支，让前者保持不变，但没有进一步开发。MLlib 看起来似乎是一个完整的库，但是在开始使用 Spark 之后，你会注意到默认包中既没有统计库，也没有数字库。在这里，SciPy 和 NumPy 将有助于你的工作，而且对数据科学尤其重要！

Spark 是一种高级、分布式和复杂的软件，它应该仅用于大数据和多个节点的集群；事实上，如果数据集可以放在内存中，那么使用其他只关注数据科学方面问题的库（比如 Scikit-learn 或类似的库）就更方便了。在一个节点上对一个小数据集运行 Spark 时，其速度可能比 Scikit-learn 等效算法慢 5 倍。

9.4.1　Spark 处理 KDD99 数据集

下面使用一个真实的数据集 KDD99 来进行探索。这项竞赛的目标是创建一个网络入侵检测系统，能够识别哪些网络流是恶意的，哪些不是。此外，许多数据集中存在不同的攻击；目标是准确地预测其使用情况，及数据集中包含的数据包流的特征。

作为数据集的一个端节点，在其发布后的最初几年，为入侵检测系统开发出强大的解决方案是非常有用的。现在，作为其结果，数据集中包含的所有攻击都很容易被检测到，因此在 IDS 开发中不再使用它。

这些特征包括：协议（TCP、ICMP 和 UDP）、服务（HTTP、SMTP 等）、数据包大小、协议中活动标志、要成为根的尝试数量等。

更多关于 KDD99 挑战和数据集的信息，可以在 http://kdd.ics.uci.edu/databases/kddcup99/kddcup99.html 上找到。

虽然这是一个典型的多类分类问题，但我们将深入研究如何在 Spark 中执行此任务。为清晰起见，我们将使用一个新的 IPython Notebook。

9.4.2　读取数据集

首先，下载并解压数据集。由于所有分析都在一个小型虚拟机上运行，因此我们将非常保守，只使用原始训练数据集的 10%（75MB，未压缩）。如果想尝试一下，请在以下代码片段中取消注释，并下载完整的训练数据集（750MB，未压缩）。使用 bash 命令可以下载训练数据集、测试数据集（47MB）和特征名称。

```
In:!rm -rf ../datasets/kdd*

# !wget -q -O ../datasets/kddtrain.gz \
# http://kdd.ics.uci.edu/databases/kddcup99/kddcup.data.gz

!wget -q -O ../datasets/kddtrain.gz \
http://kdd.ics.uci.edu/databases/kddcup99/kddcup.data_10_percent.gz

!wget -q -O ../datasets/kddtest.gz \
http://kdd.ics.uci.edu/databases/kddcup99/corrected.gz

!wget -q -O ../datasets/kddnames \
http://kdd.ics.uci.edu/databases/kddcup99/kddcup.names

!gunzip ../datasets/kdd*gz
```

现在，打印数据集的前几行以了解格式。很明显，这是一个无标题的典型 CSV，每行末尾都有一个点。另外，可以看到有些字段是数值型，但是其中部分字段是文本，而目标变量包含在最后一个字段中：

```
In:!head -3 ../datasets/kddtrain

Out:
0,tcp,http,SF,181,5450,0,0,0,0,0,1,0,0,0,0,0,0,0,0,0,0,8,8,0.00,0.00,
0.00,0.00,1.00,0.00,0.00,9,9,1.00,0.00,0.11,0.00,0.00,0.00,0.00,0.00,
normal.
0,tcp,http,SF,239,486,0,0,0,0,0,1,0,0,0,0,0,0,0,0,0,0,8,8,0.00,0.00,0
.00,0.00,1.00,0.00,0.00,19,19,1.00,0.00,0.05,0.00,0.00,0.00,0.00,0.00
,normal.
0,tcp,http,SF,235,1337,0,0,0,0,0,1,0,0,0,0,0,0,0,0,0,0,8,8,0.00,0.00,
0.00,0.00,1.00,0.00,0.00,29,29,1.00,0.00,0.03,0.00,0.00,0.00,0.00,0.0
0,normal.
```

要创建带有命名字段的 DataFrame，首先应在 kddnames 文件中读取包含的标题。目标字段将被简单命名为 target

读取和解析该文件后，打印出问题的特征数量（记住，target 变量不是特征）及其前 10 个名称：

```
In:
with open('../datasets/kddnames', 'r') as fh:
    header = [line.split(':')[0]
                for line in fh.read().splitlines()][1:]

header.append('target')

print "Num features:", len(header)-1
```

```
print "First 10:", header[:10]

Out:Num features: 41
First 10: ['duration', 'protocol_type', 'service', 'flag', 'src_
bytes', 'dst_bytes', 'land', 'wrong_fragment', 'urgent', 'hot']
```

现在创建两个单独的 RDD，一个用于训练数据，另一个用于测试数据：

```
In:
train_rdd = sc.textFile('file:///home/vagrant/datasets/kddtrain')
test_rdd = sc.textFile('file:///home/vagrant/datasets/kddtest')
```

现在，需要解析文件的每行来创建一个 DataFrame。首先，将 CSV 文件的每一行分割为单独字段，然后将每个数字值转换为一个浮点数，并将每个文本值转换为一个字符串。最后，删除每行末尾的点。

作为最后一步，使用 sqlContext 提供的 createDataFrame 方法，为训练和测试数据集创建两个具有命名列的 Spark DataFrame：

```
In:
def line_parser(line):

    def piece_parser(piece):
            if "." in piece or piece.isdigit():
                return float(piece)
            else:
                return piece

    return [piece_parser(piece) for piece in line[:-1].split(',')]

train_df = sqlContext.createDataFrame(
    train_rdd.map(line_parser), header)

test_df = sqlContext.createDataFrame(
    test_rdd.map(line_parser), header)
```

到目前为止，只写了 RDD 转换器，现在引入一个行为来查看我们在数据集中有多少个观测值，同时检查前面代码的正确性。

```
In:print "Train observations:", train_df.count()
print "Test observations:", test_df.count()

Out:Train observations: 494021
Test observations: 311029
```

虽然仅使用完整 KDD99 数据集的十分之一，但仍进行了 50 万次观测。再乘以特征数量41，我们清楚看到，我们正在一个包含超过2000万个值的观测矩阵上训练我们的分类器。对于 Spark 来说，这不是一个很大的数据集（也不是完整的 KDD99），世界各地开发人员已经开始在数 PB 和 10 亿个记录上使用它。如果数字看起来很大，不要害怕：Spark 专门为大数据而设计。

现在，来看它的 DataFrame 的架构。具体地说，确定哪些字段是数字，哪些字段包含字符串（注意，为简洁起见，结果已被截断）：

```
In:train_df.printSchema()

Out:root
 |-- duration: double (nullable = true)
 |-- protocol_type: string (nullable = true)
 |-- service: string (nullable = true)
 |-- flag: string (nullable = true)
 |-- src_bytes: double (nullable = true)
 |-- dst_bytes: double (nullable = true)
 |-- land: double (nullable = true)
 |-- wrong_fragment: double (nullable = true)
 |-- urgent: double (nullable = true)
 |-- hot: double (nullable = true)
...
...
...
 |-- target: string (nullable = true)
```

9.4.3 特征工程

可视分析中，只有 4 个字段是字符串：protocol_type、service、flag 和目标 target（这是多类别目标标签，如预期的那样）。

由于我们将使用基于树的分类器，因此想要将每个层次的文本编码为每个变量对应一个数字。有了 Scikit-learn，可以使用 sklearn. preprocessing. LabelEncoder 对象完成此操作，它在 Spark 中相当于 pyspark. ml. feature 包的 StringIndexer。

我们需要用 Spark 编码 4 个变量。然后，必须将 4 个 StringIndexer 对象串连在一个级联中：它们中的每一个都将在 DataFrame 的特定列上运行，从而 输出一个带附加列的 DataFrame（类似于映射操作）。该映射是自动的，按频率排序：Spark 在选定的列中对每个级别的计数进行排序，映射最常用的级别到 0，再到 1，以此类推。注意，通过此操作，将一次遍历数据集，以计算每个级别的出现次数；如果已经知道该映射，那么广播它并使用映射操作将会更有效，如本章开头所示。

类似地，可以使用一个独热编码器来生成一个数值观测矩阵。如果是独热编码器，在 DataFrame 中会有多个输出列，每个分类特征的每一个级别都有一个。为此，Spark 提供了 pyspark. ml. feature. OneHotEncoder 类。

 更一般地说，包含在 pyspar. feature 包中的所有类都用于从 DataFrame 中提取、转换和选择特征。它们都会在 DataFrame 中读取一些列，并创建一些其他列。

　　从 Spark 1.6 开始，Python 中可用的特征操作都包含在下面详表中（它们全部都可以在 pyspark. ml. feature 包中找到）。名称很直观，其中一些将在文中或稍后解释：
- 用于文本输入（理想情况下）：
  - HashingTF 和 IDF
  - Tokenizer 及其基于正则表达式的实现，RegexTokenizer
  - Word2vec
  - StopWordsRemover
  - Ngram
- 用于分类特征：
  - StringIndexer 及其逆编码器，IndexToString
  - OneHotEncoder
  - VectorIndexer（开箱即用的绝对数字索引器）
- 用于其他输入：
  - Binarizer
  - PCA
  - PolynomialExpansion
  - Normalizer、StandardScaler 和 MinMaxScaler
  - Bucketizer（存储一个特征的值）
  - ElementwiseProduct（将各列乘在一起）
- 通用：
  - SQLTransformer（实现由 SQL 语句定义的转换，引用 DataFrame 作为一个名为 __THIS__ 的表）
  - RFormula（使用 R 风格的语法选择列）
  - VectorAssembler（从多个列创建一个特征向量）

回到示例，现在我们想把每个分类变量的级别编码成离散数字。正如我们所解释的，为此，为每个变量使用一个 StringIndexer 对象。此外，还可以使用 ML 管道将它们设置为其阶段。

　　然后，为拟合所有的索引器，只需调用管道的 fit 方法。在内部，它将按顺序拟合所有分阶段的对象。当完成拟合操作时，就会创建一个新的对象，我们可以将它称为拟合管道。调用这个新对象的 transform 方法将按顺序调用所有分阶段元素（已经拟合），并且是在前一个完成之后逐个调用。这段代码中，你将看到正在运行的管道。请注意，转换器构成了管道。因此，由于无任何动作，实际上没有执行任何操作。在输出 DataFrame 中，你将注意到有 4 个额外列，其名称与原始分类名称相同，但是有_cat 后缀：

```
In:from pyspark.ml import Pipeline
from pyspark.ml.feature import StringIndexer


cols_categorical = ["protocol_type", "service", "flag","target"]
preproc_stages = []

for col in cols_categorical:
    out_col = col + "_cat"
    preproc_stages.append(
        StringIndexer(
            inputCol=col, outputCol=out_col, handleInvalid="skip"))

pipeline = Pipeline(stages=preproc_stages)
indexer = pipeline.fit(train_df)

train_num_df = indexer.transform(train_df)
test_num_df = indexer.transform(test_df)
```

再来进一步观察管道。在这里，我们看到管道的各个阶段：未拟合管道和拟合管道。注意，Spark 与 Scikit-learn 有很大差别：在 Scikit-learn 中，fit 和 transform 在同一个对象上调用，而在 Spark 中，fit 方法产生一个新对象（通常情况下，其名称会添加 Model 后缀，比如 Pipeline 变为 PipelineModel），在那里你将能够调用 transform 方法。这种差异源于闭包——一个拟合的对象很容易跨进程和集群分布：

```
In:print pipeline.getStages()
print
print pipeline
print indexer

Out:
[StringIndexer_432c8aca691aaee949b8, StringIndexer_4f10bbcde2452dd
1b771, StringIndexer_4aad99dc0a3ff831bea6, StringIndexer_4b369fea0787
3fc9c2a3]

Pipeline_48df9eed31c543ba5eba
PipelineModel_46b09251d9e4b117dc8d
```

来看看第一个观察结果（即 CSV 文件中的第一行）在经过管道后发生变化。注意，这里使用了一个动作，因此在管道和管道模型中的所有阶段都会被执行：

```
In:print "First observation, after the 4 StringIndexers:\n"
print train_num_df.first()
```

```
Out:First observation, after the 4 StringIndexers:
Row(duration=0.0, protocol_type=u'tcp', service=u'http', flag=u'SF',
src_bytes=181.0, dst_bytes=5450.0, land=0.0, wrong_fragment=0.0,
urgent=0.0, hot=0.0, num_failed_logins=0.0, logged_in=1.0, num_
compromised=0.0, root_shell=0.0, su_attempted=0.0, num_root=0.0,
num_file_creations=0.0, num_shells=0.0, num_access_files=0.0, num_
outbound_cmds=0.0, is_host_login=0.0, is_guest_login=0.0, count=8.0,
srv_count=8.0, serror_rate=0.0, srv_serror_rate=0.0, rerror_rate=0.0,
srv_rerror_rate=0.0, same_srv_rate=1.0, diff_srv_rate=0.0, srv_diff_
host_rate=0.0, dst_host_count=9.0, dst_host_srv_count=9.0, dst_host_
same_srv_rate=1.0, dst_host_diff_srv_rate=0.0, dst_host_same_src_port_
rate=0.11, dst_host_srv_diff_host_rate=0.0, dst_host_serror_rate=0.0,
dst_host_srv_serror_rate=0.0, dst_host_rerror_rate=0.0, dst_host_srv_
rerror_rate=0.0, target=u'normal', protocol_type_cat=1.0, service_
cat=2.0, flag_cat=0.0, target_cat=2.0)
```

产生的 DataFrame 看起来非常完整且容易理解：所有的变量都有名称和值。我们立即注意到分类特征仍然存在，例如，有 protocol_type（分类）和 protocol_type_cat（从分类中映射的变量的数值版本）。

从 DataFrame 中提取一些列就像在 SQL 查询中使用 SELECT 一样简单。现在让我们为所有数字特征建立一个名称列表：首先在标题中找到名称，然后删除分类的名称，并用数字派生的名称替换它们。最后，因为只需要这些特征，所以去掉目标变量及其数字派生的等价物：

```
In:features_header = set(header) \
                - set(cols_categorical) \
                | set([c + "_cat" for c in cols_categorical]) \
                - set(["target", "target_cat"])
features_header = list(features_header)
print features_header
print "Total numerical features:", len(features_header)
```

```
Out:['num_access_files', 'src_bytes', 'srv_count', 'num_outbound_
cmds', 'rerror_rate', 'urgent', 'protocol_type_cat', 'dst_host_same_
srv_rate', 'duration', 'dst_host_diff_srv_rate', 'srv_serror_rate',
'is_host_login', 'wrong_fragment', 'serror_rate', 'num_compromised',
'is_guest_login', 'dst_host_rerror_rate', 'dst_host_srv_serror_rate',
'hot', 'dst_host_srv_count', 'logged_in', 'srv_rerror_rate', 'dst_
host_srv_diff_host_rate', 'srv_diff_host_rate', 'dst_host_same_src_
port_rate', 'root_shell', 'service_cat', 'su_attempted', 'dst_host_
count', 'num_file_creations', 'flag_cat', 'count', 'land', 'same_srv_
rate', 'dst_bytes', 'num_shells', 'dst_host_srv_rerror_rate', 'num_
root', 'diff_srv_rate', 'num_failed_logins', 'dst_host_serror_rate']
Total numerical features: 41
```

在这里，VectorAssembler 类帮助我们构建特征矩阵。我们只需传递要选择的列作为参数，以及要在 DataFrame 中创建的新列。我们决定输出列将被命名为简单的 features。我们将这个转换应用于训练集和测试集，然后只选择我们感兴趣的两列——features 和 target_cat：

```
In:from pyspark.ml.feature import VectorAssembler

assembler = VectorAssembler(
    inputCols=features_header,
    outputCol="features")

Xy_train = (assembler
               .transform(train_num_df)
               .select("features", "target_cat"))
Xy_test = (assembler
               .transform(test_num_df)
               .select("features", "target_cat"))
```

另外，VectorAssembler 的默认行为是生成 DenseVectors 或 SparseVectors。在这种情况下，由于 features 的向量包含许多零，它会返回一个稀疏向量。要查看输出中的内容，可以打印第一行。注意，这是一个动作。因此，在打印结果之前执行作业：

```
In:Xy_train.first()

Out:Row(features=SparseVector(41, {1: 181.0, 2: 8.0, 6: 1.0, 7: 1.0,
20: 9.0, 21: 1.0, 25: 0.11, 27: 2.0, 29: 9.0, 31: 8.0, 33: 1.0, 39:
5450.0}), target_cat=2.0)
```

9.4.4　训练学习器

最后，我们到了任务的热点部分：训练分类器。分类器包含在 pyspark. ml. classification 包中，在这个示例中，我们使用随机森林。

截至 Spark 1.6，使用 Python 接口的分类器的扩展列表如下所示：

❏ Classification（pyspark. ml. classification 包）：

- LogisticRegression
- DecisionTreeClassifier
- GBTClassifier（基于决策树的分类的梯度增强实现）
- RandomForestClassifier
- NaiveBayes
- MultilayerPerceptronClassifier

注意，并不是它们都处理多类问题，并且可能有不同参数；一定要检查与使用的版本相关的文档。除分类器之外，在 Spark 1.6 中使用 Python 接口实现的其他学习器如下所示：

❑ Clustering（pyspark. ml. clustering 包）：

　　● KMeans

❑ Regression（pyspark. ml. regression 包）

　　● AFTSurvivalRegression（加速故障时间生存回归）

　　● DecisionTreeRegressor

　　● GBTRegressor（基于回归树的回归的梯度增强实现）

　　● IsotonicRegression

　　● LinearRegression

　　● RandomForestRegressor

❑ Recommender（pyspark. ml. recommendation 包）：

　　● ALS（协同过滤推荐器，基于交流最小二乘法）

让我们回到 KDD99 挑战的目标。现在实例化一个随机森林分类器，并设置其参数。要设置的参数是：featuresCol（包含特征矩阵的列）、labelCol（包含目标标签的 DataFrame 的列）、seed（使实验可复制的随机种子）和 maxBins（用于在树的每个节点中的分裂点的最大 Bin 数）。森林中的树木数量的默认值是 20，每棵树最多有 5 层深度。此外，默认情况下，这个分类器在 DataFrame 中创建 3 个输出列：rawPrediction（用于存储每个可能的标签的预测分数）、probability（用于存储每个标签的可能性）和 prediction（最可能的标签）：

```
In:from pyspark.ml.classification import RandomForestClassifier

clf = RandomForestClassifier(
    labelCol="target_cat", featuresCol="features",
    maxBins=100, seed=101)
fit_clf = clf.fit(Xy_train)
```

甚至在这种情况下，经过训练的分类器也是一个不同的对象。与之前完全一样，经过训练的分类器用带有 Model 后缀的分类器相同名称来命名：

```
In:print clf
print fit_clf

Out:RandomForestClassifier_4797b2324bc30e97fe01
RandomForestClassificationModel (uid=rfc_44b551671c42) with 20 trees
```

在经过训练的分类器对象（即 RandomForestClassificationModel）上，可以调用 transform 方法。现在来预测在训练和测试数据集上的标签，并打印测试数据集的第一行；由于被设置在分类器中，将在名为 prediction 的列中找到预测：

```
In:Xy_pred_train = fit_clf.transform(Xy_train)
Xy_pred_test = fit_clf.transform(Xy_test)

In:print "First observation after classification stage:"
print Xy_pred_test.first()

Out:First observation after classification stage:
Row(features=SparseVector(41, {1: 105.0, 2: 1.0, 6: 2.0, 7: 1.0, 20:
254.0, 27: 1.0, 29: 255.0, 31: 1.0, 33: 1.0, 35: 0.01, 39: 146.0}),
target_cat=2.0, rawPrediction=DenseVector([0.0109, 0.0224, 19.7655,
0.0123, 0.0099, 0.0157, 0.0035, 0.0841, 0.05, 0.0026, 0.007, 0.0052,
0.002, 0.0005, 0.0021, 0.0007, 0.0013, 0.001, 0.0007, 0.0006, 0.0011,
0.0004, 0.0005]), probability=DenseVector([0.0005, 0.0011, 0.9883,
0.0006, 0.0005, 0.0008, 0.0002, 0.0042, 0.0025, 0.0001, 0.0004,
0.0003, 0.0001, 0.0, 0.0001, 0.0, 0.0001, 0.0, 0.0, 0.0, 0.0001, 0.0,
0.0]), prediction=2.0)
```

9.4.5　评估学习器的表现

任何数据科学任务的下一个步骤都是检查学习器在训练和测试集上的表现。对于这个任务，使用 F1 得分，因为它是一个很好的指标，可以将精度和召回性能相结合。

评估指标包含在 pyspark. ml. evaluation 包中。在为数不多的几个选择中，我们使用其中一个来评估多类分类器：MulticlassClassificationEvaluator。作为参数，我们提供了指标（精度、召回、准确度、f1 得分等等），和包含真实标签和预测标签的列的名称：

```
In:
from pyspark.ml.evaluation import MulticlassClassificationEvaluator

evaluator = MulticlassClassificationEvaluator(
    labelCol="target_cat", predictionCol="prediction",
    metricName="f1")

print "F1-score train set:", evaluator.evaluate(Xy_pred_train)
print "F1-score test set:", evaluator.evaluate(Xy_pred_test)

Out:F1-score train set: 0.992356962712
F1-score test set: 0.967512379842
```

获得的值非常高，在训练集和测试集上性能有很大差别。

除了用于多类分类器的评估器之外，回归器（度量可以是 MSE、RMSE、R2 或 MAE）和二进制分类器的评估器对象位于同一个包中。

9.4.6　机器学习管道的威力

到目前为止，已经构建并逐片段显示了输出。还可以将所有操作串联起来，并将它们设置为管道的各个阶段。事实上，我们将迄今为止所看到的 4 个标签编码器、向量构建器和分类器串起来，并放在一个独立的管道中，然后在训练数据集上拟合它，最后在测试数据集上使用它来获得预测结果。

这样的操作方式更有效，但你会失去逐步分析的探索能力。如果读者是数据科学家，则建议你只在完全确定内部会发生什么的情况下，并且只是要构建生产模型时，才使用端到端的管道。

为了显示管道与我们目前所看到的等效，下面在测试集上计算 F1 得分，并将其打印出来。不出所料，其值完全一样：

```
In:full_stages = preproc_stages + [assembler, clf]
full_pipeline = Pipeline(stages=full_stages)
full_model = full_pipeline.fit(train_df)
predictions = full_model.transform(test_df)
print "F1-score test set:", evaluator.evaluate(predictions)

Out:F1-score test set: 0.967512379842
```

在运行 IPython Notebook 的驱动节点上，还可以使用 matplotlib 库来可视化分析的结果。例如，若要显示分类结果的规范化混乱矩阵（通过支持每个类进行规范化），可以创建以下函数：

```
In:import matplotlib.pyplot as plt
import numpy as np
%matplotlib inline

def plot_confusion_matrix(cm):
    cm_normalized = \
        cm.astype('float') / cm.sum(axis=1)[:, np.newaxis]
    plt.imshow(
        cm_normalized, interpolation='nearest', cmap=plt.cm.Blues)
    plt.title('Normalized Confusion matrix')
    plt.colorbar()
    plt.tight_layout()
    plt.ylabel('True label')
    plt.xlabel('Predicted label')
```

Spark 能够构建一个混乱矩阵，但是这个方法在 pyspark. mllib 包中。为了能够使用这个包中的方法，我们必须使用 . rdd 方法将 DataFrame 转换为 RDD：

```
In:from pyspark.mllib.evaluation import MulticlassMetrics

metrics = MulticlassMetrics(
    predictions.select("prediction", "target_cat").rdd)
```

```
conf_matrix = metrics.confusionMatrix().toArray()
plot_confusion_matrix(conf_matrix)
```

Out:

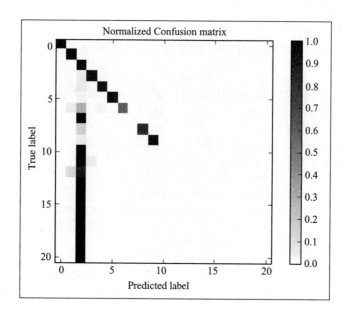

9.4.7 手动优化

虽然 F1 得分接近 0.97，但规范化的混乱矩阵表明这些类非常不平衡，分类器刚刚学会如何正确找出最常用的类。为了提高结果，可以对每个类进行重新采样，以便更好地平衡训练数据集。

首先，计算训练数据集中每个类有多少实例：

```
In:
train_composition = train_df.groupBy("target").count().rdd.
collectAsMap()
train_composition
```

```
Out:
{u'back': 2203,
 u'buffer_overflow': 30,
 u'ftp_write': 8,
 u'guess_passwd': 53,
 u'neptune': 107201,
 u'nmap': 231,
 u'normal': 97278,
 u'perl': 3,
 ...
 ...
 u'warezmaster': 20}
```

这是严重失衡的明显证据。通过过度采样罕见类和子采样常见类，可以提高性能。

本示例中，将创建一个训练数据集，其中每个类至少有 1000 次，但最多有 25 000 次。为此，首先创建子采样/过采样率，并在整个集群中广播它，然后对训练数据集的每一行应用 flatMap，以便正确地重新采样：

```
In:
def set_sample_rate_between_vals(cnt, the_min, the_max):
    if the_min <= cnt <= the_max:
        # no sampling
        return 1

    elif cnt < the_min:
        # Oversampling: return many times the same observation
        return the_min/float(cnt)

    else:
        # Subsampling: sometime don't return it
        return the_max/float(cnt)

sample_rates = {k:set_sample_rate_between_vals(v, 1000, 25000)
                for k,v in train_composition.iteritems()}
sample_rates

Out:{u'back': 1,
 u'buffer_overflow': 33.333333333333336,
 u'ftp_write': 125.0,
 u'guess_passwd': 18.867924528301888,
 u'neptune': 0.23320677978750198,
 u'nmap': 4.329004329004329,
 u'normal': 0.2569954152017928,
 u'perl': 333.3333333333333,
 ...
 ...
 u'warezmaster': 50.0}

In:bc_sample_rates = sc.broadcast(sample_rates)

def map_and_sample(el, rates):
    rate = rates.value[el['target']]
    if rate > 1:
        return [el]*int(rate)
    else:
        import random
        return [el] if random.random() < rate else []
```

```
sampled_train_df = (train_df
                     .flatMap(
                       lambda x: map_and_sample(x, bc_sample_rates))
                     .toDF()
                     .cache())
```

sampled_train_df DataFrame 变量中的重新采样数据集也被高速缓存；我们将在超参数优化步骤中多次使用它。由于行数比原来减少，所以它很容易放入内存。

```
In:sampled_train_df.count()
```

```
Out:97335
```

要了解里面的内容，可以打印第一行。打印这个值会很快，因为它被缓存！

```
In:sampled_train_df.first()
```

```
Out:Row(duration=0.0, protocol_type=u'tcp', service=u'http',
flag=u'SF', src_bytes=217.0, dst_bytes=2032.0, land=0.0, wrong_
fragment=0.0, urgent=0.0, hot=0.0, num_failed_logins=0.0, logged_
in=1.0, num_compromised=0.0, root_shell=0.0, su_attempted=0.0,
num_root=0.0, num_file_creations=0.0, num_shells=0.0, num_access_
files=0.0, num_outbound_cmds=0.0, is_host_login=0.0, is_guest_
login=0.0, count=6.0, srv_count=6.0, serror_rate=0.0, srv_serror_
rate=0.0, rerror_rate=0.0, srv_rerror_rate=0.0, same_srv_rate=1.0,
diff_srv_rate=0.0, srv_diff_host_rate=0.0, dst_host_count=49.0, dst_
host_srv_count=49.0, dst_host_same_srv_rate=1.0, dst_host_diff_srv_
rate=0.0, dst_host_same_src_port_rate=0.02, dst_host_srv_diff_host_
rate=0.0, dst_host_serror_rate=0.0, dst_host_srv_serror_rate=0.0, dst_
host_rerror_rate=0.0, dst_host_srv_rerror_rate=0.0, target=u'normal')
```

现在使用我们创建的管道来做一些预测，并打印这个新解决方案的 F1 得分：

```
In:full_model = full_pipeline.fit(sampled_train_df)
predictions = full_model.transform(test_df)
print "F1-score test set:", evaluator.evaluate(predictions)
```

```
Out:F1-score test set: 0.967413322985
```

可以在 50 棵树的分类器上测试它。为此，我们构建另一个管道（名为 refined_pipeline），并用新的分类器替代最后一个阶段。

即使训练集的大小已大幅减小了，其表现似乎仍然相同：

```
In:clf = RandomForestClassifier(
    numTrees=50, maxBins=100, seed=101,
    labelCol="target_cat", featuresCol="features")

stages = full_pipeline.getStages()[:-1]
```

```
stages.append(clf)

refined_pipeline = Pipeline(stages=stages)

refined_model = refined_pipeline.fit(sampled_train_df)
predictions = refined_model.transform(test_df)
print "F1-score test set:", evaluator.evaluate(predictions)

Out:F1-score test set: 0.969943901769
```

9.4.8　交叉验证

我们可以通过手动优化继续向前，并在尝试许多不同配置后找到合适的模型。这样做会导致浪费大量时间（以及代码的可重用性），还会使测试数据集过拟合。交叉验证是运行超参数优化的正确方法。现在看看 Spark 如何执行这一关键任务。

首先，由于训练将被多次使用，我们可以缓存它。因此，在所有转换之后缓存它：

```
In:pipeline_to_clf = Pipeline(
    stages=preproc_stages + [assembler]).fit(sampled_train_df)
train = pipeline_to_clf.transform(sampled_train_df).cache()
test = pipeline_to_clf.transform(test_df)
```

在 pyspark. ml. tuning 中包含通过交叉验证进行超参数优化的有用类。两个元素必不可少：参数的网格映射（用 ParamGridBuilder 构建）和实际交叉验证过程（由 CrossValidator 类运行）。

在本示例中，我们想要设置分类器的某些参数，这些参数在交叉验证过程中不会改变。与 Scikit-learn 完全一样，它们是在创建分类对象时设置的（在本例中是列名称、种子和最大 Bin 数）。

然后，由于有网格构建器，我们决定在交叉验证算法的每个迭代中应修改哪些参数。在这个示例中，我们想检查如下情况时的分类性能：将森林中每棵树的最大深度从 3 增加到 12（以 3 为步长），并将森林中树的数量增加到 20 或 50。

最后，在设置网格映射、要测试的分类器和折叠数后，启动交叉验证（使用 fit 方法）。参数评估器是必不可少的：它可以在交叉验证后告诉我们哪一个模型最好。注意，这个操作可能需要 15~20 分钟（在后台，4 * 2 * 3 = 24 个模型经过训练和测试）：

```
In:
from pyspark.ml.tuning import ParamGridBuilder, CrossValidator

rf = RandomForestClassifier(
    cacheNodeIds=True, seed=101, labelCol="target_cat",
    featuresCol="features", maxBins=100)

grid = (ParamGridBuilder()
```

```
        .addGrid(rf.maxDepth, [3, 6, 9, 12])
        .addGrid(rf.numTrees, [20, 50])
        .build())

cv = CrossValidator(
    estimator=rf, estimatorParamMaps=grid,
    evaluator=evaluator, numFolds=3)
cvModel = cv.fit(train)
```

最后，使用经过交叉验证的模型来预测标签，因为我们正在使用管道或分类器本身。在这种情况下，通过交叉验证所选择的分类器的性能略优于前一种情况，并且准确度超过 0.97：

```
In:predictions = cvModel.transform(test)
print "F1-score test set:", evaluator.evaluate(predictions)

Out:F1-score test set: 0.97058134007
```

此外，通过绘制规范化的混乱矩阵，你会立刻意识到这个解决方案能够发现更多种类的攻击，即使是不太受欢迎的攻击：

```
In:metrics = MulticlassMetrics(predictions.select(
        "prediction", "target_cat").rdd)
conf_matrix = metrics.confusionMatr().toArray()
plot_confusion_matrix(conf_matrix)
```

Out:

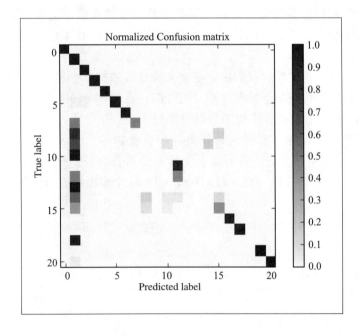

最后清理

这是分类任务的末尾，请记住，要删除所使用的所有变量和缓存中创建的临时表：

```
In:bc_sample_rates.unpersist()
sampled_train_df.unpersist()
train.unpersist()
```

清空 Spark 内存后，关闭 Notebook。

9.5　小结

这是本书的最后一章，我们学习了如何在一组机器上大规模地执行数据科学运算。Spark 通过一个简单接口（非常类似于 Scikit-learn），在集群中利用所有节点来训练和测试机器学习算法。事实证明，该解决方案能够处理数 PB 的信息，因此可以创建一个观察子采样和在线学习的有效替代方案。

要成为 Spark 和流处理方面的专家，我们强烈推荐你阅读此书：《Mastering Apache Spark》，作者为 Mike Frampton，由 Packt Publishing 出版。

如果有足够勇气学习 Spark 的主要编程语言 Scala，这本书最适合：《Scala for Data Science》，作者为 Pascal Bugnion，由 Packt Publishing 出版。

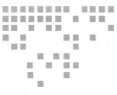

介绍GPU和Theano

到目前为止，我们使用常规 GPU 运行神经网络和深度学习任务。然而，最近 GPU 的计算优势变得越来越明显。本章将深入探讨 GPU 的基础知识和深入学习 Theano 框架。

GPU 计算

当我们使用常规的 CPU 计算软件包（如 Scikit-learn）时，并行化的数量惊人地受到限制，因为在默认情况下，即使有多个内核，算法也只使用一个内核。在关于分类和回归树（CART）的那一章中，我们学习了一些先进的例子来加速 Scikit-learn 算法。

与 CPU 不同，GPU 单元一开始就设计为并行工作。想象一下，通过图形卡在屏幕上投影一个图像；GPU 单元必须能够同时处理和投影大量信息（运动、颜色和空间），这一点也不奇怪。另一方面，CPU 被设计成顺序处理，适用于需要进行更多控制的任务，例如分支和检查。与 CPU 相比，GPU 由许多能同时处理数千个任务的内核组成。GPU 的性能胜过CPU 一百倍，但成本更低。另一个优点，与最先进的 CPU 相比，现代 GPU 相对便宜。

这一切听起来很棒，但要记住，GPU 只擅长执行某种类型的任务。CPU 由几个为进行连续串行处理而优化的内核组成，而 GPU 由数千个更小、更高效的内核组成，它们被设计成能同时处理任务。

GPU	CPU
大量内核（运算比 CPU 内核慢）	少量内核，但比 GPU 内核速度快
高内存带宽控制内核	低内存带宽
特殊用途	通用用途
高并行处理	顺序处理

　　CPU 和 GPU 具有不同的架构，使它们更适合于不同任务。还有很多任务，比如检查、调试和切换等，GPU 由于其架构而无法有效执行。

　　理解 CPU 和 GPU 之间的差异的简单方法是比较它们如何处理任务。常用的类比是左脑（CPU）负责分析和顺序和右脑（GPU）负责整体。这只是一个类比，不是太严格。

　　请参阅下列链接：

❑ http://www. nvidia. com/object/what-is-gpu-computing. html#sthash. c4R7eJ3s. dpuf

❑ http://www. nvidia. com/object/what-is-gpu-computing. html#sthash. c4R7eJ3s. dpuf

　　为了利用 GPU 进行机器学习，需要一个特定平台。不幸的是，迄今为止，除 CUDA 之外没有稳定的 GPU 计算平台；这意味着必须在你的电脑上安装 NVIDIA 图形卡。如果没有 NVIDIA 卡，GPU 计算无法工作。是的，我知道这对大多数 Mac 用户来说不是好消息。我真的希望它有所不同，但这是不得不接受的一个限制。还有其他项目（如 OpenCL）通过诸如 BLAS（https://github. com/clMathLibraries/clBLAS）等计划为其他 GPU 品牌提供 GPU 计算，但是它们尚在开发中，并没有针对 Python 中的深度学习应用进行充分优化。OpenCL 的另一个局限性是只有 AMD 积极参与，以便它有利于 AMD GPU。要想得到硬件独立的用于机器学习的 GPU 应用，在接下来的几年（甚至是十年）都没有希望。但是，可以查看 OpenCL 项目的新闻和发展情况（https://www. khronos. org/opencl/）。考虑到媒体对此的广泛关注，GPU 可访问性的局限性可能会让人失望。只有英伟达（NVIDIA）似乎把其研究成果放在 GPU 平台的开发上，在未来几年里，不太可能看到该领域出现新的重大发展。

　　使用 CUDA 需要以下条件。

　　需要测试电脑上的图形卡是否适合 CUDA，它至少应该是 NVIDIA 显卡。可以在终端使用这行代码测试 GPU 是否支持 CUDA：

```
$ su
```

在根目录输入你的密码：

```
$ lspci | grep -i nvidia
```

如果有基于 NVIDIA 的 GNU，请下载 NVIDIA CUDA 工具包（http://developer. nvidia. com/cuda-downloads）。

　　撰写本书时，NVIDIA 即将发布 CUDA 版本 8，有不同的安装程序，所以推荐读者按照 CUDA 网站上的指南安装。有关进一步的安装步骤，请查阅 NVIDIA 网站：

```
http://docs.nvidia.com/cuda/cuda-getting-started-guide-for-
linux/#axzz3xBimv9ou
```

Theano—GPU 上的并行计算

Theano 是由蒙特利尔大学的 James Bergstra 开发的 Python 库，其初始目的是以符号表示提供更有表现力的数学函数书写方式。

有趣的是，Theano 以希腊数学家的名字命名，她可能是毕达哥拉斯的妻子。其优点是快速的 C 编译计算、符号表达式和 GPU 计算能力，而且它仍在积极开发中，新功能不断改进。Theano 的实现比可扩展机器学习更广泛，因此本书缩小范围并使用 Theano 进行深度学习。访问 Theano 网站可以获取更多信息：http://deeplearning.net/software/theano/。

当我们想在多维矩阵上执行更复杂计算时，基本的 NumPy 采用代价昂贵的循环和迭代来驱动 CPU 负载，就像前面看到的那样。Theano 旨在通过编译成高度优化的 C 代码，如果可能的话利用 GPU，来优化这些计算。对于神经网络和深度学习，Theano 有自动区分数学函数的功能，这在使用诸如反向传播等算法时对计算偏导数非常便利。

目前，Theano 用于各种深度学习项目中，并已经成为该领域最常用的平台。最近，为了让我们更容易地利用深度学习函数，Theano 推出了新软件包。考虑到 Theano 的陡峭的学习曲线，我们使用基于 Theano 构建的包，如 theanets、pylearn2 和 Lasagne。

安装 Theano

首先，确保从 Theano 页面安装开发版本。请注意，执行"＄ pip install theano"，可能会遇到问题，直接从 GitHub 上安装开发版本是更安全的选择：

```
$ git clone git://github.com/Theano/Theano.git
$  pip install Theano
```

想升级 Theano，使用以下命令：

```
$ sudo pip install --upgrade theano
```

若有问题想联系 Theano 社区，请参考 https://groups.google.com/forum/#!/theano-users 论坛。

为了确保将目录路径设置为 Theano 文件夹，需要执行以下操作：

```
#!/usr/bin/python
import cPickle as pickle
from six.moves import cPickle as pickle
import os

#set your path to the theano folder here
```

```
path = '/Users/Quandbee1/Desktop/pthw/Theano/'
```

安装所有需要的包：

```
from theano import tensor
import theano.tensor as T
import theano.tensor.nnet as nnet
import numpy as np
import numpy
```

为了让 Theano 在 GPU 上工作（如果安装了 NVIDIA 显卡和 CUDA），需要首先配置 Theano 框架。

通常情况下，NumPy 和 Theano 使用双精度浮点格式（float64）。但是，如果想要让 Theano 使用 GPU，则使用 32 位的浮点数。这意味着我们必须根据需求将设置更改为 32 位或 64 位浮点。如果要查看系统默认使用哪种配置，请键入以下代码：

```
print(theano.config.floatX)
output: float64
```

将配置更改为 32 位，用于 GPU 计算，如下所示：

```
theano.config.floatX = 'float32'
```

有时通过终端更改设置是更实际的做法。
对于 32 位浮点类型，请输入以下代码：

```
$ export THEANO_FLAGS=floatX=float32
```

对于 64 位浮点类型，请输入以下代码：

```
$ export THEANO_FLAGS=floatX=float64
```

如果要将指定设置附加到特定的 Python 脚本，可以执行以下操作：

```
$ THEANO_FLAGS=floatX=float32 python you_name_here.py
```

如果想查看 Theano 系统正在使用的计算方法，请输入以下代码：

```
print(theano.config.device)
```

如果要改变所有设置，包括特定脚本的浮点计算方法（GPU 或 CPU），请输入以下代码：

```
$ THEANO_FLAGS=device=gpu,floatX=float32 python your_script.py
```

这对于测试和编码非常方便。你可能不想一直使用 GPU；有时候，在脚本准备好后，最好使用 CPU 进行原型设计并在 GPU 上运行它。

首先，测试 GPU 是否适合你的设置。如果计算机上没有 NVIDIA GPU 卡，请跳过此步骤：

```
from theano import function, config, shared, sandbox
import theano.tensor as T
import numpy
import time

vlen = 10 * 30 * 768  # 10 x #cores x # threads per core
iters = 1000

rng = numpy.random.RandomState(22)
x = shared(numpy.asarray(rng.rand(vlen), config.floatX))
f = function([], T.exp(x))
print(f.maker.fgraph.toposort())
t0 = time.time()
for i in xrange(iters):
    r = f()
t1 = time.time()
print("Looping %d times took %f seconds" % (iters, t1 - t0))
print("Result is %s" % (r,))
if numpy.any([isinstance(x.op, T.Elemwise) for x in f.maker.fgraph.
toposort()]):
    print('Used the cpu')
else:
    print('Used the gpu')
```

在知道如何配置 Theano 之后，让我们通过一些简单示例来了解其工作原理。基本上，每段 Theano 代码都有相同结构：

1. 类中声明变量的初始化部分。
2. 函数编译。
3. 将函数应用于数据类型的执行过程。

下面在一些向量计算和数学表达式的基本示例中使用这些原则：

```
#Initialize a simple scalar
x = T.dscalar()


fx = T.exp(T.tan(x**2)) #initialize the function we want to use.

type(fx)                #just to show you that fx is a theano variable
type
#Compile create a tanh function
```

```
f = theano.function(inputs=[x], outputs=[fx])

#Execute the function on a number in this case

f(10)
```

如前所述，可以将 Theano 用于数学表达式。这个示例使用了一个强大的 Theano 函数，名为 autodifferentiation，它是对反向传播非常有用的函数：

```
fp = T.grad(fx, wrt=x)
fs= theano.function([x], fp)


fs(3)

output:] 4.59
```

在已经了解如何使用变量和函数之后，让我们来执行一个简单的逻辑函数：

```
#now we can apply this function to  matrices as well
x = T.dmatrix('x')
s = 1 / (1 + T.exp(-x))
logistic = theano.function([x], s)
logistic([[2, 3], [.7, -2],[1.5,2.3]])

output:
array([[ 0.88079708,  0.95257413],
       [ 0.66818777,  0.11920292],
       [ 0.81757448,  0.90887704]])
```

不难看出，与使用 NumPy 相比，Theano 提供了更快的方法将函数应用于数据对象。

推荐阅读

Python机器学习实践：测试驱动的开发方法

作者：Matthew Kirk ISBN：978-7-111-58166-6 定价：59.00元

文本挖掘：基于R语言的整洁工具

作者：Julia Silge , David Robinson ISBN：978-7-111-58855-9 定价：59.00元

TensorFlow学习指南：深度学习系统构建详解

作者：Tom Hope, Yehezkel S. Resheff, Itay Lieder ISBN：978-7-111-60072-5 定价：69.00元

算法技术手册（原书第2版）

作者：George T. Heineman等 ISBN：978-7-111-56222-1 定价：89.00元

推荐阅读

利用Python进行数据分析（原书第2版）

书号：978-7-111-60370-2 作者：Wes McKinney 定价：119.00元

Python数据分析经典畅销书全新升级，第1版中文版累计印刷10万册

Python pandas创始人亲自执笔，Python语言的核心开发人员鼎立推荐

针对Python 3.6进行全面修订和更新，涵盖新版的pandas、NumPy、IPython和Jupyter，并增加大量实际案例，可以帮助你高效解决一系列数据分析问题